AF268578

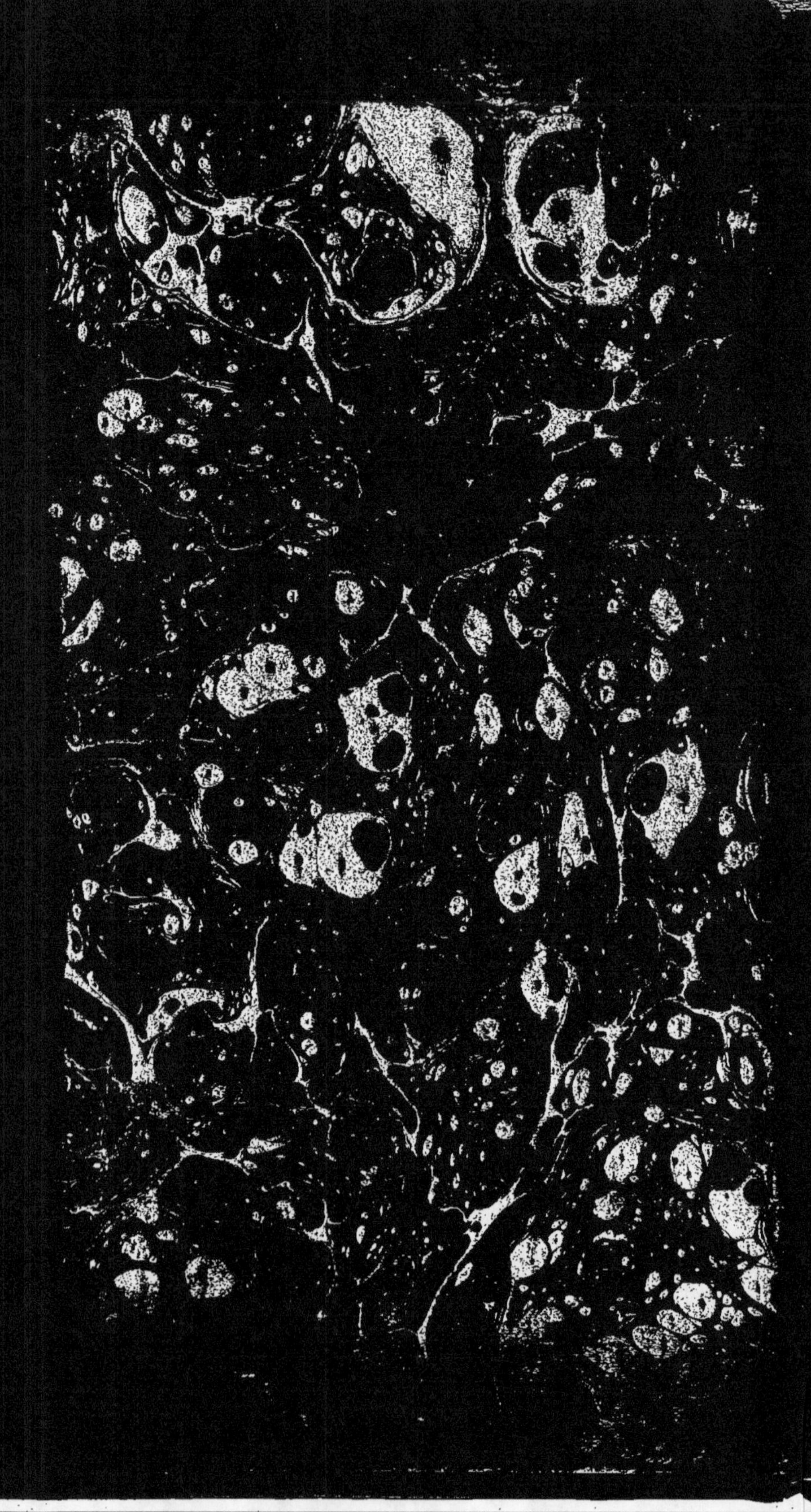

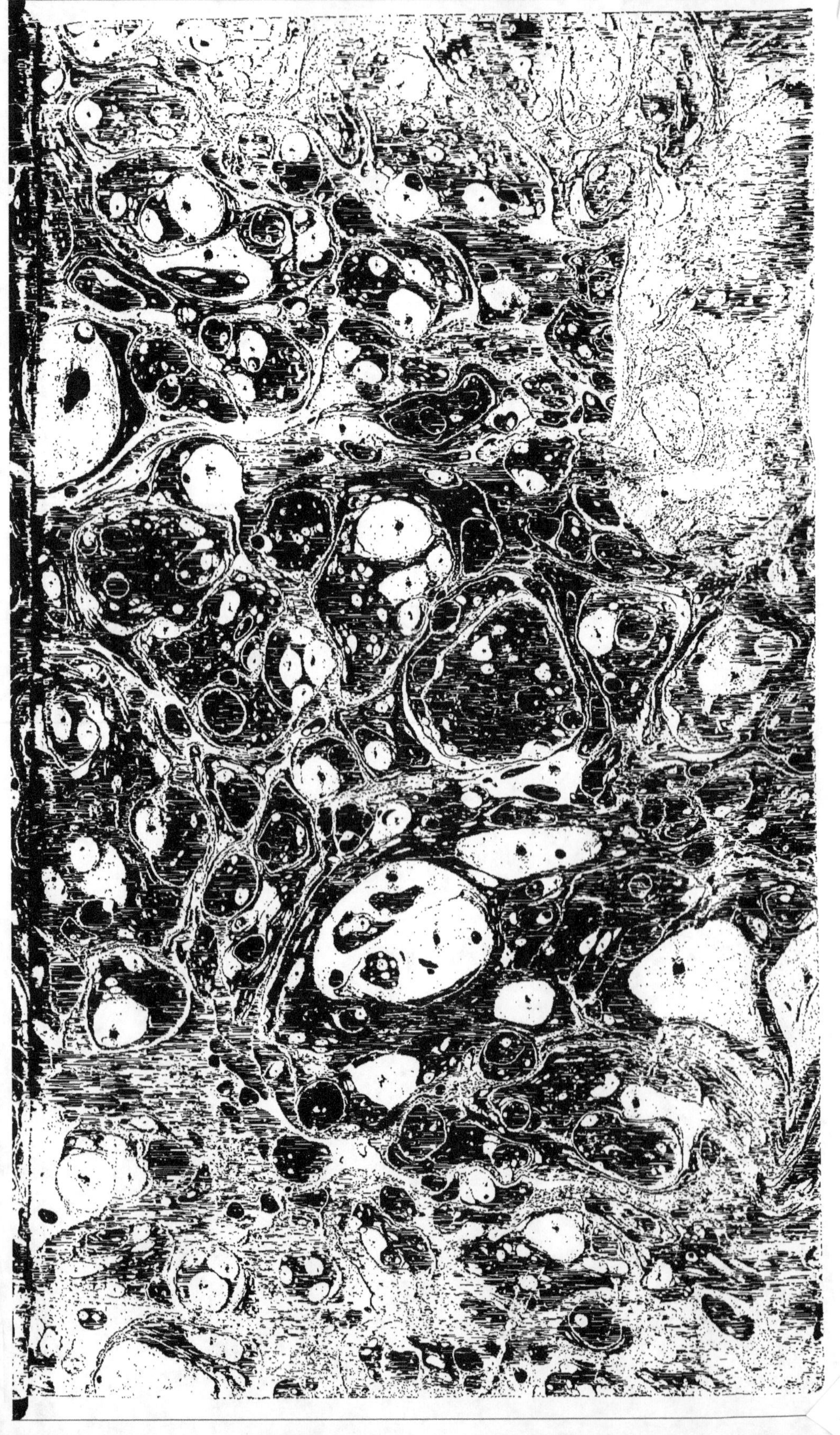

ELEMENS

D'HISTOIRE NATURELLE

ET

DE CHIMIE.

TOME PREMIER.

ELÉMENS
D'HISTOIRE NATURELLE
ET
DE CHIMIE,

TROISIEME ÉDITION;

PAR M. DE FOURCROY, *Docteur en Médecine de la Faculté de Paris, de l'Académie Royale des Sciences, de la Société Royale de Médecine, de la Société Royale d'Agriculture, Professeur de Chimie au Jardin du Roi.*

TOME PREMIER.

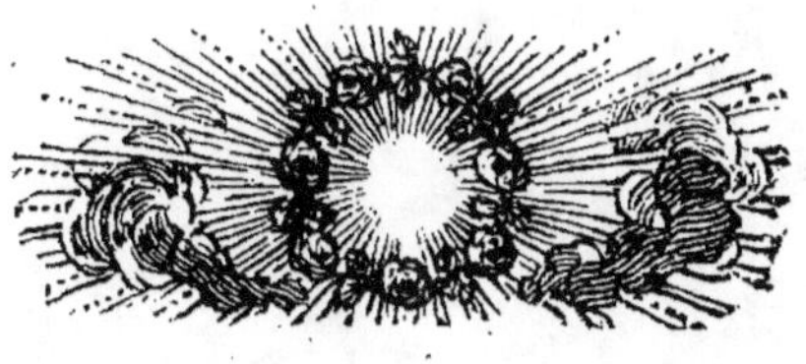

A PARIS,

Chez CUCHET, Libraire, rue & hôtel Serpente.

M. DCC. LXXXIX.

Sous le Privilège de l'Académie Royale des Sciences.

AVERTISSEMENT

Sur cette troisiéme Edition.

JAMAIS science n'a été plus généralement suivie & plus étudiée que l'est la Chimie, depuis une douzaine d'années; jamais aussi science n'a fait de progrès aussi rapides dans un espace de tems assez court. Ces deux considérations ont rendu nécessaire cette troisième Edition; la seconde presque totalement épuisée en moins de dix-huit mois, sembloit ne me pas laisser autant de tems pour travailler à la troisième, que je n'en avois eu pour ajouter à la première; aussi celle-ci fut-elle augmentée de deux volumes, tandis que cette troisième n'a pas même un volume de plus. Il doit exister une époque dans les éditions successives d'un ouvrage élémentaire, auquel le choix des savans & du public éclairé a donné sa sanction, où le volume doit cesser de croître, &

où il n'a befoin que d'être revu avec foin. Je crois être parvenu à ce point dans cette troifième Edition ; les additions des découvertes nouvelles faites depuis 1786, n'auroient pas exigé de détails très-confidérables & fait groffir conféquemment les volumes, fi d'après l'avis de perfonnes éclairées, & d'après l'effet de la lecture de cet Ouvrage fur les efprits neufs dans la fcience, je n'avois pas cru devoir refaire entièrement & détailler plus qu'ils ne l'étoient, quelques chapitres dans l'hiftoire des matières falines, de quelques métaux, de plufieurs principes immédiats des végétaux & des animaux. Ces nouveaux articles, ainfi que les nouvelles découvertes confignées dans les Elémens, ont été extraits de l'ouvrage & préfentés comme Supplément à la feconde Edition, dans un volume particulier, par M. Adet, jeune Médecin, qui a bien voulu fe charger de cette tâche, que mes occupations ne me permettoient pas de remplir. Comme ce Supplément offrira fous un petit

volume tout ce qui a été ajouté à la
seconde Edition, je ne m'étendrai pas sur
ces additions dans cet Avertissement, &
je me bornerai à quelques réflexions sur
la marche de tout l'Ouvrage, sur la
théorie uniforme qu'il offre dans toutes
ses parties, & sur la nouvelle nomenclature qui y est adoptée.

Lorsqu'en 1780 & 1781 je rédigeai,
pour servir de résumé à mes Leçons, un
précis des faits qui constituoient la science
chimique, je suivis l'ordre que j'avois
adopté pour mes cours, & dont quelques
années m'avoient déjà fait connoître le
succès pour l'enseignement. La faveur
inattendue que cet Ouvrage obtint, me
détermina à suivre la même marche dans
la seconde Edition rédigée il y a bientôt
quatre ans; la même faveur, le même
accueil dans lequel le public savant ou
amateur des sciences a bien voulu per-
sister à l'égard de ces Elémens, le choix
que le débit rapide & les traductions dans
différentes langues me permettent de dire

qu'on en fait en Europe pour l'étude de
la Chimie, me font aujourd'hui la loi de
ne point changer l'ordre général qui a été
expofé dans la première Edition; on eft
accoutumé à la marche méthodique des
idées que j'y ai tracées, & ce feroit faire
un ouvrage nouveau, que de renverfer
cet ordre. Je ne puis cependant me diffimuler qu'il feroit peut-être néceffaire
aujourd'hui de changer cette marche. Les
connoiffances plus pofitives acquifes depuis la publication de la première Edition, le raifonnement plus affuré & plus
certain, des expériences auffi exaftes
que nombreufes, dont la Chimie s'eft
enrichie, exigent peut-être qu'on en difpofe les Elémens dans un ordre un peu
différent de celui que j'ai adopté. Cet
ordre nouveau placeroit, par exemple,
l'hiftoire de tous les corps combuftibles,
tels que le foufre, le charbon, les métaux, &c. avant celle des acides, des
fels, dont plufieurs font des corps brûlés ou des compofés de corps combuf-

tibles. On iroit ainfi du fimple au compofé ; on ne fépareroit pas les acides
d'un règne de ceux des deux autres ; on
ne traiteroit dans des chapitres particuliers que des différences qui exiftent entre les principes des corps organiques &
ceux des minéraux. J'ai tracé une efquiffe
de cette nouvelle méthode élémentaire
dans la Chimie deftinée aux Dames &
aux Eléves de l'Ecole vétérinaire.

Mais, quoique ce dernier ordre femble devoir fixer aujourd'hui la marche
des idées dans l'étude de la Chimie,
celui dont les premières Editions m'ont
fait une loi, n'eft peut-être pas non plus
dépourvu d'avantages ; il exige à la vérité un travail de l'efprit un peu plus
confidérable ; mais ce travail même eft
peut-être plus favorable à l'étude. Il re-
préfente fous deux formes différentes les
mêmes faits ; il force l'efprit à revenir fur
les mêmes phénomènes confidérés fous
deux afpects, & à concevoir leurs rapports réciproques.

Quant à la théorie expofée dans ces Elémens , cette troifième Edition differe fpécialement des deux premières , en ce que dans celles-ci je n'avois abfolument été que l'hiftorien des diverfes opinions qui ont partagé jufqu'actuellement les Chimiftes ; dans la troifième , quoique je me fois impofé la loi de ne pas abandonner entièrement ce rôle , & quoique j'aye fait connoître les principales théories propofées aujourd'hui , j'ai cependant pris un parti , & adopté entièrement la doctrine que quelques Phyficiens ont nommée *pneumatique* ou *anti-phlogiftique*. Je crois pouvoir efpérer que toutes les perfonnes qui étudieront avec foin ces Elémens & qui n'y apporteront point de prévention , trouveront que cette doctrine differe effentiellement de toutes les théories qui fe font fuccédées en Chimie , en ce qu'elle ne fuppofe rien , n'admet abfolument aucun principe hypothétique , & ne confifte que dans le fimple expofé des faits. Qu'il me foit même permis de

dire ici que les Phyficiens qui n'ont point
encore tout-à-fait adopté cette doctrine,
& fur - tout que ceux qui ont mis une
chaleur quelquefois trop forte à la combattre, n'ont pas complètement faifi nos
idées ; ils n'ont pas bien compris que la
bafe de nos opinions, le fondement de
nos principes n'eft en aucune manière
comparable à ce qu'on a appelé des théories en phyfique ; que nous ne faifons
réellement que tirer de fimples réfultats
d'un grand nombre de faits ; que nous
n'admettons ftrictement que ce que nous
donne l'expérience, & qu'enfin, puifque
nous rejettons toute hypothèfe, il eft
impoffible que nous commettions des erreurs femblables à celles dans lefquelles
les divers fyftêmes de phyfique ont entraîné jufqu'actuellement les favans qui
les ont propofés. Ou je fuis moi-même,
avec plufieurs Phyficiens modernes à qui
l'on doit tant de découvertes ingénieufes,
dans une erreur bien groffière, ou je
crois fermement que la génération qui fe

forme actuellement dans les sciences, &
dont la manière de raisonner est essentiellement différente de celle qui l'a pré-
cédée, renoncera, comme nous avons
osé le faire, aux hypothèses qui ont tant
agité les Ecoles, & s'en tiendra au pur
résultat de l'expérience. Déjà plusieurs
Professeurs célèbres ont adopté la doctrine exposée dans ces Elémens. MM. de
Morveau, Van-Marum & Chaptal ont
été convaincus de sa vérité & de sa simplicité. Pour connoître cette doctrine
dans tous ses rapprochemens, & pour la
comparer avec celle que quelques Physiciens soutiennent encore, j'engage ceux
qui étudient à lire avec soin l'ouvrage
du célèbre M. Kirwan sur le phlogistique, avec les additions & les notes que
nous y avons faites. On y verra les hypothèses, ingénieuses à la vérité, mais
toujours plus ou moins forcées, se suc-
céder dans l'explication des faits les plus
simples donnée par M. Kirwan, & difparoître dans celle que nous admettons.

J'ai fuivi dans cette troifième Edition la nomenclature nouvelle que nous avons propofée aux Savans en 1787, MM. de Morveau, Lavoifier, Berthollet & moi. Je ne répéterai pas ici les raifons qui nous ont déterminés à ce changement dans le langage chimique, devenu néceffaire depuis les nouvelles découvertes, & la marche nouvelle de cette fcience. Je ne répondrai pas non plus aux objections, en général très-foibles, qui y ont été faites, & à plus forte raifon aux injures & aux perfifflages dus, comme on le conçoit bien, à des hommes qui n'avoient pas de meilleures raifons; je me contenterai de remarquer que, dans cinq cours de Chimie que j'ai faits depuis cette époque, la nouvelle nomenclature m'a préfenté tout l'avantage que nous en avions efpéré. Les perfonnes qui les ont fuivis, ont facilement faifi l'enfemble & le rapport de ces nouvelles dénominations. Elles ont plus appris dans un feul cours, qu'on ne le faifoit autrefois dans trois ou quatre, quelque application qu'on y mît.

Parmi les objections qui ont été faites à cette nomenclature, il n'y en a qu'une sûr laquelle je croye devoir fixer l'attention des Lecteurs. On a dit que les mots *oxygène* & *hydrogène* étoient trop exclusifs, parce que le principe à qui nous avons donné le premier nom, ne forme pas toujours des acides dans ses combinaisons, & parce que le second n'est pas regardé par tous les Physiciens comme un des composans de l'eau. Mais, n'avions-nous pas déjà dit dans notre Ouvrage sur la Nomenclature, que nous ne prétendions pas exprimer une propriété trop générale de la base de l'air, parce que cette prétention eût été peut-être impossible à remplir, & parce que, quand nous eussions pu exprimer une propriété générale, notre dénomination eût été trop vague, & n'eût pas fixé les idées des Etudians, comme celle que nous avons proposée & qui est prise d'un des

caractères les plus frappans de ce principe, quoiqu'il ne le préfente pas dans
toutes fes combinaifons. Auroit-on voulu
que nous euffions pris une dénomination
plus particulière ? N'avons-nous pas fait
remarquer fur le mot *hydrogène*, que
nous l'avions imaginé pour exprimer un
fait, le réfultat d'une expérience pofitive,
favoir, que ce corps eft un des principes
néceffaires de l'eau, & que c'eft-là une
de fes propriétés les plus frappantes. J'ai
de la peine à concevoir comment les perfonnes qui ont répété les unes après les
autres de pareilles objections, n'ont pas
fenti que nous nous les étions faites, ainfi
qu'un grand nombre d'autres, pendant les
neuf mois que nous avons travaillé affi-
duement à réformer la Nomenclature ;
comment elles n'ont pas prévu que nous
ne trouverions rien de neuf dans les raifonnemens qui nous ont été oppofés, &
que nous avions difcutés un grand nombre de fois ; comment enfin elles n'ont
pas reconnu que toutes ces objections,

tous ces raifonnemens cent fois rebattus, oppofés, difcutés, combattus dans nos entretiens particuliers, auxquels un affez grand nombre de Savans nos confrères, ont bien voulu affifter & contribuer eux-mêmes, nous avoient paru balancer trop foiblement les avantages que promettoient les dénominations adoptées, pour que nous ne duffions pas les négliger. Que ces perfonnes apprennent encore que ce n'eft qu'après avoir cherché à exprimer dans les noms nouveaux des propriétés plus générales, par des étymologies va-riées un grand nombre de fois, que nous avons été obligés de renoncer à ce pro-jet, & parce que nous euffions donné des dénominations fouvent dures & bar-bares dans notre langue, & parce qu'elles auroient échappé trop facilement au rai-fonnement & à la mémoire.

La feule correction qu'il me paroît néceffaire de faire dans notre Nomen-clature, eft l'expreffion de *gaz azotique*, qu'il faut changer en celle de *gaz azote*, comme

comme l'a fait obferver M. Aréjula , Chimifte Efpagnol, que je me fais gloire d'avoir compté au nombre de mes Eleves , & qui vient de publier de très-fages obfervations fur notre Nomenclature. C'é-toit en effet une faute dans nos dénomi-nations , que la terminaifon de ce gaz différente de celle de fa bafe , & analo-gue à celle d'une claffe entière d'acides ; elle nous avoit échappé , & je remercie en mon particulier l'Auteur de nous l'a-voir fait remarquer. On voudra donc bien fubftituer par-tout dans cet Ouvrage les mots *gaz azote* à ceux de *gaz azotique*, qui y ont été employés.

Tels font les principaux objets fur lef-quels j'ai cru devoir prévenir les Lecteurs dans cet Avertiffement. Tout le but de l'Ouvrage eft de réunir fous un petit vo-lume le plus grand nombre de faits chi-miques. L'utilité de cette fcience eft de-venue fi immédiate dans une foule d'oc-cupations humaines , qu'il eft à croire que le nombre des perfonnes qui l'étu-

Tome I.   b

dient ne fera qu'augmenter : c'eſt pour elles que j'ai écrit ces Elémens , & que j'y ai ajouté dans cette Edition tout ce qui m'a paru capable d'en augmenter la clarté & d'en faciliter l'étude. Je deſire bien ſincèrement de leur avoir été utile.

TABLE GÉNÉRALE
DES CINQ VOLUMES.

TOME PREMIER.

b ij

SECONDE PARTIE.

RÈGNE MINÉRAL ; MINÉRALOGIE ,
pag. 244

PREMIERE SECTION.

b iij

TOME SECOND.

TROISIEME SECTION.

DE LA MINÉRALOGIE.

TOME TROISIEME.

TOME QUATRIEME.

TROISIEME PARTIE.

REGNE VÉGÉTAL.

QUATRIÈME PARTIE.

REGNE ANIMAL.

TOME CINQUIÈME.

De la Classification méthodique & de la Physique des Animaux, page 1

SECTION I.

Esquisse des Méthodes d'Histoire naturelle des Animaux, 4

SECTION II.

Des fonctions des Animaux, considérées depuis l'Homme jusqu'au Polype, 40

Fin de la Table.

ÉLÉMENS

ÉLÉMENS
D'HISTOIRE NATURELLE
ET
DE CHIMIE.

PREMIÈRE PARTIE,
GÉNÉRALITÉS ET INTRODUCTION.

CHAPITRE PREMIER.

DÉFINITION de la Chimie, ses moyens, ses utilités, &c.

Tous les chimistes ne sont pas parfaitement d'accord entr'eux, sur la manière dont on doit définir la chimie ; Boerhaave, dans ses Elémens, semble l'avoir rangée parmi les arts, ou plutôt

Tome I.   A

il n'en a défini que la pratique. La chimie, suivant Macquer, est une science dont l'objet est de reconnoître la nature & les propriétés de tous les corps par leurs analyses & leurs combinaisons; cette définition est sans contredit la meilleure que l'on ait encore donnée. Cependant comme ces deux moyens de la chimie, l'analyse & la combinaison, ne peuvent pas toujours être employés avec le même succès dans l'examen de beaucoup de corps naturels, ne seroit-il pas mieux de n'en pas faire mention, en définissant cette science? Le chimiste ne peut s'élever à la connoissance des propriétés des corps, qu'en les présentant en contact les uns aux autres; & comme tout ce qu'il peut savoir ne consiste que dans le rapport de la manière d'agir des substances naturelles entr'elles, nous croyons devoir adopter la définition suivante. La chimie est une science qui nous apprend à connoître l'action intime & réciproque de tous les corps de la nature, les uns sur les autres. Les faits que nous allons présenter, éclairciront cette définition. Pour exposer clairement & avec ordre l'étendue de cette science, nous devons considérer l'objet dont elle s'occupe, les moyens qu'elle emploie, la fin qu'elle se propose, & les avantages qu'on en retire.

§. I. *De l'objet , des moyens , de la fin
de la Chimie.*

L'objet de la chimie comprend tous les corps qui compofent notre globe, foit ceux qu'il renferme dans fon fein, ou ceux qu'il offre à fa furface; elle eft donc auffi vafte que l'hiftoire naturelle, & elle ne reconnoît que les mêmes bornes.

L'analyfe ou la décompofition, la fynthèfe ou la combinaifon, font les deux moyens que la chimie met en ufage pour parvenir à fon but. La première n'eft autre chofe que la féparation de deux corps , dont l'union formoit un compofé; le cinnabre , par exemple, eft compofé de foufre & de mercure; l'art du chimifte parvient à féparer ces deux corps l'un de l'autre, & à faire ainfi l'analyfe du cinnabre. On a cru jufqu'à ces derniers tems, & plufieurs perfonnes croient encore que ce moyen eft celui dont la chimie peut tirer le plus d'avantages. Cette opinion a acquis tant de force dans l'efprit des favans, qu'elle a engagé plufieurs d'entr'eux à définir la chimie , la fcience de l'analyfe; rien n'eft cependant plus contraire à l'idée exacte que l'on doit avoir de la décompofition. Nous croyons , afin de mettre cette vérité importante

A ij

dans tout fon jour, devoir diftinguer deux efpèces d'analyfes, la vraie ou fimple, la fauffe ou
compliquée. Nous appelons analyfe vraie, celle
par laquelle on obtient les principes d'un corps
qu'on décompofe, fans qu'ils aient fubi d'altération. Le feul caractère auquel on puiffe la
reconnoître, c'eft qu'en uniffant les principes
qu'elle a fournis, on donne naiffance à un compofé tout-à-fait femblable à celui qu'on a ana-
lyfé; le cinnabre que nous avons déjà cité, va
nous fervir d'exemple. Lorfque, par des moyens
chimiques, on fépare les deux fubftances qui
forment ce mixte, c'eft-à-dire, le foufre & le
mercure, on obtient ces deux principes dans
leur état de pureté, & tels qu'ils exiftoient dans
le cinnabre, puifqu'en les uniffant de nouveau,
on forme un être en tout femblable à celui qu'on
a d'abord décompofé; cette efpèce d'analyfe
eft malheureufement très-rare. Les chimiftes ne
font pas affez heureux pour pouvoir l'appliquer à tous les corps qu'ils traitent; puifque,
excepté les fels neutres, & quelques autres
corps du règne minéral, toutes les fubftances
végétales & animales ne font pas fufceptibles
d'éprouver cette décompofition.

L'analyfe fauffe ou compliquée eft celle par
le moyen de laquelle on ne fépare d'un corps
que des principes compofés qui n'exiftoient pas

tels dans cette compofition, & qui, par conféquent, ne peuvent plus, par leur union, reformer le premier compofé. Cette efpèce de décompofition a lieu pour la plus grande partie des corps que les chimiftes analyfent; il fuffit pour cela qu'il entre plus de deux principes dans leur compofition, & que ces principes aient entr'eux quelque tendance à fe combiner. Plufieurs minéraux, & toutes les fubftances végétales & animales, fans en excepter une, ne peuvent être analyfées que de cette manière; c'eft ainfi que le fucre mis dans une cornue, donne à la diftillation de l'acide, de l'huile & un charbon, que l'on tâcheroit en vain de recombiner pour reproduire cette fubftance telle qu'elle étoit avant fon analyfe. Cette forte de décompofition n'indique point l'état dans lequel fe trouvoient les fubftances unies avant qu'on les ait féparées; elle ne peut donc fournir que peu de lumières, & l'on doit même fe méfier des réfultats qu'elle donne. C'eft de-là qu'ont pris naiffance tous les reproches que l'on a faits à la chimie; on l'a accufée de déforganifer le tiffu des corps dont elle cherche à connoître les principes; nous avouons qu'elle a pendant long-tems mérité ce reproche: mais plus circonfpecte & plus avancée aujourd'hui, elle refufe fa confiance à la décompofition trompeufe

A iij

dont elle avoit autrefois emprunté les fecours, & fait, fans altérer la nature des êtres qu'elle examine, rechercher leurs propriétés, & reconnoître les principes qui les compofent. Elle va encore plus loin ; elle apprécie, comme nous le dirons dans l'examen des fubftances végétales, la réaction des principes les uns fur les autres, & elle détermine les caufes qui modifient, changent & altèrent ainfi ces principes.

La fynthèfe ou la combinaifon qui conftitue le fecond moyen de la chimie, n'eft autre chofe que la réunion de plufieurs principes, dont l'art fait former un compofé ; c'eft le plus puiffant des deux, celui fur lequel elle peut le plus compter, & qui lui eft fans contredit le plus utile ; on pourroit même affurer qu'il n'y a pas une feule opération de chimie dans laquelle il ne fe rencontre quelque combinaifon. Les chimiftes ne nous paroiffent pas avoir affez infifté fur cet objet de la dernière importance. En effet, la fynthèfe étant non-feulement plus fréquente, mais encore plus utile que l'analyfe, ce feroit donner une bonne idée de la chimie, que de la préfenter comme la fcience de la combinaifon, plutôt que comme la fcience de l'analyfe.

Quoique ces deux moyens s'employent quelquefois féparément, il eft cependant plus ordinaire de les trouver réunis ; souvent le chimifte ne peut faire une analyfe vraie , qu'à l'aide d'une combinaifon ; les analyfes fauffes font toujours dues à de vraies fynthèfes ; enfin , il n'eft pas rare que la combinaifon elle - même donne lieu à une forte d'analyfe ; cette dernière affertion n'eft connue que depuis peu de tems. La découverte d'un grand nombre de fluides aériformes , dont on ne foupçonnoit pas même autrefois l'exiftence , nous a appris que , dans beaucoup d'opérations que l'on regardoit auparavant comme de fimples combinaifons , il fe dégage un être invifible , élaftique , qui fort en pétillant , fe mêle à l'atmofphère , ou va remplir des vaiffeaux dans lefquels nous avons fu lui donner des entraves. La plupart des combinaifons de deux fubftances que l'on croyoit fimples , offrent cette efpèce d'analyfe ; & nous aurons de fréquentes occafions d'en fournir des exemples , en parlant des fels neutres.

D'après ce que nous venons de dire fur la fynthèfe , il eft facile de conclure que tout l'art de la chimie confifte à favorifer la réaction intime des corps les uns fur les autres , & à obferver foigneufement les phénomènes qui fe paffent pendant cette réaction. N'oublions pas de remarquer que les deux moyens dont nous avons parlé , appartiennent à la nature elle-même , & que c'est d'elle que le chimiste à appris à les mettre en pratique. Comme ils dépendent d'une force établie entre tous les corps, il suffit à l'artiste de la mettre en état d'agir sur les êtres qu'il veut analyser ou combiner. Ces vérités importantes doivent être bien saisies & bien méditées de tous ceux qui veulent pénétrer jusques dans les profondeurs de la chimie. Elles forment avec celles que nous exposerons dans les autres chapitres de cette première partie, la base sur laquelle est fondé l'ensemble de cette science.

Il est fort aisé de concevoir actuellement quelle est la fin de la chimie ; ce n'est pas seulement de découvrir les principes des corps, puisqu'il est démontré qu'un grand nombre de substances ne peuvent être séparées en plusieurs principes, & font des corps simples, au moins quant à l'état actuel de nos connoissances ; mais comme ces mêmes substances , qui ne font point susceptibles d'analyse, peuvent avoir de l'action sur d'autres corps & former des combinaisons , il est clair que le principal but de la chimie, est de rechercher l'action des corps naturels les uns sur les autres, de connoître l'ordre de leurs compositions, d'apprécier la force avec laquelle ils tendent à s'unir & restent unis les uns aux autres.

§. II. *Des utilités de la Chimie.*

Il faudroit un traité particulier pour préfenter tous les avantages que la fociété retire de cette fcience. La nature de cet ouvrage ne nous permettant pas de fuivre cet objet dans tous fes détails, nous nous contenterons d'en offrir les traits principaux, & d'infifter fpécialement fur ceux qui ne nous femblent pas avoir été faifis comme ils doivent l'être.

Il y a un fi grand nombre d'arts auxquels la chimie eft utile, qu'on a cru devoir diftinguer tous les arts en général en deux grandes claffes. La première renferme tous les arts méchaniques fondés fur des principes géométriques. La feconde comprend tous les arts dont les manipulations dépendent de la chimie, & qui méritent eux-mêmes le nom d'arts chimiques ; ces derniers font beaucoup plus nombreux que les autres. Comme ils font tous fondés fur des phénomènes chimiques, il eft facile de concevoir que la chimie doit guider la marche des pratiques qu'on y emploie, & qu'elle peut par des découvertes en fimplifier les procédés, en affurer la réuffite, & même en étendre les limites. Tels font 1°. les arts du briquetier, du tuilier, du potier de terre, du fayancier & de la porcelaine, qui consistent tous à préparer différentes espèces d'argile, & à les amener par la cuisson au degré de dureté que l'on desire dans chacune d'elles. 2°. Celui du verrier, dont le but est d'unir une terre vitrifiable avec une substance saline, & de donner naissance à un être nouveau, dur, transparent & presque inattaquable à l'air; art merveilleux, dont la découverte a rendu les services les plus grands aux hommes. 3°. Les arts d'extraire les métaux, de les fondre, de les purifier, de les allier les uns aux autres, doivent aussi à la chimie leur naissance & leurs progrès; elle leur fournit tous les jours de nouvelles lumières. 4°. Le règne végétal comprend un grand nombre d'arts qui sont, ainsi que les précédens, sous le domaine de la chimie; tous ceux qui s'occupent à convertir les sucs sucrés ou les corps farineux en liqueurs vineuses, à extraire de ces liqueurs l'esprit ardent qu'elles contiennent, à le séparer de l'eau avec laquelle il passe d'abord combiné; l'art d'unir cet esprit ardent avec la partie aromatique des plantes; celui d'extraire des végétaux des parties colorantes, & de les appliquer ensuite aux différentes étoffes; enfin, ceux de changer le vin en vinaigre, d'allier ce dernier avec différentes substances; de retirer des grains & de plusieurs parties végétales la matière pré-

cieufe deftinée à former le pain, celui de faire
paffer la farine de l'état de corps fec & infipide
à l'état d'une fubftance légère, diffoluble &
douée d'une faveur agréable; tous ces arts &
un grand nombre d'autres, que les bornes que
nous nous fommes prefcrites, ne nous permettent point de traiter en détail, font entièrement
du reffort de la chimie, & lui doivent, finon
leur naiffance, au moins leur perfection.

Elle n'a pas moins de droits pour revendiquer
tous ceux qui ont pour objet les matières animales. Comme l'art utile & trop peu examiné
du cuifinier, dont le vrai but eft moins de flat-
ter le palais, & de varier les formes & les faveurs des mets pour fatisfaire le caprice, que
de rendre les alimens de facile digeftion, en
développant leur faveur par la cuiffon ou par
les affaifonnemens les plus doux & les moins
recherchés. Ceux du mégiffier, du tanneur, du
corroyeur, du chapelier, rentrent dans la
même claffe. Mais un des arts les plus importans, qui tient le milieu entre les arts proprement dits & les fciences, & auquel la chimie
eft fingulièrement utile, c'eft la pharmacie; le
pharmacien a befoin de connoiffances chimiques très-étendues pour favoir à quelles altérations les matières qu'il emploie font expofées,
pour les prévenir & les corriger, pour décou-

vrir les changemens qu'éprouvent les médicamens composés, enfin pour être instruit des
combinaisons & des décompositions qui arrivent dans le mélange des drogues simples nécessaires aux différentes préparations qu'il fait à
chaque instant. Tout homme impartial, en réfléchissant sur cet objet, ne pourra disconvenir
que, pour remplir avec distinction son état, le
pharmacien, après l'étude de l'histoire naturelle
nécessaire à la matière médicale, doit se livrer
à la chimie. Ce n'est qu'ainsi que cet art peut
être réduit en principes, & rendre aux hommes
les services qui lui ont depuis long-tems fait
accorder un rang honorable dans la société.

Il suffit de jetter un coup-d'œil sur les sciences, pour sentir combien la chimie peut leur
être utile. L'histoire naturelle est une de celles
qui en retirent le plus d'avantages ; les caractères que les premiers naturalistes ont employés
pour reconnoître les minéraux, n'étoient pris
que de leurs propriétés physiques, comme la
couleur, la forme, la consistance, &c. mais ces
propriétés étant très-sujettes à varier, les corps
dont les anciens philosophes ont parlé, ne sont
plus connus aujourd'hui, & les travaux immenses
des premiers naturalistes, sont presqu'entièrement perdus ; les modernes se sont apperçus
que pour obvier à cet inconvénient très-nuisible

aux progrès de l'histoire naturelle, il falloit suivre une autre méthode. La voie de l'analyse chimique a paru préférable, & déjà l'on est assez avancé sur cet objet pour établir, dans les minéraux, des classes fondées sur la nature & la quantité des principes qui entrent dans leur composition. C'est aux travaux de MM. Bergman, Bayen, Monnet, &c. &c. qu'on est redevable de l'avancement de l'histoire naturelle dans cette partie. Wallerius, Cronstedt & quelques autres savans, avoient commencé à classer la minéralogie d'après les propriétés chimiques ; Bucquet avoit ajouté dans ses derniers cours aux connoissances transmises par ces deux célèbres naturalistes, & sa méthode de classer les minéraux étoit entièrement chimique. M. Sage, qui a fait l'analyse d'un grand nombre de minéraux, a suivi une méthode absolument chimique pour disposer ces corps. Quoique l'ensemble de sa théorie n'ait été adopté par aucun chimiste, la minéralogie lui a de très-grandes obligations, & il est un de ceux qui s'en est occupé en France avec le plus d'étendue & le plus de succès. M. Daubenton s'est servi des travaux de tous ces savans, & il les a adoptés avec cette sage retenue qui caractérise le philosophe dont le but est de chercher la vérité à travers les erreurs & les incertitudes dont elle n'est malheureusement

que trop enveloppée. Rien n'eſt donc mieux
démontré que l'utilité de la chimie en hiſtoire
naturelle ; elle ſeule pourra diſſiper aux yeux de
la poſtérité, l'obſcurité que les ſimples deſcriptions phyſiques avoient miſe juſqu'à nos jours
dans cette ſcience. Les chimiſtes ne doivent ſur-
tout point perdre de vue la juſte obſervation de
M. Daubenton, qui les avertit de décrire avec
ſoin les échantillons ſur leſquels ils font leurs
recherches, afin d'être entendus de tous les naturaliſtes, & d'éviter la confuſion qui, ſuivant
le rapport de ce célèbre profeſſeur, eſt répandue dans le travail de pluſieurs chimiſtes modernes. Nous n'avons trouvé d'autres moyens
de nous ſouſtraire à cette erreur, que celui de
lier intimément ces deux ſciences dans nos leçons, & d'aſſocier les connoiſſances fournies par
les naturaliſtes à celles que l'expérience chimique ne ceſſe de produire chaque jour.

Il n'eſt pas auſſi bien démontré pour tout le
monde que la chimie ſoit utile à la médecine ;
les erreurs dans leſquelles ſe ſont laiſſés emporter les médecins chimiſtes du dernier ſiècle,
l'eſpèce d'indifférence que les praticiens ſemblent
avoir pour cette ſcience, ont fait naître dans
beaucoup d'eſprits une idée déſavantageuſe que
le tems ſeul pourra détruire. Cependant ſans ſe
laiſſer prévenir à la légère, ne ſeroit-il pas beau-

coup plus fage de ne pas prendre de parti, &
d'examiner avec impartialité, d'une part, la caufe
des erreurs commifes par les chimiftes, & de
l'autre, les moyens de s'en garantir & de rendre à la chimie ce qu'on lui a trop tôt enlevé.
Si l'enthoufiafme des premiers médecins cultivateurs de la chimie les a égarés, on ne peut
rien en conclure pour le tems actuel; l'exactitude que les modernes ont mife dans les fciences de fait, doit ôter toutes les craintes qu'on
pourroit avoir, fi la chimie étoit encore dans
les ténèbres qui l'environnoient il y a un fiècle.
En la contenant dans de juftes bornes, & en
l'employant avec retenue, on ne peut s'empêcher de croire qu'elle fera d'une très-grande
utilité pour la médecine. Après cet aveu de l'é-
garement des chimiftes, voyons pour achever la
juftification de la chimie, quels avantages chacune des parties de la médecine doit en attendre. Diftinguons d'abord les deux grandes branches de cette vafte fcience, qui femble mettre
toutes les autres à contribution, la théorie &
la pratique; mais fans les écarter l'une de l'autre, comme quelques favans l'ont voulu faire.
L'étude de la médecine doit néceffairement commencer par l'hiftoire anatomique de l'homme
& des animaux. L'anatomie ne peut faifir que
les folides; cependant les phyfiologiftes favent

que la plus grande partie du corps des animaux est formée de fluides, & que c'est leur mouvement qui entretient la vie; si donc on se bornoit à rechercher la structure des viscères, sans étudier la nature & les propriétés des liquides, on ne connoîtroit qu'une partie de l'économie vivante. C'est à la chimie à nous apprendre quelles sont les qualités des fluides; elle seule peut nous éclairer sur leur composition & sur les changemens qu'ils subissent par le travail de la vie; on ne peut se passer de cette science pour saisir le vrai mécanisme des fonctions animales, pour découvrir le caractère des sucs séparés par tels ou tels viscères, pour rechercher les altérations qu'ils éprouvent par leur repos dans les réservoirs où ils sont amassés; pour concevoir les changemens qui leur arrivent par le mouvement, la chaleur, leur mêlange avec d'autres fluides, &c. Ces connoissances une fois acquises sur la composition des liqueurs animales, il faut multiplier les recherches dans les différens âges, les sexes, les tempéramens, les climats & les saisons, les poursuivre jusque dans les différentes classes d'animaux, & établir ces points de comparaison si utiles dans les sciences, & qui servent à en reculer les limites.

Ce n'est pas assez d'étudier les propriétés chimiques des liqueurs animales dans l'état de santé;

il faut encore étendre cette étude dans celui de maladie, déterminer le genre d'altération qu'elles éprouvent dans tel ou tel cas ; trouver quelle est la partie des humeurs qui domine dans telle ou telle difposition, dans l'inflammatoire, la putride, dans les différentes cachexies, la fcorbutique, la fcrophuleufe ; connoître les fubftances falines que la maladie a développées ; analyfer les fucs épanchés dans les cavités ; de pareils travaux ferviront fans doute à augmenter les connoiffances des médecins fur l'hiftoire de la pathologie. Nous croyons même devoir étendre plus loin encore ces idées fur l'étude des propriétés chimiques des parties animales. Nous penfons qu'on doit examiner chimiquement les folides, foit dans l'état fain, foit dans l'état malade, rechercher par la comparaifon de leurs propriétés à quel fluide ils doivent leur naiffance, & ce point une fois trouvé, deviner, pour ainfi dire, dans les difpofitions morbifiques, quel doit être le folide léfé, ou le fluide altéré ; cette affertion, que nous ne faifons qu'énoncer ici, fera difcutée dans les chapitres qui traiteront des matières animales.

Si la théorie de la médecine doit attendre des fecours de la chimie, comme on ne peut en douter d'après ce que nous venons de dire, la pratique de cette fcience doit auffi être éclairée par son flambeau, puisque ces deux branches marchent toujours du même pas, & que l'avancement de l'une est nécessairement suivi de celui de l'autre. Aussi nous fera-t-il facile de démontrer les avantages que la pratique peut retirer de la chimie. En effet, pour commencer par l'hygiene ou l'art de conserver la santé, n'est-il pas aisé de faire voir que le choix des alimens & celui de l'air ne peut être dirigé sûrement que d'après des connoissances chimiques exactes sur les substances nutritives & le fluide atmosphérique? C'est à elle seule à nous apprendre la quantité de matière nourricière contenue dans les alimens dont nous faisons usage; l'état dans lequel se trouve cette matière; la nature des substances diverses auxquelles elle peut être combinée; les moyens de l'extraire, de la purifier, de la préparer convenablement pour les différens estomacs, de lui donner les degrés d'atténuation appropriés à chaque constitution de ce viscère. C'est à elle à nous éclairer sur la qualité des fluides qui nous servent de boisson; sur les propriétés que doit avoir l'eau pour être potable, sur les moyens de reconnoître sa pureté ou les principes qui l'altèrent, & sur-tout sur l'art de l'amener au degré de salubrité nécessaire pour qu'elle puisse être bue sans nuire à l'économie animale, sur les principes des liqueurs fermentées, sur la quantité diverse de ces principes contenus dans les différens vins ; sur les procédés propres à en connoître les mauvaises qualités. Enfin, c'est elle qui peut seule instruire le médecin sur les propriétés de l'air que nous respirons ; sur les changemens qu'il est susceptible d'éprouver de la part des différens agens ; sur les corps étrangers qui peuvent être contenus dans l'atmosphère, & en altérer la pureté. Elle lui fournit les moyens précieux de corriger l'air & de le rendre respirable ; moyens que les découvertes modernes ont multipliés, & auxquels elles ont assuré une efficacité constante, comme on le verra dans l'histoire de l'air.

Le médecin ne doit employer les médicamens que lorsqu'il en connoît, autant qu'il est en lui, la nature ; il faut donc qu'il ait encore recours à la chimie. Cette vérité a été si bien sentie de tout tems, que les auteurs de matière médicale se sont servis des propriétés chimiques pour classer les substances médicamenteuses. L'observation de tous les siècles a appris aux médecins qu'il y a un rapport intime entre la saveur des corps & leur manière d'agir sur l'économie animale, de forte que l'on peut juger, sans erreur, les propriétés médicinales d'une substance d'après sa saveur. C'est ainsi que les amers sont stomachi-

ques, les subſtances fades adouciſſantes & relâ-
chantes, les douces & ſucrées nutritives, les
matières âcres, actives, pénétrantes & inciſives.
Or comme la ſaveur eſt une véritable propriété
chimique, & comme elle dépend entièrement
de la tendance à la combinaiſon, ainſi que nous
le démontrerons ailleurs, la chimie éclaire beaucoup l'adminiſtration des médicamens. Il ne faut
cependant pas croire avec les médecins chimiſtes du dernier ſiècle, que l'eſtomac reſſemble à
un vaiſſeau dans lequel les opérations ſe paſſent
comme dans un laboratoire ; les viſcères ſont
doués d'une ſenſibilité & d'un mouvement particulier qui modifient la nature & l'action des
remèdes, & la ſageſſe de l'obſervation doit régler
la marche de l'eſprit d'un médecin prudent,
& l'empêcher de ſe livrer à des hypothèſes
ridicules. On ne peut diſconvenir qu'il eſt des
cas où les médicamens agiſſent dans les premières voies par leurs propriétés chimiques ; c'eſt
alors que le médecin doit être chimiſte, & ſe
conduire d'après les lumières de cette ſcience.
Une longue expérience a prouvé que, dans les
maladies des enfans, l'eſtomac & les inteſtins
ſont enduits d'une matière viſqueuſe, tenace &
manifeſtement acide. Les abſorbans & quelquefois même les alkalis que l'on adminiſtre dans
cette circonſtance, détruiſent cet acide en ſe

combinant avec lui, & forment un fel neutre qui devient purgatif, & qui évacue les mauvais levains en ftimulant les inteftins. Toutes les maladies qui font accompagnées d'un amas de matières quelconques dans les premières voies, exigent néceffairement des connoiffances chimiques dans les médecins, puifqu'il eft hors de doute que certaines fubftances ont plus d'action les unes que les autres fur chacune de ces matières, comme les acides fur la faburre putride, les diffolutions falines fur les matières épaiffes & glaireufes. Mais le plus grand avantage que le praticien puiffe retirer de la chimie, c'eft fans doute dans ces cas malheureux, où, par une méprife affreufe, l'eftomac a reçu des fubftances corrofives qui peuvent caufer la mort en attaquant le tiffu des vifcères, & en déforganifant les fibres qui les compofent. C'eft alors que la chimie prête des fecours prompts & utiles à la médecine, en lui fourniffant des fubftances capables de changer la nature du poifon, de le décompofer, & d'en arrêter fur-le-champ les effets funeftes. L'ouvrage de Navier, célèbre médecin chimifte de Châlons, offre des moyens efficaces de remédier fûrement aux empoifonnemens caufés par l'arfenic, le fublimé corrofif, le verd-de-gris & les préparations de plomb. Malgré les déclamations de quelques médecins qui femblent vouloir rejetter toute application des autres fciences à la pratique, fon travail mérite la reconnoiffance de la poftérité. Non-feulement la chimie peut fournir des armes contre les poifons tirés du règne minéral, il y a tout lieu d'efpérer que des recherches fuivies avec foin fur la nature des poifons végétaux & animaux, feront découvrir des matières capables de les dénaturer & d'en prévenir l'action délétère. L'opium & toutes les fubftances narcotiques végétales, les fucs âcres & cauftiques, comme ceux de tithymale, de l'euphorbe, les plantes vireufes, les champignons fur-tout méritent des travaux particuliers de la part du chimifte, pour rechercher des fubftances propres à en combatre l'action dangereufe. Il ne fera pas moins utile de les étendre fur les poifons animaux. Déjà l'on connoît l'acide des fourmis, d'après les expériences de Margraf & de M. l'abbé Fontana. M. Thouvenel a découvert plufieurs matières âcres dans les cantharides ; Mead a travaillé fur le venin de la vipère ; M. l'abbé Fontana a entrepris des recherches fuivies fur la même matière, & il a découvert que la pierre à cautère introduite promptement dans la morfure faite par ce reptile dénature le poifon que cet animal y verfe, & en détruit les funeftes effets.

Quand la chimie ne pourroit prétendre à pro-curer tous ces avantages à la médecine, au moins cette dernière lui devra-t-elle toujours fa reconnoiffance pour les médicamens utiles qu'elle lui a fournis : elle n'oubliera fans doute jamais qu'elle lui doit le tartre ftibié, ce remède héroïque dont l'ufage eft aujourd'hui fi répandu & fi important, ainfi que toutes les préparations mercurielles, antimoniales & martiales, qu'elle emploie fi fréquemment & avec tant de fuccès; de pareils bienfaits ne doivent jamais fortir de la mémoire des médecins, & ils doivent les engager à donner leurs encouragemens aux favans qui fe livrent à la chimie, dans le deffein d'être utiles à la médecine. Quant à nous, adonnés par goût autant que par état, à l'étude de l'une & de l'autre de ces fciences, notre but eft de contribuer avec zèle, & autant que nos forces nous le permettront, à leur avancement. Les déclamations de tous ceux qui s'efforcent de prouver que la chimie qu'ils ne connoiffent que très-mal, ne peut être utile à la médecine, ne nous arrêteront pas. Nous nous dévouons à la chimie animale, & nous fuivrons avec ardeur les travaux déjà fi bien commencés par les favans chimiftes qui nous ont précédés dans cette carrière utile.

Pour terminer ce que nous nous propofions

B iv

de dire fur l'ufage de la chimie en médecine, il ne nous refte plus qu'à indiquer la néceffité des connoiffances chimiques pour rédiger les formules des médicamens compofés, que les médecins font préparer par les apothicaires. Il arrive tous les jours que des perfonnes qui n'ont aucune connoiffance de chimie, commettent des erreurs groffières dans la prefcription des formules extemporanées, mêlent, par exemple, les unes avec les autres des fubftances qui ne peuvent s'unir ou qui fe décompofent mutuel-lement. Dans ce dernier cas, le médicament ne peut point avoir l'effet que le médecin s'en promettoit. Pour éviter ces erreurs qui peuvent quelquefois devenir très-préjudiciables aux malades, il n'y a d'autre reffource que d'avoir recours aux lumières de la chimie. Elle apprend à unir enfemble des médicamens fufceptibles de fe combiner fans décompofition; elle règle & détermine les procédés néceffaires pour préparer les remèdes compofés dans lefquels le médecin fait entrer diverfes fubftances de nature différente; elle eft enfin le feul guide de toutes les préparations magiftrales. Sans elle le médecin rifque de faire beaucoup de fautes qui, quand elles ne feroient pas de grande confé-quence pour la pratique, l'expoferoient au moins à être jugé défavorablement par le pharmacien,

auquel la pratique de son art apprend nécessairement les règles qu'on doit suivre pour la préparation des remèdes magistraux.

L'utilité dont la chimie est dans les arts, la
ressemblance entre ses procédés & les manipulations des artistes, l'ont souvent fait confondre,
soit avec l'alchimie, soit avec la pharmacie; il
n'y a que des personnes peu instruites qui puissent ainsi rapprocher des objets fort éloignés,
& aux yeux de qui le chimiste n'est qu'un souf-
fleur sans cesse occupé follement à la recherche
de la pierre philosophale. Ceux qui veulent
prendre la plus légère idée de la chimie & de
ses travaux, sentiront bien vîte la grande distance qu'il y a entre les prétentions folles de
l'alchimiste & le but sage du chimiste, & sur-
tout entre la marche régulière & suivie que ce
dernier observe dans ses recherches, & les procédés irréguliers & inutiles que l'alchimiste met
en usage. L'erreur dans laquelle sont la plupart
des gens du monde qui regardent la chimie
comme l'art de préparer des drogues, est plus
pardonnable; en effet, elle ne confond pas les
chimistes avec des hommes ignorans & inutiles,
comme ceux qui travaillent au grand œuvre,
& qui, comme le dit fort ingénieusement M.
Macquer, ne sont que les ouvriers d'un métier
qui n'existe point; mais elle les associe à des

artistes utiles & respectables, dont les travaux
sont nécessaires à la société. Cependant la pharmacie n'étant qu'une partie de la chimie ou un
art chimique, c'est avoir une idée très-resserrée
de cette science, que de ne la voir que pré-
parant ou inventant des remèdes ; ce dernier
art ne fait qu'une partie de la chimie, elle l'é-
claire comme tous les autres arts chimiques ;
mais plus grande & plus vaste, elle ne se con-
tente pas d'être utile aux arts, elle étend encore ses recherches & ses réflexions sur l'action
réciproque de tous les corps naturels les uns
sur les autres , & contribue ainsi aux progrès
de la philosophie, en même-tems qu'elle rend
de grands services à la société.

CHAPITRE II.

De l'histoire de la Chimie.

IL n'est pas permis d'ignorer les principaux
traits de l'histoire d'une science à l'étude de laquelle on désire se livrer. Cette histoire, en tra-
çant le tableau des faits, fixe les époques des
découvertes, fait éviter les erreurs dans lesquelles sont tombés ceux qui nous ont précédés, &
conduit à la route qu'il faut tenir pour y faire

des progrès. Mais comme il feroit peut-être dangereux de s'appefantir fur les détails qui écarteroient de l'objet qu'on fe propofe, nous ne préfenterons ici qu'un court expofé de ce qu'on doit favoir fur cette hiftoire, fans entrer dans aucune particularité, qu'on trouve d'ailleurs fort au long dans plufieurs ouvrages très-bien faits, & en particulier dans le Traité d'Olaus Borrichius, *De ortu & progreffu Chimiæ*, l'article Chimie du Dictionnaire Encyclopédique, le Difcours qui eft à la tête du Traité de Chimie de Senac, l'Hiftoire de la Philofophie hermétique de l'abbé Lenglet du Frefnoy, le premier chapitre de la Chimie de Boerhaave, le difcours qui précède le Dictionnaire de Chimie de Macquer, &c.

Pour faire connoître en abrégé, & d'une manière méthodique, la marche de l'efprit humain dans l'étude de la chimie, & quels ont été les progrès de cette fcience; nous partagerons fon hiftoire en fix époques principales.

PREMIÈRE ÉPOQUE.

Origine de la Chimie chez les Egyptiens;
fes progrès chez les Grecs.

L'origine de la chimie eft auffi obfcure que celle des fciences & des arts en général. On

regarde le patriarche Tubalcaïn qui vivoit avant
le déluge, comme le premier chimiste ; mais il
ne savoit travailler que les métaux : il paroît
que c'est cet homme que la fable a produit sous
le nom de Vulcain.

C'est chez les anciens égyptiens que l'on doit
placer la véritable origine de cette science. Le
premier homme de cette nation cité comme
chimiste, est, suivant l'abbé Lenglet du Fresnoy,
Thot ou Athotis, surnommé Hermès ou Mercure. Il étoit fils de Mezraim ou Oziris & petit-
fils de Cham. Il devint roi de Thèbes.

Le second roi d'Egypte, qui étoit en même
tems philosophe, se nommoit Siphoas ; il vivoit
800 ans après Athotis, & 1900 ans avant Jesus-
Christ. Les grecs l'ont surnommé Hermès ou
Mercure Trismégiste : c'est donc le second Mercure. On l'a regardé comme l'inventeur de la
physique ; il a écrit quarante-deux livres sur la
philosophie, dont plusieurs historiens nous ont
transmis les titres. Aucun d'eux ne paroît traiter spécialement de la chimie, quoique cette
science ait été appelée d'après lui philosophie
hermétique.

Nous n'avons pas de connoissances plus exactes sur les hommes qui ont cultivé la chimie
en Egypte ; il paroît cependant que cette science y avoit fait quelques progrès, puisque les

égyptiens poffédoient un grand nombre d'arts
chimiques , & en particulier ceux d'imiter les
pierres précieufes, de fondre & de travailler les
métaux , de peindre fur verre, &c. la chimie
de ces anciens peuples a été perdue , comme
leurs arts & leurs fciences. Les prêtres en faifoient autant de myftères , & les cachoient fous
le voile des hiéroglyphes. Les alchimiftes ont
cru y trouver des traces de leur art prétendu,
& le temple que les égyptiens avoient confacré
à Vulcain, leur paroît avoir été élevé en l'hon-
neur de l'alchimie.

Les ifraélites apprirent la chimie des égyptiens : Moyfe eft placé au rang des chimiftes,
parce qu'il fut diffoudre l'idole d'or que ces
peuples adoroient. On a cru , & Stahl a fait
une differtation pour prouver, que c'eft à l'aide
du foie de foufre qu'il a rendu l'or diffoluble
dans l'eau ; ce procédé fuppofe des connoiffances chimiques affez étendues.

Démocrite d'Abdère, qui vivoit environ 500
ans avant Jefus-Chift, voyagea en Egypte, en
Chaldée , en Perfe, &c. on affure qu'il puifa des
connoiffances de chimie, dans le premier de ces
pays. Quoique né d'un père affez riche pour
recevoir chez lui Xerxès & toute fa fuite, il
revint fort pauvre dans fa patrie, il y fut reconnu de fon frère Damaffus. Après s'être retiré

dans un jardin près des murs d'Abdère, il s'occupa de recherches sur les plantes & sur les pierres précieuses. Cicéron assure que pour n'être pas distrait par les objets extérieurs, Démocrite se brûla les yeux en les fixant sur les rayons du soleil réfléchis par un vase de cuivre bien poli. Ce fait est cependant nié par Plutarque. Pline faisoit un si grand cas de la science de Démocrite, qu'il la regardoit comme miraculeuse.

Quelques auteurs rangent encore Cléopatre au nombre des chimistes, parce qu'elle savoit dissoudre des perles. Ils assurent que l'art chimique, connu de tous les prêtres égyptiens, a été constamment exercé par ces peuples, jusqu'à ce que Dioclétien eût imaginé, au rapport de Suidas, de brûler leurs livres de chimie pour les réduire plus facilement.

SECONDE ÉPOQUE.

Chimie chez les Arabes.

Après une suite d'un grand nombre de siècles, pendant lesquels il n'est pas possible de suivre les progrès de la chimie au milieu des révolutions arrivées dans les empires, on retrouve des traces de cette science chez les arabes, qui l'ont cultivée avec succès.

Pendant la dynaftie des Achémides ou Abaf-
fides, les fciences abandonnées depuis long-
tems, furent remifes en vigueur. Almanzor,
fecond calife, fe livra à l'aftronomie ; Harum
Rafchid, cinquième calife & contemporain de
Charlemagne, fit traduire plufieurs livres grecs
relatifs à la chimie.

Dans le neuvième fiècle, Gebber de Thus en
Chorafan, province de la Perfe, écrivit fur la
chimie trois ouvrages, dans lefquels on trouve
encore des chofes affez bonnes. Son meilleur
Traité eft intitulé, *Summa perfectionis magifterii.*
Il a écrit affez clairement fur la diftillation, la
calcination, la réduction & la diffolution des
métaux.

Dans le dixième fiècle, Rafès, médecin de
l'hôpital de Bagdad, appliqua le premier la chimie à la médecine : il a donné des recettes
pharmaceutiques encore eftimées.

Dans le onzième fiècle, Avicennes, médecin,
appliqua comme Rhasès, la chimie à la médecine. Son mérite & fes connoiffances l'ont élevé
à la charge de grand-vifir ; mais les débauches
auxquelles il s'eft livré, l'ont fait chaffer de cette
place.

TROISIÈME ÉPOQUE.

La Chimie passe d'Orient en Occident, par les Croisades ; règne de l'Alchimie.

L'art de faire de l'or régnoit depuis long-tems, suivant les auteurs qui ont écrit son histoire ; mais la folie qui lui donna naissance fut portée à son comble depuis le onzième jusqu'au seizième siècle. Les faits de chimie trouvés par les égyptiens, recueillis par les grecs & appliqués à la médecine par les arabes, parvinrent chez les quatre peuples qui se transportèrent dans l'Orient pendant les Croisades, les allemands, les anglois, les françois & les italiens ; & bientôt chacune de ces nations fut remplie de chercheurs de pierre philosophale. Comme les travaux immenses auxquels ils se sont livrés ont contribué à l'avancement de la chimie, il est nécessaire de connoître ceux d'entre ces hommes singuliers qui se sont le plus distingués.

Treizième siècle. Albert-le-Grand, dominicain de Cologne, ensuite de Ratisbonne, s'est acquis la réputation de magicien, & a fait un ouvrage rempli de procédés alchimiques.

Roger Baron, né en 1214 près d'Ilcester dans le comté de Sommerset, fit ses études à Oxfort. Il vint à Paris étudier les mathématiques & la médecine.

médecine. On lui attribue plusieurs inventions, dont une seule suffiroit pour l'immortaliser : telles sont la chambre obscure, le télescope, la poudre à canon; il avoit fait un charriot mouvant, une machine pour voler, une tête parlante, &c. Il étoit cordelier; on le surnomma le docteur admirable. L'accusation de magie qui fut portée contre lui, força ses confrères à l'emprisonner. Il se retira dans une maison d'Oxford où il travailloit, dit-on, à l'alchimie; Borrichius a vu cette maison, qui portoit encore son nom.

Arnauld de Villeneuve, né en Languedoc en 1245, & mort en 1310, étudia en médecine à Paris pendant 30 ans ; il a commenté l'Ecole de Salerne. Les alchimistes le regardent comme un de leurs grands maîtres. Borrichius a vu en 1664 un de ses descendans alchimiste dans le Languedoc.

Quatorzième siècle. Raymond Lulle, né à Majorque en 1235, vint à Paris en 1281, s'y lia avec Arnauld de Villeneuve, dont il devint l'élève. Robert Constantin dit avoir vu un des nobles à la rose, qui ont été frappés avec l'or qu'il a fait dans la tour de Londres, sous le règne d'Edouard V, en 1312 & 1313. Il a écrit des livres sur l'alchimie, dans lesquels on trouve quelques faits sur l'art de préparer les

Tome I.   C

acides ou eaux fortes, & fur les propriétés des métaux.

Quinzième fiècle. Bafile Valentin, bénédictin d'Erfort en Allemagne, étoit inftruit en médecine & en hiftoire naturelle. Il a fait un ouvrage fur l'antimoine, auquel il a donné le nom pompeux de *Currus triumphalis antimonii*, & qui a été commenté par Kerkringius. On trouve dans ce livre un grand nombre de préparations antimoniales, qui ont été préfentées depuis fous des noms nouveaux, & qui ont eu beaucoup de fuccès pour la guérifon des maladies.

Ifaac les Hollandois, père & fils, perfonnages peu connus, ont laiffé des ouvrages loués par Boerrhaave, & d'après lefquels il paroît qu'ils connoiffoient les eaux fortes & l'eau régale.

En général, tous ces hommes ont écrit de la manière la plus obfcure & la plus embrouillée fur l'art chimique, quoiqu'ils connuffent quelques procédés de diffolutions, d'extractions, de purifications, &c. leurs prétentions étoient beaucoup au-deffus de leur favoir, & on ne peut tirer prefque aucun parti de leurs travaux.

Quatrième Époque.

Médecine universelle ; Chimie pharmaceutique ;
Alchimie combattue ; depuis le seizième siècle
jusqu'au milieu du dix-septième.

Quoique les alchimistes n'eussent point réussi
dans leur folle entreprise, quoique la ruine de
leur fortune & de leur réputation eût dû dégoû-
ter ceux qui vouloient s'appliquer à ces recherches, on n'en vit pas moins dans le seizième
siècle un nombre prodigieux étayés & soutenus
par l'enthousiasme d'un médecin suisse nommé
Paracelse, né près de Zurich en 1493. Cet
homme fougueux prétendit qu'il existoit un remède universel ; il substitua des médicamens
chimiques à ceux de la pharmacie galénique.
Il guérit plusieurs maladies auxquelles les remèdes ordinaires n'opposoient que des efforts
impuissans, & sur-tout les maux vénériens, avec
des préparations mercurielles ; il opéra des espèces de prodiges : mais emporté par ses succès
beaucoup au-delà des bornes qu'il auroit dû se
prescrire, il brûla publiquement les livres des
médecins grecs, & mourut au milieu de ses
triomphes dans un cabaret de Salzbourg, âgé
d'environ 48 ans, après avoir promis presque
l'immortalité par l'usage de ses secrets.

C ij

Cette folie, toute extravagante qu'elle étoit, ranima l'ardeur des alchimistes : quelques-uns d'entre ceux qui se flattèrent d'avoir réussi dans la découverte de la médecine universelle, se qualifièrent du nouveau titre d'adeptes. Tels furent au commencement du dix-septième siècle ;

1°. Les frères de la Rose-Croix, espèce de société formée en Allemagne, dont on ne connut jamais en France que le titre, & dont les membres restèrent ignorés. Ces prétendus frères disoient posséder les secrets de la transmutation, de la science & de la médecine universelle, de la science des choses cachées, &c.

2°. Un cosmopolite, nommé Alexandre Sethon ou Sidon, qui fit, dit-on, en Hollande la transmutation devant un certain Hauffen. Ce dernier l'a raconté à Vander-Linden, l'aïeul du médecin de ce nom, à qui est due une bibliothèque de médecine.

3°. Un philalète, dont le nom étoit Thomas de Vagan, né en Angleterre en 1612. Il alla en Amérique, où Starkey l'a vu & en a reçu de l'or. Boyle étoit en correspondance avec lui. C'est ce même adepte qui, en passant en France, donna de sa poudre de projection à Helvétius. Ce dernier écrivit, d'après cette prétendue merveille, qui n'étoit qu'un escamotage, une

Differtation intitulée , *De Vitulo aureo* , &c.

Cependant les fuccès que Paracelfe avoit obtenus avec les médicamens chimiques , enga-
gèrent quelques médecins à fuivre ce nouvel
art , & l'on vit bientôt éclore plufieurs ouvrages utiles fur la préparation des médicamens
chimiques. Tels font ceux de Crollius, de Schro-
der, de Zwelfer, de Glafer , de Tackenius ,
de Lemery , &c. ainfi que les Pharmacopées
publiées par les principales facultés de médecine.

Glauber, chimifte allemand , rendit auffi à
cette époque un fervice fignalé à la chimie , en
examinant les réfidus des opérations , qu'on
avoit toujours jettés avant lui comme inutiles ,
& qu'on avoit défignés fous le nom de tête
morte ou de terre damnée. Il découvrit ainfi
le fel neutre qui porte encore fon nom , le fel
ammoniacal vitriolique ; il affura la marche des
chimiftes pour la préparation des acides minéraux , &c.

Quelques chimiftes , qui ont avancé la fcience
depuis Paracelfe, n'étoient pas entièrement gué-
ris des idées qu'il avoit fait naître ; tels ont été
Caffius , connu par un précipité d'or ; le che-
valier Digby , qui croyoit à l'action fympa-
thique des médicamens ; Libavius, qui a donné
fon nom à une préparation d'étain ; Vanhel-

mont, fameux par ſes opinions en médecine,
& par la manière dont il a enviſagé la chimie;
enfin Borrichius, médecin & chimiſte danois,
qui a découvert & annoncé le premier l'inflammation des huiles par l'acide nitreux, & qui eſt
recommandable par le legs qu'il fit de ſa bibliothèque & de ſon laboratoire en faveur des étu-
dians en médecine ſans fortune.

L'alchimie eut alors à redouter deux hommes
célèbres qui la combattirent victorieuſement;
l'un fut le fameux père Kirker, jéſuite, auquel
eſt dû un grand & ſublime ouvrage qui a pour
titre, *Mundus ſubterraneus*; l'autre, le ſavant
médecin Conringius.

CINQUIÈME ÉPOQUE.

*Naiſſance & progrès de la Chimie philoſophique,
depuis le milieu du dix-ſeptième ſiècle juſqu'au
milieu du dix-huitième.*

Juſque-là la chimie n'avoit pas encore été
traitée d'une manière philoſophique. On n'avoit
décrit que des arts chimiques, donné des formules de médicamens, & recherché la nature
des métaux, dans l'idée de faire de l'or ou de
découvrir un remède univerſel, eſpèce de chi-
mère à laquelle quelques enthouſiaſtes ignorans

croyent encore. Il exiſtoit cependant un grand nombre de faits, mais perſonne ne les avoit encore réunis ; & comme l'a dit très-ingénieuſement le célèbre Macquer, pluſieurs branches de la chimie exiſtoient déjà, mais la chimie n'exiſtoit pas encore.

Vers le milieu du dix-ſeptième ſiècle, Jacques Barner, médecin du roi de Pologne, rangea méthodiquement les principaux faits connus, & y joignit des raiſonnemens dans ſa Chimie philoſophique. L'ouvrage de ce ſavant eſt d'autant plus eſtimable, qu'il eſt le premier qui ait entrepris de former un corps complet de doctrine, & qu'il a fait placer la chimie dans la claſſe des ſciences.

Bohnius, profeſſeur de Léipſic, écrivit auſſi un Traité de chimie raiſonnée, qui a eu beaucoup de ſuccès, & qui a été pendant long-tems le ſeul livre élémentaire.

Joachim Beccher de Spire, homme du plus grand génie, médecin des électeurs de Mayence & de Bavière, alla beaucoup plus loin que ces deux ſavans, & fit bientôt oublier leur nom. Il a réuni dans ſon ouvrage ſublime, qui a pour titre *Phyſica ſubterranea*, toutes les connoiſſances acquiſes en chimie, & décrit avec une ſagacité étonnante tous les phénomènes de cette ſcience. Il a même deviné une grande partie des découvertes faites jufqu'à ce jour, telles que celles des fubftances gazeufes, la poffibilité de réduire les os des animaux en un verre tranf-parent, &c. Il eut pour commentateur un médecin célèbre, dont le nom fait une époque brillante dans la chimie. J. Erneft Stahl, né avec une paffion vive pour la chimie, entreprit de commenter & d'éclaircir la doctrine de Becher; il s'attacha fur-tout à démontrer l'exiftence de la terre inflammable, qu'il appela phlogiftique; & avec autant de génie que lui, il mit plus d'exactitude dans les affertions, & plus d'ordre dans les recherches. Son traité du foufre, fon ouvrage fur les fels, celui qui eft intitulé *Trecenta experimenta*, lui ont acquis une gloire immortelle, & il a été un des premiers hommes de fon fiècle.

Boerhaave, au milieu d'occupations fans nombre, a cultivé la chimie; il a fait fur cette fcience un ouvrage célèbre & très-recherché. Les traités des quatre élémens, & fur-tout celui du feu, qu'il y a confignés, font des chef-d'œuvres, auxquels il eût été impoffible de rien ajouter de fon tems. Il eft auffi le premier qui fe foit occupé de l'analyfe des végétaux, & on lui doit la connoiffance de l'efprit recteur, &c.

La théorie de Stahl a été fuivie par tous les chimiftes, & elle a pris de nouvelles forces par les travaux de deux frères célèbres, MM. Rouelle, que la chimie a perdus trop tôt, & auxquels on doit rapporter l'origine des progrès que cette science a faits en France.

L'illustre Macquer que la mort vient d'enlever au monde savant, est aussi un des chimistes qui a le plus contribué à l'avancement de la science, & dont les excellens ouvrages ont été regardés, avec raison, dans toute l'Europe, comme les guides les plus sûrs pour apprendre la chimie. Outre les grandes obligations qu'on lui a pour les Elémens & le Dictionnaire qu'il a publiés, ses travaux particuliers & ses découvertes sur l'arsenic, le bleu de Prusse, la teinture en soie, les argiles, la porcelaine, &c. suffiroient pour immortaliser son nom, ainsi que la reconnoissance de la postérité.

SIXIÈME ÉPOQUE.

Chimie pneumatique ; tems actuel.

Stahl, occupé tout entier à démontrer & à suivre le phlogistique dans toutes ses combinaisons, semble avoir oublié l'influence de l'air dans la plupart des phénomènes où il fait jouer un rôle au seul principe inflammable. Boyle & Hales avoient cependant déjà prouvé la néceffité de compter ce fluide pour beaucoup dans les opérations de la chimie. Le premier avoit apperçu la différence que préfentent les phéno-mènes chimiques obfervés dans le vide ou dans l'atmofphère. Le fecond avoit retiré d'un grand nombre de corps un fluide qu'il regardoit comme de l'air, & dans lequel il avoit cependant re-marqué des propriétés particulières, telles que l'odeur, l'inflammabilité, &c. fuivant les fubftan-ces d'où il provenoit. Il regardoit l'air comme le ciment des corps & comme le principe de leur folidité.

M. Prieftley, en répétant une grande partie des expériences de Hales, a découvert beau-coup de fluides qui avec les apparences de l'air, en différent par toutes leurs propriétés effentiel-les. Il en a retiré fur-tout des chaux métalliques, une efpèce beaucoup plus pure que ne l'eft celui de l'atmofphère.

M. Bayen, chimifte fi juftement célèbre par l'exactitude de fes travaux, a examiné les chaux de mercure & découvert qu'elles fe ré-duifent fans phlogiftique, & qu'elles donnent pendant leur réduction un fluide aériforme très-abondant.

M. Lavoifier prouva bientôt, par une grande fuite de belles expériences, qu'une partie de l'air fe combine avec les corps que l'on calcine ou que l'on brûle. Dès-lors, il s'éleva une claſſe de chimiſtes qui commencèrent à douter de la préſence du phlogiſtique, & qui attribuèrent à la fixation de l'air ou à ſon dégagement, tous les phénomènes que Stahl croyoit dus à la ſéparation, ou à la combinaiſon du phlogiſtique. Il faut convenir que cette doctrine avoit ſur celle de Stahl l'avantage d'une démonſtration plus rigoureuſe, & qu'elle devoit paroître d'autant plus ſéduiſante, qu'elle étoit plus d'accord avec la marche méthodique & rigoureuſe que l'on ſuit aujourd'hui dans l'étude & la culture de la phyſique. Elle avoit paru auſſi telle à feu M. Bucquet, qui, dans ſes deux ou trois derniers cours, paroiſſoit lui donner la préférence. Le parti ſans doute le plus ſage & le ſeul que l'on dût prendre dans cette circonſtance, étoit d'attendre qu'un plus grand nombre de faits eût entièrement démontré que tous les phénomènes de la chimie peuvent s'expliquer par la doctrine des gaz, ſans y admettre le phlogiſtique. Macquer très-convaincu de la grande révolution que les nouvelles découvertes devoient occaſionner dans la chimie, n'a pas cru cependant qu'on pût tout expliquer ſans la préſence du principe inflammable, & il a ſubſtitué à la place du phlogiſtique, dont l'exiſtence n'a jamais été rigoureuſement démontrée, la lumière dont l'action & l'influence sur les phénomènes de la chimie ne sauroient être révoquées en doute.

Depuis la mort de ce chimiste célèbre, la science a tant gagné en découvertes nouvelles, que la théorie moderne acquiert de jour en jour de nouvelles forces; la grande masse de faits que j'ai recueillis depuis douze ans sur cette science, le nombre d'expériences que j'ai répétées, m'ont convaincu qu'il est absolument impossible de ne pas admettre cette théorie, & que ceux des physiciens qui continuent à soutenir avec plus ou moins de chaleur, la doctrine du phlogistique, donnent tous dans leurs ouvrages des preuves qu'ils ne sont pas parfaitement au courant de la science, ou qu'il leur manque quelque chose dans l'art des expériences.

CHAPITRE III.

Des Attractions chimiques.

Nous avons fait remarquer dans le premier chapitre, que les moyens dont on se servoit en chimie, & qui ont été réduits en général à l'analyse & à la synthèse, étoient puisés dans la nature même, dont les chimistes ne font que les imitateurs ; c'est pour prouver cette vérité, que nous allons considérer ici ce qu'ils entendent par affinités.

On ne peut faire un pas dans l'étude de la physique, sans observer les effets de cette force admirable établie entre tous les corps naturels, par laquelle ils s'attirent réciproquement, ils se recherchent, pour ainsi dire, & font des efforts pour s'approcher les uns des autres. C'est de cette grande loi que dépendent les phénomènes de l'univers que le philosophe contemple, & que l'homme le moins instruit ne peut voir sans admiration.

Cette force si nécessaire à l'harmonie du monde, règne sur les corps les plus petits comme sur les plus grands ; mais ses loix paroissent être différentes ou différemment modifiées suivant la masse, le volume & la distance des êtres sur lesquels elle exerce sa puissance. Sans en rechercher les effets dans les corps planétaires dont elle règle la distance & les mouvemens, observons-les sur ceux de notre globe, & tâchons d'en découvrir les loix.

La physique nous apprend que deux corps solides de même nature mis en contact, adhèrent l'un à l'autre avec d'autant plus de force, que la surface par laquelle ils se touchent est plus étendue & plus polie. Ainsi deux plans de glacé, deux sections d'une sphère métallique, glissées l'une sur l'autre, se collent, pour ainsi dire, & demandent un effort souvent assez considérable pour être désunies. Cette force donne naissance à tous les phénomènes qu'on observe en chimie ; il est donc très-important d'en étudier avec soin toutes les loix & les circonstances qui l'accompagnent.

La plupart des chimistes l'ont désignée sous le nom d'*affinité* ou de *rapport*, parce qu'ils ont cru qu'elle dépendoit d'une analogie ou conformité de principes dans les corps entre lesquels elle existe. Bergman l'a appelée *attraction chimique*, & quoique ses phénomènes paroissent différens de ceux de l'attraction planétaire découverte par Newton, comme elle est due à la même force, nous adopterons cette dénomination. L'attraction chimique peut avoir lieu entre des corps de nature semblable, ou entre des corps de nature différente. Observons-la sous ce double point de vue.

§. I. *De l'attraction qui a lieu entre les molécules d'une nature semblable, ou de l'affinité d'aggrégation.*

Lorsque deux corps de nature semblable, comme deux globules de mercure, mis au point de contact tendent, en vertu de cette force, à s'unir & s'uniffent réellement, il réfulte de cette union une fphère d'une maffe plus confidérable, mais qui n'a point changé de nature. Cette force n'agit donc dans ce cas que fur les qualités phyfiques, ou apparentes. Elle réunit les molécules de même nature qui étoient féparées ; elle augmente le volume en confondant les maffes, & forme un tout de plufieurs parties ifolées. On lui donne le nom d'*affinité ou d'attraction d'aggrégation* , pour la diftinguer de celle qui a lieu entre des corps d'une nature différente. Elle donne naiffance à un aggrégé. Son caractère eft donc de modifier les propriétés apparentes ou phyfiques, fans influer d'une manière fenfible fur les qualités chimiques. L'*aggrégé* n'eft qu'un corps cohérent, dont les molécules adhèrent les unes aux autres en vertu de leur force d'aggrégation. Il faut bien le diftinguer du fimple *amas* ou *tas*, qui n'eft qu'une maffe de parties de même nature, mais féparées les unes des autres & qui n'ont point de cohérence, & du *mélange*, dont le caractère eft d'être compofé de parties diffemblables mêlées les unes aux autres & fans adhérence. Un exemple familier rendra la chofe très-claire. Des fleurs de foufre ou du foufre en poudre dont les molécules n'adhèrent point enfemble, & peuvent être féparées par les moindres efforts, conftituent un tas ou

un amas sur lequel la force d'aggrégation n'exerce point sa puiffance. Si vous confondez avec
elles un autre amas, comme du nitre en poudre, vous avez un *mélange par confufion*. Mais
fi, à l'aide de la fufion & du refroidiffement,
vous faites agir l'attraction d'aggrégation, alors
les molécules ou les parties intégrantes du foufre entraînées les unes vers les autres par leur
état de liquéfaction, s'approchent, s'uniffent,
fe confondent, adhèrent tellement les unes aux
autres, qu'elles forment, après leur refroidiffement, un corps folide d'une feule maffe, un
véritable aggrégé.

La force d'aggrégation a différens degrés,
que l'on mefure par l'adhérence refpective que
les parties intégrantes d'un aggrégé ont entre
elles. C'eft l'effort néceffaire pour féparer les
parties d'un aggrégé, qui indique ou défigne
le degré d'adhérence ou d'attraction qu'elles
ont entr'elles. Nous diftinguerons quatre genres
d'aggrégés, fous lefquels peuvent être compris
tous les corps de la nature.

1°. L'aggrégé dur ou folide, dans lequel la
force qui unit les parties intégrantes eft très-
confidérable, & qui demande un effort violent
pour perdre fon aggrégation. Il y a beaucoup
d'efpèces ou de degrés dans ce genre, depuis
la dureté des pierres précieufes ou du cryftal

de

de roche, jufqu'à la folidité du bois le plus tendre. Son caractère eft de former une maffe dont les différentes parties ne peuvent point être fenfiblement mues les unes fur les autres, fans qu'on les brife ou qu'on les fépare.

2°. L'aggrégé mou, dont les parties cohérentes peuvent cependant à l'aide d'un léger effort gliffer les unes fur les autres & changer de fituation refpective. La force qui unit les parties d'un corps mou eft moindre que celle qui fait adhérer les molécules d'un aggrégé folide ; il faut auffi moins de violence pour en détruire l'aggrégation.

3°. L'aggrégé fluide. Ses parties intégrantes font affez peu unies enfemble pour que la moindre force non-feulement les faffe rouler & gliffer les unes fur les autres, mais même foit capable de les féparer & de les ifoler en globules.

4°. Enfin, l'aggrégé aériforme, dont les molécules intégrantes font trop tenues pour pouvoir être apperçues, & dans lequel l'affinité d'aggrégation eft la plus petite poffible ; l'air atmofphérique en fournit un exemple.

Ces quatre genres d'aggrégation ne font, à proprement parler, que différens degrés de la même force, qu'il eft cependant néceffaire de diftinguer avec foin, parce que leur état & leur

diversité influent singulièrement sur les phénomènes chimiques. On peut prouver d'une manière très-satisfaisante qu'ils ne sont réellement
que des degrés les uns des autres, puisque beaucoup de corps peuvent se trouver successivement
dans ces quatre états. L'eau en glace est un
aggrégé solide ; sa dureté est d'autant plus considérable, que le froid qui la lui donne est plus
vif ; lorsqu'on l'expose à la température de o,
elle prend une sorte de mollesse avant de passer
à la liquidité ; tout le monde connoît son état
fluide, & les physiciens ont calculé la force
d'expansibilité qu'elle a lorsqu'on la met en état
de vapeur, ou dans l'aggrégation aériforme ; il
en est de même des métaux, des graisses, des
huiles concrètes, de la cire, &c.

A mesure que l'on avancera dans la connoissance des loix de l'attraction chimique, on
sentira de quelle importance il est de bien distinguer & de bien apprécier ces quatre sortes
d'aggrégation. C'est sur-tout d'après la manière
d'être de la force d'aggrégation à l'égard de la
seconde espèce d'attraction chimique que nous
examinerons plus bas, qu'il est utile de fixer ses
idées à cet égard.

Comme ces deux forces, qui paroissent dépendre de la même cause ou avoir le même
principe, sont cependant toujours opposées l'une

à l'autre dans les phénomènes chimiques, comme on peut même inférer des faits que nous ferons connoître qu'elles font en raison inverse l'une de l'autre, lorfque le chimifte veut faire agir l'une, il faut indifpenfablement qu'il affoibliffe plus ou moins l'autre. Or c'eft prefque toujours celle dont nous nous fommes occupés jufqu'à préfent, qu'il a intention de diminuer, & c'eft auffi celle que l'art peut modifier à fon gré.

Pour détruire ou affoiblir l'attraction d'aggrégation, il ne s'agit que d'oppofer à un aggrégé une force extérieure plus vive que celle qui tient fes molécules les unes près des autres, & on fent de refte que cette force doit toujours être proportionnée à l'adhérence des parties du corps dont on veut détruire l'aggrégation. Telle eft la grande loi qu'on doit toujours obferver dans la pratique des *opérations ancillaires* ou préparatoires, dont l'unique but eft de rendre nulle l'attraction d'aggrégation. La pulvérifation, la porphyrifation, l'action de la lime, de la rape, des cifeaux, fervent à s'oppofer à la cohérence des folides & à féparer leurs parties. La chaleur & l'évaporation font le même effet fur les fluides; ainfi que fur la plupart des folides qui font fufceptibles de fe ramollir & de fe fondre. Mais ces derniers moyens, dans lefquels la chaleur est l'agent qui divise, dépendent eux-mêmes d'une attraction chimique de la seconde espèce. On peut en dire autant de la dissolution par l'eau.

Si l'art offre des moyens sans nombre de s'opposer à la force d'aggrégation & de la détruire entièrement, il en fournit aussi pour la rétablir, & pour la faire agir avec toute l'énergie dont elle est susceptible. Toutes les manipulations qu'il enseigne sur cet objet consistent à mettre les corps dont on se propose de faire reparoître l'aggrégation, dans un état de division & de fluidité tel que les molécules de ces corps, douées du mouvement qui leur est propre, puissent s'attirer, se rechercher, s'appliquer les unes aux autres par les surfaces les plus convenables, de sorte qu'elles constituent par leur union un aggrégé dont la figure régulière & la cohérence égalent souvent celles que la nature leur donne, & les surpassent même quelquefois. Remarquons à cette occasion qu'on peut encore distinguer tous les corps aggrégés sous deux états, savoir, celui d'aggrégés irréguliers ou celui d'aggrégés réguliers. La nature a donné à chaque corps la propriété de se présenter dans l'un ou l'autre de ces deux états, & l'art toujours émule & souvent rival de la nature, peut à son gré produire un aggrégé irrégulier ou un aggrégé régulier. Tous les êtres susceptibles de passer par les différens états d'aggrégation que nous avons distingués plus haut, sur-tout les sels & les métaux, peuvent, suivant la manière dont l'artiste modifie leur passage de la fluidité à la solidité, paroître dans l'état d'une masse informe ou dans celui d'un corps à facettes régulières que l'on appelle cristal. Il ne faut pour obtenir le premier état, que tenir les molécules du corps rendu fluide, soit par le feu, soit par l'eau, très-voisines les unes des autres, & faire cesser subitement leur liquéfaction, de sorte qu'elles se touchent toutes à la fois, que l'attraction d'aggrégation agissant en même-tems sur toutes, opère leur réunion en une masse solide. La cristallisation au contraire demande que l'on tienne les parties du corps que l'on veut avoir cristallisé, assez éloignées les unes des autres pour qu'elles puissent se balancer quelque tems avant de s'unir, & pour qu'elles se présentent mutuellement les surfaces qui ont le plus rapport entr'elles. On voit d'après ces détails, que la cristallisation est entièrement due à l'attraction, & que ses phénomènes bien appréciés, sont très-capables de la faire concevoir. C'est sous ce dernier point de vue que nous l'avons envisagée ici ; nous nous réservons de nous étendre sur cette propriété dans plusieurs autres articles de cet ouvrage.

§. II. *De l'attraction chimique, entre les molécules de nature différente, ou de l'affinité de composition.*

Lorsque deux corps de nature diverse tendent à s'unir, ils se combinent alors en vertu d'une force un peu différente de celle que nous avons examinée jusqu'ici, & à laquelle on donne le nom d'*affinité de composition*, & mieux d'*attraction de composition*. Cette espèce d'attraction, plus importante encore à connoître que la première, a lieu dans toutes les opérations de la chimie, & c'est elle seule qui peut éclairer le chimiste sur les phénomènes que son art lui présente sans cesse. De tout tems on a connu cette force ; mais on n'y a fait l'attention qu'elle mérite, que depuis qu'on s'est apperçu qu'elle influe sur la pratique autant que sur la théorie de la science dont nous nous occupons. C'est elle en effet qui doit guider l'artiste dans les recherches propres à avancer la chimie, & que doit consulter le savant qui rassemble les faits & qui les compare. Elle est la boussole de tous les deux, & l'on peut avancer que celui qui connoît bien les attractions chimiques, fait tout ce qu'il y a de plus grand & de plus sublime à savoir dans cette science.

Bien persuadés de cette vérité, nous tâcherons d'abord de raſſembler fidèlement tous les faits qui y ont rapport, & nous expoſerons enſuite les hypothèſes qui ont été imaginées ſur la cauſe de l'affinité.

L'obſervation, la mère de la chimie comme de toutes les ſciences de faits, a appris que l'attraction de compoſition préſente des phénomènes conſtans & invariables, que l'on peut regarder comme des loix établies par la nature, & dont elle ne paroît s'écarter qu'aux yeux de ceux qui ne ſavent pas la ſuivre & l'étudier. Ces loix fondées ſur un grand nombre d'expériences exactes & conſtantes, peuvent être réduites à huit, que nous allons faire connoître.

I. Loi de l'Attraction de composition.

L'Attraction de compoſition n'a lieu qu'en des corps de nature différente.

Cette première loi eſt invariable, & ne ſouffre jamais d'exception. Pour que deux corps puiſſent ſe combiner & former un compoſé, il eſt abſolument néceſſaire qu'ils ſoient d'une nature différente. En effet, ſi deux corps de nature ſemblable s'uniſſent l'un à l'autre, il ne peut réſulter de cette union qu'un aggrégé dont la maſſe, le volume & l'étendue feront ſeulement augmentés, mais qui n'aura perdu aucune de ſes propriétés eſſentielles ; ce ne ſera que l'effet de la force d'aggrégation qui les tiendra unis, comme nous l'avons fait voir en parlant de cette première eſpèce d'attraction. C'eſt ainſi qu'on réunit par la chaleur deux morceaux de cire, de réſine, de ſoufre, &c. On ſent aiſément d'après cela la différence qui exiſte entre l'attraction d'aggrégation & l'attraction de compoſition.

Cette loi eſt ſi vraie & ſi conſtante, que jamais l'attraction de compoſition n'eſt plus forte que lorſque les corps entre leſquels elle a lieu diffèrent plus les uns des autres par leur nature. C'eſt ainſi que les ſels acides oppoſés par leurs propriétés aux alkalis, ſe combinent ſi intimement, & forment des compoſés ſi parfaits avec ces derniers. On trouve la même oppoſition de propriétés entre les alkalis & le ſoufre, les mêmes ſels & l'huile, les acides & les métaux, l'eſprit-de-vin & l'eau, &c. toutes ſubſtances qui ont beaucoup de tendance à s'unir les unes aux autres, & à conſtituer des compoſés très-intimes, quoique leur nature ſoit totalement différente.

Il eſt d'autant plus néceſſaire de bien reconnoître cette grande loi de l'affinité de compoſition, que pluſieurs chimiſtes, à la tête deſquels doit être placé Stahl, ont eſſayé de prouver que les corps ne ſe combinoient jamais

qu'en vertu d'un certain rapport , d'une certaine reſſemblance entre leurs propriétés ; opinion à laquelle on ſe refuſera néceſſairement ,
lorſqu'on concevra bien l'étendue que nous
donnons à cette première loi. En liſant ce que
les plus grands chimiſtes ont dit ſur cette matière , on s'apperçoit que les rapports qu'ils
s'efforcent de trouver entre les ſubſtances qui
ont beaucoup de tendance à s'unir entr'elles ,
ſont toujours très-éloignés , & qu'il étoit rigoureuſement poſſible, en ſuivant cette méthode ,
d'en trouver de pareils entre les corps les plus
diſſemblables. D'ailleurs , il eſt facile de voir
que ces hommes de génie ont eu l'intention de
rendre la théorie des attractions chimiques plus
lumineuſe en propoſant cette explication ; &
ceux qui ſavent combien il eſt difficile d'établir des ſyſtêmes dans les connoiſſances humaines , leur auront une éternelle reconnoiſſance.
Leurs travaux ſont toujours utiles par le rapprochement des faits & la liaiſon qu'ils mettent
entr'eux ; mais la vérité à laquelle nous devons
notre premier hommage , nous force à avouer
notre ignorance ſur la cauſe de ce grand phénomène que nous poſons comme une loi , au
lieu d'avoir recours à une analogie qui eſt conſtamment démentie par l'examen des propriétés des corps.

II. Loi de l'Attraction de composition.

L'Attraction de composition n'a lieu qu'entre les dernières molécules des corps.

Pour bien concevoir l'exiftence de cette loi, il faut néceffairement diftinguer ce que nous entendons par fujets chimiques, & comment ils diffèrent des fujets phyfiques. Les derniers font des corps dont les propriétés extérieures, telles que la maffe, le volume, la furface, l'étendue, la figure, peuvent être foumifes au calcul & appréciées d'après le rapport des fens. Ce font des aggrégés dont le phyſicien peut obferver les qualités & les comparer entr'elles. Les fujets chimiques au contraire font des êtres qui ont perdu leur aggrégation, & qui conféquemment n'offrent plus aux fens les propriétés phyfiques des aggrégés. Ce font des molécules fi déliées, fi tenues, que l'on ne peut plus mefurer leur étendue, ni connoître leur figure & leur volume. Ce n'eft que lorfque les corps ont été réduits à ce degré de fineffe par les différentes opérations ancillaires dont il a été queftion plus haut, qu'ils obéiffent à l'attraction de compofition, & le chimifte ne parvient à les combiner que lorfqu'il les préfente les uns aux autres dans cet état de divifion. Il paroît que cette force réfide dans les dernières molécules des corps. On voit d'après cela, que l'attraction de compofition diffère de l'attraction qui a lieu entre de grandes maffes. Cette différence eft encore plus frappante, lorfqu'on confidère l'oppofition qui fe trouve entre l'attraction d'aggrégation & l'attraction de compofition. Cette oppofition eft fi réelle, que je crois pouvoir avancer comme un axiome chimique, que plus l'aggrégation eft foible, plus l'attraction de combinaifon eft forte; & qu'au contraire plus l'aggrégation eft forte, moins l'attraction de compofition a d'énergie. Ces deux forces femblent être oppofées l'une à l'autre, & fe contrebalancer mutuellement. En effet, l'attraction d'aggrégation s'oppofe à ce que les corps puiffent fe combiner; auffi ceux dont l'aggrégation eft très-forte, n'ont-ils que peu de tendance à la combinaifon, tandis que les fubftances qui n'ont point ou que très-peu d'aggrégation, ont en même-tems une très-grande force de combinaifon. Parmi les gaz, par exemple, qui de tous les êtres connus font ceux dont l'aggrégation eft la plus foible, il en eft plufieurs dont la tendance à la combinaifon eft fi forte, qu'ils s'uniffent avec la plus grande vivacité à prefque tous les corps naturels. Cependant nous verrons par la fuite, que cela n'a lieu que lorfque la chaleur qui eft combinée dans les fluides élaftiques, ne tient que foiblement à une bafe, & que très-fouvent l'état aériforme s'oppofe à la combinaifon; comme cela s'obferve pour l'air pur.

III. Loi de l'Attraction de Composition.

L'Attraction de compofition peut avoir lieu entre plufieurs corps.

Cette loi eft une de celles de l'attraction chimique, fur laquelle nous fommes le moins avancés, & que l'on ne fait encore qu'entrevoir. On connoît beaucoup de combinaifons entre deux corps. On en connoît beaucoup moins entre trois, & à peine a-t-on quelques exemples de quatre corps qui puiffent refter unis les uns aux autres avec une affinité égale. Il n'y a guère que les métaux qui offrent de femblables combinaifons, & que l'on peut allier au nombre de deux, de trois, de quatre. Il eft vraifemblable qu'il exifte des compofés de plus de quatre corps, de fix ou de huit, par exemple; mais l'art ne nous a encore que peu éclairés fur cet objet. La raifon de la lenteur des progrès dans l'étude de cette loi de l'attraction chimique, fera expofée clairement, lorfque nous traiterons de la huitième loi. On défigne cette attraction par le nombre des subfiances unies, en difant attraction de deux, de trois, de quatre corps, & ainfi de fuite. L'avancement de la chimie dans ces derniers tems, la multiplicité des recherches auxquelles on fe livre de toutes parts, & l'exactitude fcrupuleufe qu'on y apporte aujourd'hui, font efpérer que l'on parviendra à connoître ces attractions que nous appellerons *compliquées*.

IV. LOI DE L'ATTRACTION DE COMPOSITION.

Pour que l'Attraction de compofition ait lieu entre deux corps, il faut que l'un des deux au moins foit fluide.

Il y a long-tems que cette loi eft connue des chimiftes, & qu'elle eft exprimée par l'axiome fuivant : *corpora non agunt nifi fint foluta*. L'obfervation la plus fuivie & la plus exacte, a appris que deux fubftances folides ne peuvent prefque jamais entrer en combinaifon l'une avec l'autre. C'eft ainfi que les corps qui ont le plus de tendance à s'unir, ne peuvent le faire qu'autant que l'un des deux eft dans l'aggrégation fluide. Plus les êtres que le chimifte veut combiner font fluides, & moins par conféquent ils ont de force aggrégative, plus facilement & plus intimement il parvient à les

unir. C'est pour cela qu'aucune combinaison né
se fait avec plus d'activité, & ne donne un
composé plus parfait, que lorsqu'on met en
contact deux fluides aériformes salins, comme
le gaz acide muriatique & le gaz alkalin.

Quoique deux corps solides ne puissent jamais se combiner, il y a quelques circonstances
dans lesquelles des substances sèches réduites en
poussière fine, réagissent assez fortement l'une
sur l'autre pour s'unir & former un nouveau
composé. C'est ainsi que j'ai découvert que les
alkalis fixes caustiques s'unissent à froid & par
la simple trituration avec le soufre, l'antimoine
& le kermès, comme je le décrirai ailleurs ;
mais dans ce cas la division extrême des matières produites par la pulvérisation, & l'eau de
l'atmosphère attirée par la substance saline qui
s'humecte & se ramollit promptement, favo-
risent singulièrement la combinaison, & font
rentrer ce phénomène dans la loi que nous
examinons.

Il n'est pas toujours nécessaire que les corps
que l'on veut combiner soient tous les deux
fluides ; il suffit que l'un des deux le soit. Dans
leur union il se passe un phénomène que les
chimistes connoissent sous le nom de dissolution ; c'est l'atténuation, la division & la dispa-
rition entière du corps solide mis en contact

avec le fluide. Pour bien entendre la caufe de ce phénomène, il faut concevoir que l'attraction de combinaifon qui exifte entre deux fubftances, l'une liquide & l'autre folide, comme l'acide fulfurique & un morceau de fpath calcaire, eft plus forte que l'aggrégation qui unit les molécules du fpath & qui en fait un corps folide. Or, comme par la troifième loi, cette attraction ne peut avoir lieu qu'entre les dernières molécules, il faut, de toute néceffité, que le fpath perde fon aggrégation, & foit réduit en très-petites molécules, pour pouvoir s'unir à l'acide fulfurique & former du fulfate calcaire. Les chimiftes anciens avoient diftingué dans toute diffolution, le diffolvant & le corps à diffoudre; le premier étoit le corps fluide, le fecond étoit le folide. Cette diftinction qui fuppofe dans le fluide une force fupérieure à celle qui exifte dans l'aggrégé folide, ne peut être admife par les chimiftes modernes, qui obfervent avec M. Gellert qu'il y a une action égale de la part des deux corps dans une diffolution, & que dans l'exemple cité l'acide vitriolique ne détruiroit pas l'aggrégation de la craie, fi cette dernière ne tendoit de fon côté à fe combiner avec l'acide fulfurique, & ne l'attiroit tout autant que ce dernier l'attire. Ce mot de diffolvant donné jufqu'aujourd'hui aux fluides, eft donc peu chimique & ne préfente que l'idée d'une opération mécanique ; auffi feroit-il très-bon de le profcrire. Comme l'ufage a malheureufement prévalu, il faut fe reffouvenir que, lorfqu'on dit en chimie qu'un corps en diffout un autre, on n'exprime que l'état phyfique de fluidité de ce premier corps, & on ne lui attribue pas une activité, une énergie plus grande qu'au folide qui jouit exactement de la même force, ou même d'une fupérieure, puifque la tendance qu'il a pour fe combiner au fluide eft telle qu'elle l'emporte fur fon aggrégation, & la détruit tout-à-fait.

La fauffe idée qu'on a eue jufqu'à ces derniers tems fur la diffolution, eft fans doute venue de la théorie mécanique que quelques chimiftes phyficiens ont donnée fur cette opération de la nature. Cette théorie qu'on trouve à chaque page dans la Chimie de Lemery, confifte à regarder le diffolvant, un acide par exemple, comme un affemblage de pointes ou d'aiguilles très-acérées, & le corps à diffoudre, comme compofé d'une infinité de pores dans lefquels font reçues les pointes de l'acide, qui écartent les parties du corps à diffoudre, les féparent, & le réduifent ainfi à un état de divifion, tel qu'il femble difparoître, & échappe à la vue. Il fuffit d'énoncer cette opinion pour

la

la combattre, & pour faire appercevoir combien elle est éloignée de la marche que l'on suit aujourd'hui dans les sciences physiques.

V. Loi de l'Attraction de composition.

Lorsque deux ou plusieurs corps s'unissent par l'attraction de composition, leur température change dans l'instant de leur union.

Ce phénomène nous a paru si constant dans toutes les combinaisons que l'art opère, que nous croyons devoir le considérer comme une des loix de l'attraction de composition. La température des corps qui se combinent, peut être altérée de deux manières ; ils produisent du froid ou de la chaleur. La dernière a lieu beaucoup plus souvent que le premier ; mais comme il se produit du froid dans plusieurs opérations synthétiques, nous avons exprimé ce phénomène par le changement général de température.

On pourroit nous objecter qu'il y a certaines dissolutions ou combinaisons lentes dans lesquelles le changement de température n'est pas apparent. Nous prions les personnes qui seroient tentées de nous faire cette objection, de plonger un thermomètre très-sensible dans ces dissolutions, & elles seront bientôt convaincues

Tome I.

E

que la température y eft toujours différente, &
prefque toujours plus froide que celle de l'atmofphère.

Ce phénomène paroît auffi dépendre du changement d'aggrégation des fubftances que l'on
combine, de leur paffage de l'état de folidité
à celui de liquidité, ou de ce dernier à l'autre, fuivant la belle obfervation de M. Baumé, dont nous parlerons ailleurs. Mais comme
ce changement d'aggrégation dépend lui-même
de l'action de l'attraction de combinaifon, il
eft évident que c'eft cette attraction qui change
la température en même-tems que l'aggregation.

Macquer a penfé que les variations dans
la température des corps qui fe combinent,
dépendent du mouvement auquel font foumifes les molécules de ces corps; mais fi cette
explication fuffit pour indiquer la caufe de la
chaleur produite dans les combinaifons, elle
ne préfente pas le même avantage pour faire
connoître la caufe du froid qui s'excite dans
plufieurs d'entr'elles. Quelques chimiftes modernes & en particulier Schéele & Bergman croyent que la chaleur qu'ils regardent
comme un corps particulier, joue un très-
grand rôle dans les combinaifons chimiques,
& qu'elle eft, ou abforbée, ce qui produit du
froid, ou dégagée, ce qui excite du chaud.

Cette théorie explique très-bien les changemens de température qui ont lieu pendant que les corps s'unissent.

VI. Loi de l'Attraction de Composition.

Deux ou plusieurs corps qui se sont unis par attraction de composition, forment un être dont les propriétés sont nouvelles & très-différentes de celles qu'avoit chacun de ces corps avant de s'unir.

Cette loi est celle qu'il est le plus nécessaire de bien établir, parce que plusieurs chimistes célèbres de ce siècle ont eu, sur les propriétés des composés, des idées qui ne nous paroissent point être d'accord avec le plus grand nombre de faits, & qui contredisent formellement celui que nous offrons ici comme un des principaux & des plus remarquables phénomènes de l'attraction de composition.

Stahl & ses sectateurs, dont le génie a d'ailleurs rendu tant d'importans services à la chimie, ont avancé que les composés participoient toujours des propriétés des corps qui entroient dans leur composition, & qu'ils en avoient de moyennes entre celles de leurs principes. Ils ont même poussé cette idée jusqu'à croire qu'il seroit possible de deviner d'après les pro-

priétés d'un être compofé , la nature des corps
qui le compofent. C'eft ainfi que Stahl a annoncé que les fels étoient formés d'eau & de terre,
parce qu'il croyoit trouver dans tous des propriétés moyennes entre celles de ces deux fubftances. Comme nous nous réfervons de difcu-
ter cette grande doctrine en parlant des fels en
général , nous ne dirons rien fur cet exemple.
Nous ferons feulement obferver que les chimiftes qui ont fuivi Stahl dans cette opinion,
n'ont pas été plus heureux que lui dans leurs
preuves, & que les propriétés moyennes qu'ils
fe font efforcés de trouver dans les compofés , n'ont prefque toujours qu'un rapport
bien éloigné avec celles de leurs compofans ;
ce que nous démontrerons pour les plus fameux
exemples choifis & donnés en preuves par Stahl
lui-même ; nous ne pouvons même nous empêcher d'avouer que c'eft la difficulté qu'il paroît avoir eue pour établir cette idée dans fes
ouvrages, & l'efpèce de gêne qui règne dans
fes explications , qui nous a engagés , M. Bucquet & moi , à obferver attentivement cette
théorie , & qui nous a conduits à en adopter
une entièrement oppofée.

En effet , pour démontrer rigoureufement
l'exiftence de la loi dont nous nous occupons,
il fuffira de fournir des exemples de compofés

dont les propriétés font tout-à-fait nouvelles & ne tiennent point du tout à celles de leurs compofans ; or, l'hiftoire de toutes les combinaifons chimiques vient à l'appui de ce que nous avançons, & il n'en eft pas une qui ne puiffe nous fervir à établir la vérité que nous propofons.

Pour faire voir, 1°. que les corps qui s'uniffent perdent les propriétés que chacun d'eux avoit ; 2°. qu'ils en acquièrent de nouvelles tout-à-fait différentes ; fixons-nous à quelques propriétés dont les variations puiffent être bien fenfibles. La faveur eft fouvent très-confidérable dans deux corps ifolés, & lorfqu'on les combine, ils n'en ont plus qu'une très-foible, fi on la compare à celle des premiers ; le *fulfate de potaffe* ou tartre vitriolé, qui réfulte de la combinaifon de deux puiffans cauftiques, l'acide fulfurique ou vitriolique & la potaffe pure, n'a qu'une faveur amère, qui n'eft certainement pas moyenne entre la caufticité de ces deux fels. D'un autre côté, deux corps qui n'ont que peu ou point de faveur, en acquièrent une très-forte dans leur union ; quelques grains d'acide muriatique oxigéné délayés dans un verre d'eau, & quelques grains de mercure donnés chacun féparément, ne font pas capables de porter atteinte à l'économie animale, tandis que la même dofe de *muriate mercuriel oxigéné* ou fublimé corrofif, formé par la combinaifon de ces deux fubftances, & adminiftré dans le même véhicule, eft un poifon des plus violens, & d'une faveur très-corrofive.

L'attraction de compofition influe auffi fingulièrement fur la forme; fouvent deux matières qui ne font point fufceptibles de criftallifer feules, prennent une forme régulière lorfqu'elles font réunies, comme le gaz acide muriatique & le gaz ammoniac ou alkalin, qui conftituent dans l'inftant de leur union des criftaux de muriate ammoniacal. D'autres fois la forme eft changée & fimplement modifiée, comme dans l'union de certains fels neutres entr'eux, du foufre avec les métaux, & dans les alliages métalliques qui offrent, fuivant M. l'abbé Mongez, des criftallifations un peu différentes de celles des métaux purs ; enfin, des corps très-fufceptibles de fe criftallifer par eux-mêmes, perdent cette propriété, lorfqu'ils font unis à d'autres corps, ainfi que les métaux unis à l'oxigène, quelques-uns d'entr'eux combinés avec les acides, &c. (1).

---

(1) On eft obligé de fe fervir de termes & de dénominations inconnus dans ces préliminaires ; mais on peut confulter la table des matières & le commencement des arti-

Il en eſt abſolument de même de la conſiſtance ; preſque jamais elle n'eſt dans un compoſé la même que dans les principes qui le forment. C'eſt ainſi que deux fluides unis l'un à l'autre, donnent ſubitement naiſſance à un ſolide dans la combinaiſon de l'acide ſulfurique & d'une diſſolution de potaſſe, concentrés ; & que, de l'union de deux ſolides, il réſulte ſouvent un fluide, comme dans les ſels neutres combinés avec la glace, & dans le mêlange de l'amalgame de plomb & de celui de biſmuth.

La couleur eſt le plus ſouvent altérée dans les combinaiſons ; quelquefois elle ſe perd ; c'eſt ainſi que, lorſqu'on unit de l'acide muriatique coloré avec un métal, cet acide devient blanc. Le plus ſouvent deux corps qui n'ont point de couleur, en prennent une plus ou moins marquée en s'uniſſant, ainſi que le fer & le cuivre avec la plupart des acides, & comme le plomb, le mercure & preſque tous les métaux unis à l'oxigène de l'air & dans l'état de chaux métalliques.

Souvent des corps très-odorans forment des compoſés ſans odeur, comme le gaz acide

---

cles de l'ouvrage auxquels elle renvoie, pour l'explication de ces mots. Cet inconvénient eſt inévitable dans les élémens d'une ſcience.

muriatique & le gaz ammoniac ou alkalin dont
l'odeur eft vive & fuffoquante, & qui donnent
naiffance à un fel neutre prefque fans odeur,
& connu fous le nom de muriate ammoniacal.
Quelquefois il réfulte de l'union de deux corps
inodores, un compofé dont l'odeur eft forte;
c'eft ainfi que le foufre & les alkalis fixes qui
n'ont point ou prefque point d'odeur l'un &
l'autre, forment les foies de foufre ou *fulfures*
qui font très-fétides, lorfqu'ils font humectés.

Nous pouvons faire la même obfervation fur
la fufibilité. Deux fubftances très-infufibles ou
très-difficiles à fondre féparément, deviennent
très-fufibles, lorfqu'elles font unies ; la combinaifon du foufre & des métaux fournit des exemples bien frappans de cette affertion. Ces faits
cités en preuves ne font pas, à beaucoup près,
les feuls qui viennent à l'appui de notre affertion. Il en eft beaucoup d'autres que les détails
préfenteront, & dont on pourra facilement faire
l'application.

VII. Loi de l'Attraction de composition.

*L'attraction de compofition fe mefure par la dif-
ficulté qu'on éprouve à détruire la combinaifon
formée entre deux ou plufieurs corps.*

Les chimiftes connoiffent des moyens de

féparer les corps unis les uns aux autres, quelqu'adhérence ou quelqu'attraction qu'il y ait entre ces corps ; mais ces moyens font plus ou moins faciles, plus ou moins compliqués. En obfervant les phénomènes chimiques qui fe paffent à cet égard, on remarque conftamment que plus les compofés font parfaits, plus il eft difficile d'en féparer les principes & d'en détruire la compofition. Les degrés de difficulté qu'on éprouvera pour cette féparation, pourront donc fervir à faire reconnoître ceux de l'adhérence ou de l'attraction qui exifte entre tel & tel corps.

Nous infiftons avec d'autant plus de force fur cette loi, que les perfonnes qui commencent à fe livrer à la pratique des opérations chimiques pourroient fe méprendre fur la différence d'attraction qui règne entre les différens corps qu'elles combinent enfemble. L'activité avec laquelle certaines fubftances s'uniffent, doit naturellement faire croire que l'adhérence eft très-confidérable entr'elles ; cependant une longue expérience apprend que cette vivacité de combinaifon, loin d'indiquer une compofition parfaite, démontre plutôt une adhérence très-foible, & ne donne naiffance qu'à un compofé très-imparfait. Pour fixer d'une manière exacte le degré d'affinité avec laquelle les corps s'uniffent & reftent unis, il faut donc avoir égard à la mefure de la difficulté qu'on éprouve à les féparer ou à décompofer leur union. L'examen de la huitième & dernière loi éclaircira cet objet.

VIII. Loi de l'Attraction de composition.

Tous les corps n'ont pas entr'eux la même force d'Attraction chimique, & l'on peut, à l'aide de l'obfervation, déterminer le degré de cette force exiftante entre les différens corps de la nature.

Tous les êtres naturels n'ont pas une égale tendance pour fe combiner les uns avec les autres. Il en eft qui refufent abfolument de s'unir, ou qu'au moins l'art ne peut parvenir à unir directement, comme le fer & le mercure, l'eau & l'huile, &c. quoiqu'il foit faux de dire qu'ils n'ont enfemble aucune attraction ; d'autres ne s'uniffent que difficilement & à l'aide d'un tems très-long.

Mais ce qui eft le plus important dans cette variété de l'attraction chimique, c'eft que comme cette force n'eft pas égale entre tous les corps, on peut, d'après la connoiffance de ce phénomène, opérer fur-le-champ la féparation de deux corps dont l'union formoit un compofé.

Bergman a imaginé le nom d'*attractions électives*, pour exprimer qu'il y a une sorte de choix entre les corps qui, pour se combiner, décomposent ou séparent des matières auparavant réunies. C'est même dans cette décompofion que confiste le plus grand art du chimifte, & c'est par elle qu'il produit des efpèces de miracles aux yeux des perfonnes qui ne les ont point encore obfervés. Pour bien entendre ce que c'est que cette décompofition, fuppofons que deux corps adhèrent l'un à l'autre avec une force égale à 4, comme, par exemple, un acide & un oxide ou chaux métallique; préfentons à ce compofé un troifième corps qui ait avec l'acide une affinité égale à cinq ou à fix, ainfi qu'un alkali. Que doit-il arriver? l'alkali qui tend à s'unir à l'acide avec une force fupérieure à celle qui unit ce même acide avec l'oxide métallique, doit féparer ce dernier pour s'emparer de l'acide. C'est auffi ce qui a lieu dans le mélange; l'oxide métallique fe fépare, & il fe forme une nouvelle combinaifon entre l'acide & l'alkali. Cette décompofition fe nomme communément *précipitation*, parce que le plus fouvent la matière féparée fe dépofe au fond des liqueurs mêlées enfemble.

On appelle *précipité* la matière qui tombe au fond du vaiffeau dans lequel fe fait l'opéra tion. La substance ajoutée, & qui produit ce phénomène, porte le nom de *précipitant*. On distingue quatre espèces de précipités. Il existe un *précipité vrai*, si c'est la matière séparée du composé par celle qu'on y ajoute, qui occupe la partie inférieure du mêlange. Lorsqu'on décompose du *sulfate de chaux* formé par la combinaison de l'acide sulfurique & de la chaux, à l'aide de la potasse qui a plus d'affinité avec l'acide que n'en a la chaux, cette dernière se sépare, & tombant au fond de l'eau, constitue un précipité vrai. Il y a un *précipité faux*, lorsque c'est la nouvelle combinaison du précipitant avec un des deux corps du composé qu'on désunit, qui se place au bas de la liqueur, en raison de son insolubilité, & lorsque la matière séparée reste en dissolution. En décomposant le nitrate de mercure par l'acide muriatique pour lequel l'oxide de ce métal a plus d'attraction que pour l'acide nitrique, la nouvelle combinaison de mercure & d'acide muriatique tombe au fond du mêlange, y forme un faux précipité, au - dessus duquel se trouve l'acide nitrique dissous dans l'eau. Cette différence ne dépend, comme nous le verrons ailleurs, que de la différente dissolubilité des matières.

Il est facile de reconnoître une erreur de nomenclature préjudiciable aux commençans, dans ce second exemple de précipités ; en effet, ceux qui ont donné ce nom à la substance séparée du composé par le précipitant, ne doivent point regarder comme précipité la nouvelle combinaison qui a lieu dans cet exemple. Mais quand même on se restreindroit à n'appeler précipité que la matière séparée par le précipitant, ce nom seroit encore sujet à tromper, puisqu'il y a beaucoup de cas dans lesquels la substance séparée, loin de se précipiter, s'élève & se volatilise. C'est ainsi que, lorsqu'on décompose la combinaison d'acide muriatique & d'ammoniaque ou alkali volatil, connue sous le nom de muriate ammoniacal, par la chaux qui a plus d'affinité avec l'acide que n'en a l'alkali volatil, ce dernier se dissipe en vapeurs, & il n'y a point d'apparence de précipité dans le mélange.

Pour que les précipités dont nous venons de parler aient lieu, on sent bien qu'il faut qu'ils se fassent dans une liqueur. C'est alors ce qu'on appelle précipitation par la voie humide, afin de la distinguer de celle qui se fait au feu ou par la voie sèche, & qu'on opère, soit par la fusion, soit par la distillation ; opérations qui seront exposées fort en détail par la suite.

Les chimistes modernes ont aussi reconnu deux autres espèces de précipités, dont la dif-

rinction est beaucoup plus juste & plus utile que
celle des précédens. Ce font les *précipités purs*
& les *précipités impurs* ; les premiers comprennent tous les corps, qui après avoir été féparés des compofés dont ils faifoient partie, jouiffent de toutes leurs propriétés, & paroiffent n'avoir éprouvé aucune altération, foit dans les compofés mêmes qu'ils conftituoient, foit par l'acte de la décompofition. Il y a un affez grand nombre de ces précipités, quoiqu'il y en ait encore plus d'impurs.

Pour que les précipités foient bien purs, il faut qu'ils n'aient fouffert aucune altération par l'action des corps auxquels ils étoient unis avant leur précipitation, & qu'ils n'aient aucune affinité avec la fubftance qu'on emploie pour les féparer ou les précipiter. Par exemple, lorfqu'on verfe de l'alcohol ou efprit-de-vin fur une diffolution de fulfate de potaffe, l'efprit-de-vin qui a plus de rapport avec l'eau que celle-ci n'en a avec le fel, fépare ce dernier ; le fulfate de potaffe fe précipite pur, parce qu'il n'a point été altéré par l'eau, & parce qu'il ne l'eft pas davantage par l'alcohol auquel il ne peut s'unir. Mais fi deux corps fe font altérés réciproquement dans leur union, ainfi que les combinaifons des acides avec les métaux, alors le troifième qu'on employera

pour les défunir comme un fel alkali, féparera
le métal dans un état fort éloigné de celui qui
lui eft naturel, & donnera naiffance à un précipité impur. La même chofe a lieu, fi le corps
précipitant a quelque tendance à s'unir au précipité; ainfi, dans l'exemple déjà cité, d'une
diffolution métallique décompofée par un alkali,
une partie de ce dernier fel fe combine avec
l'oxide métallique féparé & le rend impur. Ces
deux caufes de l'impureté des précipités, fe
trouvent prefque toujours réunies; quelquefois
il y a un moyen sûr de reconnoître fur-le-
champ un précipité impur d'un précipité pur,
c'eft d'ajouter beaucoup plus du corps qui fert
à le précipiter, qu'il n'en faut pour détruire la
combinaifon de celui que l'on décompofe;
l'excédent du précipitant fe combine avec le
précipité, le diffout complètement, & le fait
difparoître. En prenant une diffolution de cuivre dans l'acide nitrique, & y verfant l'ammoniaque ou alkali volatil, le cuivre fe précipite
fous la forme de floccons d'un bleu clair très-
abondant. La couleur de ce précipité, fort
éloignée du brillant métallique du cuivre, le
fait déjà reconnoître pour un précipité impur.
On s'en affure davantage, en ajoutant plus
d'ammoniaque. Ce fel rediffout les floccons
bleus, peu à peu la liqueur acquiert de la

tranſparence & de l'homogénéïté, & elle prend une couleur bleue foncée très-belle, qui indique la combinaiſon de l'oxide de cuivre avec ce ſel alkalin.

La connoiſſance exacte de ces précipités impurs, qui ſont beaucoup plus fréquens que les précipites purs, eſt due aux recherches de M. Bayen ſur la décompoſition des diſſolutions mercurielles par les alkalis, & ſur l'état du mercure précipité dans ces opérations.

Il eſt facile de bien entendre actuellement la théorie des décompoſitions opérées ſur des combinaiſons de deux corps, par un troiſième que l'on met en contact avec ces compoſés ; décompoſitions qui s'opèrent en vertu des attractions électives ſimples.

Mais il ne l'eſt pas de même pour les commençans de concevoir ce qui ſe paſſe dans le phénomène plus compliqué, que les chimiſtes ont appelé *attraction élective double*. Il arrive ſouvent qu'un compoſé de deux corps ne peut être détruit par un troiſième & un quatrième corps, ſéparément, tandis que, ſi on emploie un compoſé de ces deux derniers pour le mettre en contact avec le premier, on les décompoſe mutuellement tous les deux. Rendons ceci ſenſible par un exemple. Le ſulfate de potaſſe, ou la combinaiſon de l'acide ſulfurique avec

la

la potaffe, ne peut être décompofé ni par la chaux, ni par l'acide nitrique froid féparément. Cependant fi l'on verfe dans une diffolution de ce fel neutre, l'autre fel neutre formé par l'union de l'acide nitrique avec la chaux ou le nitrate calcaire, ces deux combinaifons fe décompofent mutuellement, l'acide nitrique fe porte fur la potaffe pour former du nitre ordinaire, tandis que l'acide fulfurique s'unit à la chaux pour former du fulfate de chaux qui fe précipite comme beaucoup moins foluble que le nitre. Quel eft le jeu de cette fingulière affinité? Voici comment on peut le concevoir. L'acide fulfurique uni à la potaffe, ne peut en être féparé, ni par l'acide nitrique, ni par la chaux, parce qu'il a plus d'affinité avec cet alkali que ces deux autres corps n'en ont, foit pour l'alkali, foit pour l'acide. Mais lorfque l'on préfente au fulfate de potaffe un compofé d'acide nitrique & de chaux, en même-tems que ce dernier acide tend à s'unir à la potaffe, l'acide fulfurique tend à fe combiner avec la chaux, de forte qu'on peut dire que la décompofition du fulfate de potaffe commencée par l'acide nitrique, eft achevée par la chaux. Pour mieux faire entendre encore cette affinité double, fuppofons que l'acide fulfurique adhére à la potaffe avec une force égale à 8 ; l'acide nitrique.

qui tend à s'unir à cet alkali avec une force moindre, que nous comparerons à 7, ne pourroit seul décomposer le sulfate de potasse, si, d'une autre part, la tendance de la chaux pour s'unir à l'acide sulfurique, tendance que nous faisons monter à 6, ne faisoit avec la précédente une force égale à 13, qui doit l'emporter sur celle avec laquelle l'acide sulfurique adhère à la potasse. Il faut aussi que cette somme soit plus considérable que celle qui tient réunis la chaux & l'acide nitrique.

Il y a donc dans les attractions électives doubles deux espèces d'attractions, qu'il est nécessaire de distinguer les unes des autres; 1°. celle en vertu de laquelle les principes de chaque composé adhèrent les uns aux autres ; dans l'exemple cité, c'est le degré de force qui tient réunis l'acide sulfurique avec la potasse dans le sulfate de potasse, & celui qui fait adhérer l'acide nitrique à la chaux. J'apellerai avec M. Kirwan cette première force *attractions quiescentes*, parce qu'elle tend à retenir réunis deux à deux les quatre principes des deux composans. 2°. La seconde affinité est celle par laquelle ces quatre principes s'échangent réciproquement & se combinent dans un autre ordre; dans le cas cité, la potasse s'unit avec l'acide nitrique, & la chaux avec l'acide sulfurique. Je

nommerai cette seconde force *attractions divel-*
lentes , parce qu'elle eft capable de détruire la
première. On peut , d'après cette diftinction
utile , faire concevoir très-facilement la caufe
des doubles décompofitions, en préfentant dans
un tableau , fuivant la méthode de Bergman,
le jeu des attractions qui les produifent. Pour
cela on difpofe les deux compofés qui fe détruifent réciproquement , entre deux accol-
lades vis-à-vis l'une de l'autre , de manière
que les acides foient oppofés aux bafes qu'ils
échangent, & en ajoutant entre les quatre corps
dont l'on confidère la réaction, la force d'attraction qu'ils ont l'un pour l'autre ; on addi-
tionne enfemble les deux nombres horifontaux qui expriment les attractions quiefcentes ,
& les deux nombres verticaux qui défignent
les attractions divellentes. Si la fomme des
dernières l'emporte fur celle des premières, il
y a alors double décompofition & double combinaifon. En appliquant cette méthode à l'exemple cité , on concevra fur-le-champ fon utilité
& fon exactitude.

EXEMPLE.

nitrate de potasse ou nitre commun.

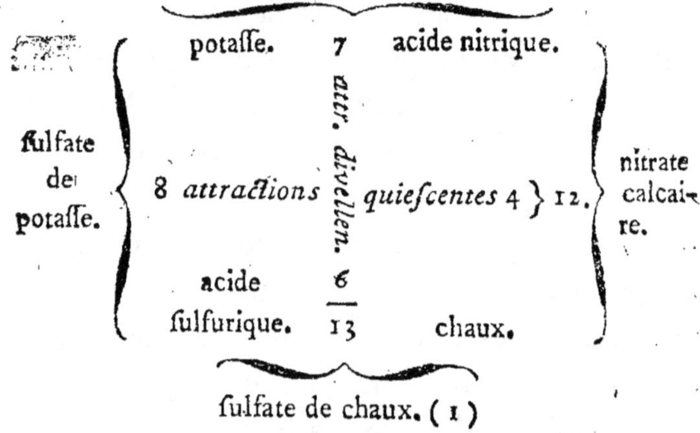

sulfate de chaux. (1)

Il n'y a que peu de tems que les chimistes font attention aux attractions électives doubles, & il s'en faut de beaucoup qu'on les connoisse toutes. Ceux qui s'occupent de recherches chimiques s'apperçoivent à chaque instant de ces espèces de décompositions, qui ont lieu dans des mêlanges dont on n'avoit point soupçonné la réaction. Il se présentera dans l'histoire des matières salines, plusieurs occasions dans les-

____

(1) J'ai exprimé de cette manière dix exemples de doubles décompositions qui ont lieu dans le mêlange des sels neutres, dans deux dissertations que l'on pourra consulter. *Voyez mes Mémoires & Observations de Chimie*, 1 vol. *in-8°. Paris, chez Cuchet*, 1784; *pages* 308 & 438.

quelles nous ferons remarquer quelques-unes de ces attractions électives doubles obfervées en dernier lieu par Bergman, Schéele , &c., & par nous-mêmes.

Nous ne quitterons pas l'expofition de la dixième & dernière loi de l'attraction de compofition, fans indiquer le moyen ingénieux dont un chimifte françois s'eft le premier fervi, pour offrir d'un coup-d'œil , les phénomènes les plus conftans des décompofitions chimiques. Geoffroy l'aîné , faifant plus d'attention qu'on n'en avoit fait avant lui , aux rapports divers qui ont lieu entre les différens corps & aux précipitations qu'ils occafionnent , imagina en 1718 de les repréfenter dans une table fur laquelle il rangea dans l'ordre de leurs affinités les corps entre lefquels il les avoit obfervées. Nous ne faifons qu'annoncer ici cette belle idée , que nous développerons dans un grand nombre d'endroits de cet ouvrage , & à mefure que l'occafion s'en préfentera. Geoffroy n'a donné cette table que comme un effai auquel il a bien prévu lui-même qu'il y auroit beaucoup à ajouter. Plufieurs chimiftes ont adopté & étendu fon plan. Rouelle l'aîné a fait quelques corrections à fa table , & y a ajouté plufieurs colonnes. M. de Limbourg, médecin des eaux de Spa, dans une excellente Differtation fur les affinités, qui a remporté, conjointement avec M. Sage de Genève, le prix proposé en 1758, par l'académie de Rouen, en a conftruit une plus étendue. M. Gellert, dans fa Chimie métallurgique, en a auffi donné une nouvelle; mais perfonne n'a plus avancé cette partie que Bergman, profeffeur de chimie à Upfal, auquel cette fcience doit tant de travaux. Ce célèbre chimifte a diftingué, d'après M. Baumé, les attractions qui s'opèrent par la voie humide, de celles qui ont lieu par la voie sèche. Il a donné deux tables très-détaillées dans lefquelles il a préfenté les attractions électives qui exiftent entre un grand nombre de corps naturels. Nous devons encore au même favant une table très-ingénieufe, dans laquelle il a trouvé le moyen par une difpofition particulière des caractères chimiques, de défigner ce qui fe paffe dans les attractions électives doubles; nous en avons offert un exemple plus haut.

Après avoir préfenté les principaux phénomènes de l'attraction chimique, après avoir établi les loix auxquelles cette force paroît obéir, nous ferons obferver qu'il y a quelques cas dans lefquels ces loix femblent être fufceptibles de certaines variations. Nous n'entrerons point ici dans le détail des faits fur lefquels est fondée cette assertion, parce que nous aurons soin de les faire remarquer toutes les fois que l'occasion s'en présentera. Nous dirons seulement que ces apparences d'inconstance dans les loix de l'attraction chimique, ne sont dues qu'à quelques circonstances capables de les modifier, comme la quantité des matières, la température de l'atmosphère, le mouvement ou le repos, la dissolution par l'eau ou par le feu, c'est-à-dire, la voie humide ou la voie sèche, l'état d'aggrégation particulier à chaque corps, &c. Bergman a considéré toutes ces circonstances avec un soin particulier, & il a exposé les variations apparentes qu'elles peuvent faire naître dans les loix de l'attraction. Il a conclu de tous les faits qu'il a rassemblés sur cet objet, que ces variations ne doivent être regardées que comme des exceptions, & qu'elles ne sont pas capables de porter atteinte à la doctrine des attractions chimiques.

Telle est aussi l'opinion qu'on doit avoir de deux espèces d'affinités admises par quelques auteurs. L'une est l'*affinité d'intermèdes*, & l'autre l'*affinité réciproque*. Ils entendent par la première, celle qui fait qu'un corps qui ne pouvoit s'unir avec un autre, en devient capable après avoir été combiné avec un troisième, qui lui sert ainsi d'intermède. L'huile, par exem-

ple, ne peut s'unir à l'eau ; mais lorfqu'on
combine de l'huile avec un fel, il en réfulte
un favon foluble dans l'eau, par l'intermède
de la matière faline. Ce n'eft point cette matière faline qui rend le favon foluble, puifqu'elle n'eft plus avec tous fes caractères de
fel dans ce compofé ; mais c'eft aux propriétés
nouvelles du favon qu'il faut rapporter fa diffolubilité dans l'eau. Ce phénomène appartient
entièrement à la huitième loi de l'attraction chimique, qui établit que les compofés ont des
propriétés toutes nouvelles, & très-différentes
de celle de leurs compofans.

L'*affinité réciproque* a lieu lorfqu'un compofé
de deux corps eft décompofé par un troifième,
& que le principe féparé a la propriété de décompofer à fon tour la nouvelle combinaifon,
de forte qu'il femble y avoir une efpèce de
réciprocité dans les effets. Ainfi, par exemple,
on fait que l'acide fulfurique a plus d'affinité
avec la potaffe que l'acide nitrique & qu'il décompofe l'union de cet alkali avec le dernier
acide. Cependant l'acide nitrique peut à fon
tour féparer l'acide fulfurique d'avec l'alkali,
puifqu'en faifant chauffer du fulfate de potaffe
avec de l'acide nitrique, on reforme du nitre.
Cette efpèce d'affinité admife par M. Baumé,
n'eft due qu'à deux circonftances qui apportent

quelque changement dans les loix ordinaires de cette force : ce font la chaleur & l'état de l'acide nitrique. En effet, il faut que l'acide nitrique ordinaire foit chaud pour décompofer le fulfate de potaffe, & le nitre qui fe forme dans cette opération, eft lui-même décompofé par l'acide fulfurique dès que le mêlange eft froid. L'acide fumant ou *l'acide nitreux*, décompofe le fulfate de potaffe à froid; l'efprit de fel ou l'acide muriatique fumant opère la même décompofition, fuivant M. Cornette; mais Bergman a fait obferver avec raifon que les acides odorans & fumans, qu'il appelle *phlogiftiqués*, ont d'autres affinités que les mêmes acides fimples. D'ailleurs il n'y a qu'une petite partie des fels décompofée.

Dans tous ces cas, l'ordre des attractions électives change, & il eft modifié par des circonftances particulières. Les autres faits fur lefquels M. Baumé fonde l'exiftence de l'affinité réciproque comme la décompofition du muriate ammoniacal par la craie, & celle du muriate calcaire par *l'alkali volatil concret*, appartiennent aux affinités doubles, comme nous le démontrerons en parlant de ces fels.

Il ne nous refte plus pour terminer ce que nous avons à dire fur l'attraction chimique, qu'à expofer les opinions de quelques favans fur la caufe de cette force.

Les premiers qui s'en font occupés l'ont attribuée ou à la forme femblable des molécules élémentaires , ou à la configuration phyfique des parties, ou enfin à un rapport occulte de leur compofition intime. Ces premières idées fe reffentoient néceffairement des explications mécaniques dont la phyfique étoit remplie, avant que cette belle fcience fût fortie des ténèbres qui l'enveloppoient.

La plupart des chimiftes modernes qui ont cherché à expliquer la caufe de l'attraction de compofition , ont trouvé une analogie remarquable entre cette force & l'attraction Newtonienne. Perfuadés que la nature eft fimple & uniforme, ils ont penfé que la propriété de s'unir réciproquement, dépendoit de celle de s'attirer qui exifte entre tous les corps. Ils ont comparé les petits corps chimiques , entre lefquels l'affinité a lieu, avec les grandes maffes qui compofent l'univers ; & fi les molécules très-divifées des diverfes matières, fe rapprochent pour fe combiner, c'eft parce qu'elles pèfent ou qu'elles gravitent les unes fur les autres. C'eft en fuivant cette opinion, & en la modifiant d'une manière particulière, que quelques perfonnes ont cru que l'attraction chimique étoit en raifon de la pefanteur, & que le corps le plus pefant de tous étoit celui qui jouiffoit de cette force dans le plus grand degré. Cette hypothèse, qui s'accorde quelquefois avec les faits, comme on l'observe pour plusieurs acides, ne peut cependant convenir à un grand nombre de décompositions, fur-tout relativement aux substances métalliques. Enfin quelques chimistes se font persuadés qu'il y avoit un si grand rapport entre l'attraction des grands corps & l'attraction chimique, qu'ils ont imaginé qu'il feroit possible de mesurer & de calculer cette dernière d'après l'adhérence qui existe entre les corps. M. de Morveau, dont l'opinion est bien faite pour entraîner celle des autres, a fait quelques expériences, dans la vue de prouver l'assertion que je viens d'avancer. Ces expériences ont consisté à appliquer à la furface du mercure des lames métalliques d'un diamètre égal, suspendues à un fléau de balance, dont l'autre extrémité portoit un baffin. Il a mis des poids dans ce dernier, jusqu'à ce que leur pefanteur fût capable d'enlever la lame de métal de deffus le mercure, & il a trouvé par des effais comparés fur divers métaux, que leur adhérence au mercure étoit fort différente, & fuivoit affez bien le rapport de l'attraction chimique qui existe entre ces corps ; c'est-à-dire, que l'or étoit celui de tous qui adhéroit avec le plus de force au mercure, & qui demandoit le plus de poids pour en être séparé, tandis que le cobalt qui ne peut point s'unir à ce métal fluide, est enlevé très-facilement de sa surface avec laquelle il n'a presque point d'adhérence. Qu'il nous soit permis de faire observer qu'il peut y avoir plusieurs sujets d'erreur dans ces expériences; en effet, les lames métalliques bien décapées qu'on applique sur le mercure, doivent se combiner à ce dernier par leur surface inférieure, & la portion d'amalgame qui se forme dans cette circonstance, devant être naturellement d'autant plus considérable, que le métal s'unit plus facilement au mercure, cette combinaison ajoute à la pesanteur de la lame, & demande conséquemment plus de force pour être enlevée de dessus la surface du mercure. Une lame de métal qui adhère au mercure, ne peut en être enlevée sans que ce dernier ne soit lui-même séparé en deux couches, de sorte que le poids nécessaire pour enlever la lame est employé à vaincre l'adhérence des molécules du mercure entr'elles, plutôt qu'à détruire celle du métal étranger avec le mercure.

On doit donc dire que si l'attraction chimique est la même force que l'attraction générale, au moins la différence de ses loix d'avec celles de cette dernière, indique que c'en est une modification particulière. On se convaincra de cette vérité, en comparant les connoiffances que l'on a acquifes fur l'attraction admife par Newton, avec celles que l'on commence à avoir fur l'attraction chimique. En effet, la première n'a lieu qu'entre des maffes énormes, & elle eft en raifon directe de ces maffes ; la feconde ne s'exerce qu'entre de très-petits corps, & elle eft abfolument nulle entre ceux dont le volume eft confidérable. L'attraction exifte à de très-grandes diftances ; l'attraction chimique ne s'exerce point entre des corps éloignés, & elle n'a véritablement lieu que lorfque les molécules fe touchent. Nous avons déjà préfenté une partie de cette comparaifon, en examinant les loix de la force chimique qui nous occupe, & nous croyons, d'après toutes ces réflexions, qu'il y a des différences affez marquées entre ces deux phénomènes naturels, pour engager les favans à les diftinguer l'un de l'autre.

CHAPITRE IV.

Des principes des Corps.

DANS tous les tems les philofophes ont penfé que les corps naturels, quelque variés qu'ils foient, font formés par des matières premières plus fimples qu'eux, & qu'ils ont défignées par le nom de principes. Les chimiftes qui font plus que perfonne convaincus de cette grande vérité, d'après leurs analyfes, fe font formé des idées affez nettes fur la nature & la différencè de ces principes; ils en ont admis de plufieurs genres. Il faut cependant remarquer qu'ils ont pris le mot *principes* dans une acception un peu différente de celle fous laquelle les philofophes anciens l'avoient adopté. Ces derniers, tels qu'Ariftote & Platon, ne regardoient comme principes que les matières les plus fimples que les fens ne pouvoient faifir, qui formoient par leur affemblage des corps un peu moins fimples dont les fens reconnoiffent l'exiftence, & que l'on défigne encore aujourd'hui fous le nom d'*élémens*. Ce font ces mêmes êtres ou principes, que d'autres philofophes ont appelés *atomes* ou *monades* ; les chimiftes qui ne fe font pas d'abord livrés à des fpéculations fi élevées, entendent par le nom de principes pris en général, tous les êtres, foit fimples, foit plus ou moins compofés, qu'ils retirent dans leurs analyfes; mais comme les principes des corps confidérés fous ce point de vue, font très-différens les uns des autres, ils les ont diftingués en *principes prochains* & *principes éloignés*. Les premiers font ceux qu'ils retirent par une pre mière analyse , & qui peuvent eux-mêmes être composés ; par exemple, en décomposant une substance végétale , ils en extrayent d'abord des huiles, des mucilages, des sels , des parties colorantes ; toutes ces matières sont des principes prochains ; on peut à l'aide de nouveaux travaux, en extraire d'autres. Ils entendent par principes éloignés, des êtres plus simples que les précédens, & qui entrent dans leur formation , puisqu'on les retire des principes prochains. Ainsi, le mucilage qui est un principe prochain des végétaux , fournit par une nouvelle analyse de l'huile, de l'eau, de la terre, &c. qui sont les principes éloignés du végétal. Ils ont encore donné d'autres noms à ces deux genres de principes ; tel est celui de *principes principiés* appliqué aux principes prochains, & celui de *principes principians* aux principes éloignés. Ils expriment par ces mots que les premiers sont eux-mêmes formés de nouveaux principes, & que les derniers servent à en constituer d'autres. Quelques chimistes, pour donner une idée plus juste de ces distinctions, admettent plus de deux genres de principes. Ils appellent principes *primitifs* ou du premier ordre ceux qui paroissent être les plus simples, & ne pouvoir plus être décomposés ; principes *secondaires* ou du second ordre, ceux qui sont formés immédiatement par la réunion des premiers ; principes *ternaires* ou du troifième ordre , ceux que conftitue la combinaifon des principes fecondaires, & enfin ceux dans la formation defquels entrent les principes du troifième ordre , font les principes *quaternaires* ou du quatrième ordre, &c. &c.

Le nombre des élémens proprement dits , n'a pas toujours été le même pour tous les philofophes ; les uns avec Thalès de Milet, mis au rang des fept Sages à caufe de fes rares connoiffances , & qui, fuivant Cicéron , fut le premier des grecs qui fe foit occupé de phyfique, regardèrent l'eau comme le principe de toutes chofes. L'air rempliffoit la même fonction fuivant Anaximène , qui à caufe de cet important emploi, avoit mis cet élément au nombre des dieux ; d'autres tranfportèrent ce privilège au feu ; quelques-uns même l'attribuèrent à la terre, comme l'avoit fait Anaximandre , difciple de Thalès & maître d'Anaximène. Chacun foutenoit fon opinion par des raifonnemens ; mais comme le flambeau de la phyfique & de la chimie n'étoit point encore allumé , ces premières idées ne peuvent être à nos yeux que des fpéculations hardies , & malheureufement dénuées de fondement. Environ trois fiècles après ces premiers philofophes, Empedocle , médecin d'A-grigente ,

grigente, crut qu'il y avoit une égale fimplicité dans les quatre fubftances, que fes pré-
déceffeurs avoient regardées féparément comme principes de toutes chofes, & réunit
ainfi l'opinion de chacun des philofophes cités, en admettant quatre élémens, le feu,
l'air, l'eau & la terre. Dans le fiècle fuivant,
Ariftote & Zénon adoptèrent le fentiment
d'Empedocle. En réfléchiffant fur les raifons
qui ont pu engager ces philofophes à regarder le feu, l'air, l'eau & la terre comme élémens, on eft tenté de croire que ce font moins
les connoiffances exactes qu'ils pouvoient avoir
fur la compofition des corps, que le volume
& la quantité de ces êtres, ainfi que la conf-
tance & l'invariabilité apparente de leurs propriétés. En effet, le feu paroît exifter par-tout,
& fes effets font toujours les mêmes. Notre
globe eft environné d'une maffe d'air, dont la
quantité & les propriétés effentielles ne femblent jamais varier. L'eau offre à la furface de
la terre une maffe énorme qui en remplit & en
cache les abîmes. Enfin, le globe lui-même
dont le volume furpaffe de beaucoup celui
de tous les êtres qui l'habitent pris enfemble,
paroît former dans fon intérieur une matière
folide, peu altérable, capable de fixer les autres
élémens & de leur fervir de bafe. Il femble

donc que c'eſt d'après le volume, la maſſe & l'invariabilité apparente de ces corps, que les premiers ſavans les ont regardés comme les matériaux dont la nature ſe ſervoit pour former tous les êtres.

La doctrine péripatéticienne qui a prévalu dans les écoles, a conſervé la diſtinction d'Ariſtote ſur les élémens juſqu'au ſeizième ſiècle. Ce fut alors que la ſecte des chimiſtes qui commençoit à l'emporter ſur les autres, admit une nouvelle diſtinction d'élémens. Paracelſe, moins philoſophe qu'artiſte, s'en rapportant groſſièrement au réſultat de ſes opérations, reconnut cinq principes, l'eſprit ou le mercure, le phlegme ou l'eau, le ſel, le ſoufre ou l'huile, & la terre. Il entendoit par eſprit ou mercure, tout ce qui étoit volatil & odorant, mais il s'en faut de beaucoup que tous les êtres qui jouiſſent de ces propriétés ſoient ſimples. L'eau ou le phlegme comprenoit dans ſon ſyſtême tous les produits fluides aqueux & inſipides; il en eſt de ceux-ci comme des premiers, relativement à leur prétendue ſimplicité. Le mot ſoufre ou huile renfermoit toutes les ſubſtances inflammables liquides, & par conſéquent un grand nombre d'êtres plus ou moins compoſés, tels que les huiles graſſes & eſſentielles, &c. Par ſel il déſignoit tout ce qui jouiſ-

foit de l'état fec, de la faveur & de la diffolubilité, trois qualités qui fe rencontrent dans beaucoup de compofés. Enfin, le mot terre étoit
appliqué dans la doctrine de Paracelfe, aux réfi-
dus fixes fecs & infipides, que fourniffoient la
plupart des opérations, & qui font reconnus
aujourd'hui pour très-différens les uns des
autres.

Beccher, un des chimiftes qui a traité le
plus philofophiquement cette fcience, reconnut
les reproches que l'on pouvoit faire à la doctrine de Paracelfe, & perfuadé de fon infuffifance, il prit une autre route pour déterminer les
élémens de tous les corps. Il diftingua d'abord
deux principes très-différens l'un de l'autre,
celui de l'humidité & celui de la féchereffe,
l'eau & la terre ; il divifa cette dernière en
trois efpèces ; favoir, la terre vitrifiable, la
terre inflammable, & la terre mercurielle. La
terre vitrifiable étoit, fuivant lui, celle qui, à
la plus grande inaltérabilité lorfqu'elle étoit feule,
joignoit la propriété de pouvoir former de beau
verre, quand on la mêloit avec quelque fubftance
faline ; il lui attribuoit auffi celle de rendre les
corps dans la compofition defquels elle entroit,
folides & peu altérables. La terre inflammable
fe reconnoiffoit à la combuftibilité des corps qui
la contenoient. Beccher la regardoit encore

G ij

comme la cause de l'odeur, de la couleur & de
la volatilité ; quant à la terre mercurielle, il
admettoit sa présence dans le mercure, dans
l'arsenic, dans l'acide muriatique, &c. &c. & il
lui donnoit pour caractère de produire dans les
corps dont elle faisoit partie, une volatilité &
une pesanteur très-considérables ; deux propriétés qui semblent s'exclure réciproquement. Stahl
a adopté & commenté la doctrine de Beccher ;
il a regardé la terre inflammable comme le feu
fixé dans les corps, & il lui a donné le nom
de *phlogistique*. Il n'a pu parvenir à démontrer la présence de la terre mercurielle, & il
n'y a encore aujourd'hui rien de certain sur ce
dernier principe. Stahl a fait la plus grande attention aux combinaisons de la terre, de l'eau
& sur-tout du phlogistique ; mais il n'a presque
rien dit de celles de l'air, auquel Hales, à-peu-
près dans le même tems, faisoit jouer le plus
grand rôle dans les phénomènes chimiques.

Les chimistes depuis Beccher & Stahl jusqu'à nos jours, n'ont fait aucun changement à
la doctrine établie par les plus anciens philosophes sur les élémens ; ils en ont reconnu quatre à la manière d'Empédocle, & ils les ont
considérés chacun dans deux états différens ;
1°. comme libre & isolé, c'est ainsi qu'ils ont
examiné l'atmosphère, les grandes masses d'eau,

le feu en général, le globe dans son ensemble; 2°. comme combiné, & alors ils se fondoient sur l'air, l'eau & la terre qu'ils retiroient de différens corps en dernière analyse.

Telles étoient, à peu de chose près, les opinions adoptées sur les principes des corps & sur les élémens depuis Beccher & Stahl, lorsque les belles découvertes de MM. Priestley & Lavoisier sur le feu, l'air & la combustion en ont nécessairement introduit de nouvelles. En effet, si la constance dans les propriétés, si l'unité & la simplicité font les vrais caractères des élémens, & si cette simplicité n'existe pour nous que lorsque nous ne pouvons parvenir à décomposer les corps, nous ferons remarquer, 1°. que parmi les quatre élémens on en connoît aujourd'hui deux, l'air & l'eau, que l'art est parvenu à décomposer & à séparer en plusieurs principes; 2°. que la terre élémentaire est un être de raison, puisqu'on a découvert plusieurs matières terreuses aussi simples & aussi peu décomposables les unes que les autres, ainsi que cela sera démontré dans le dernier chapitre de cette première partie; 3°. que parmi les corps naturels, il en est un grand nombre, comme le soufre, les métaux que l'art n'est pas parvenu à décomposer, & qui sont des corps simples dans l'état actuel de nos connoissances.

G iij

Il résulte de ces apperçus généraux, fondés sur des faits que nous exposerons plus en détail dans les chapitres suivans & dans la suite de cet ouvrage, que les véritables principes ou premiers élémens des êtres naturels, échappent à nos sens & à nos instrumens ; que plusieurs de ceux que l'on a appelés élémens en raison de leur volume, de leur influence dans les phénomènes de la nature, & de leur existence multipliée dans ses différens produits, ne font rien moins que des corps simples & invariables, & que vraisemblablement aucun corps qui tombe sous nos sens, n'est un être simple, mais qu'il ne nous paroît tel que parce que nous n'avons pas de moyen de le décomposer. Au reste ces assertions font d'accord avec les opinions de quelques anciens philosophes, qui ne regardoient pas les élémens comme les êtres les plus simples, & qui les croyoient formés par des principes d'une ténuité & d'une inaltérabilité beaucoup plus grandes.

Les idées que nous présentons sur des êtres qui ont joui depuis tant de siècles du titre exclusif d'élémens, & auxquels nous enlevons aujourd'hui cette prérogative, ne doivent pas empêcher de regarder le feu, l'air, l'eau & la terre, comme contenant les principes dont la plupart des autres corps naturels font formés.

Terminons ces détails par l'expofition de la nomenclature, que quelques méthodiftes ont adoptée pour les corps dans lefquels les principes entrent fuivant différens ordres de compofition chimique.

Si deux élémens font unis ou combinés enfemble, il en réfulte un corps qu'on a appelé *mixte*. Plufieurs mixtes forment par leur union un *compofé*; deux compofés réunis conftituent un *furcompofé*. La combinaifon des furcompofés donne naiffance à un *décompofé*; & enfin celle de ces derniers produit un *furdécompofé*. Il feroit fort difficile de donner des exemples de ces différentes efpèces de compofition, on ne pourroit guère aller que jufqu'au furcompofé. C'eft donc un pur être de méthode, une fimple diftinction idéale, qui ne peut avoir aucune utilité pour la fcience. Macquer, à qui la chimie doit toute la clarté qu'elle a acquife aujourd'hui, propofe de changer cette nomenclature barbare & peu exacte, & d'y fubftituer celle de compofé du premier, du fecond, du troifième & du quatrième ordre; on pourroit auffi, d'après la même idée, adopter ces noms pour diftinguer les principes que l'on obtient, fuivant l'ordre de l'analyfe qui les fournit.

CHAPITRE V.
Du Feu.

QUOIQUE nous n'admettions pas entièrement l'acception donnée jufqu'aujourd'hui au
mot élément, quoique nous ne penfions pas
que ces quatre corps foient immédiatement les
principes de tous les autres, & les plus fimples
que la nature ait produits, nous croyons cependant devoir les examiner avant les autres, foit
parce que l'hiftoire de leurs propriétés fera utile
pour entendre celles des autres fubftances dont
nous traiterons enfuite, foit parce qu'ils ne peuvent être rangés dans aucun ordre relatif à l'hiftoire naturelle, puifqu'ils n'appartiennent proprement à aucun règne en particulier, & qu'ils
conviennent également à tous.

Parmi les quatre corps appelés *élémens*, aucun n'a paru plus actif & plus fimple en même
tems que le feu. Les plus anciens philofophes
d'accord en cela avec les phyficiens de tous les
tems, ont donné ce nom à un être qu'ils fup-
pofoient fluide, très-mobile, très-pénétrant,
formé de molécules agitées d'un mouvement
vif & continuel, & qu'ils regardoient comme

le principe de toute fluidité & de tout mouvement. En réfléchissant sur cet objet, on s'apperçoit bientôt que c'est par conjectures qu'on a attribué ces propriétés à un corps particulier mis au nombre des élémens, puisqu'on n'a jamais pu démontrer son existence, comme on a de tout tems constaté celle des trois autres subfstances élémentaires. En effet il est tout naturel de croire que ce mot a d'abord été donné dans tous les idiomes & par tous les hommes, à l'impression que les corps chauds font sur la peau, & qu'il est synonime du mot *chaleur*, ainsi qu'à la lumière qui s'échappe des corps qui brûlent. C'est même encore l'idée qu'en ont la plupart des hommes, ils ne reconnoissent la présence du feu, qu'à celle de la chaleur ou de la combustion. Le chancelier Bacon est un des premiers qui ait douté de l'existence du feu comme fluide particulier, & qui se soit apperçu que les physiciens avoient toujours pris en le définissant, une propriété pour un corps. Boerhaave, dont le Traité du Feu sera toujours regardé comme un chef-d'œuvre, a senti cette difficulté, & pour connoître les propriétés de ce prétendu élément, il a examiné les effets qu'il produit sur les corps où il est censé exister, de sorte que, comme tous les autres physiciens qui l'avoient précédé, il a fait l'histoire des corps chauds, lumineux, raréfiés, brûlans, plutôt que celle du feu. Cet embarras subsistera toujours dans la physique ; les propriétés du feu sont nécessairement liées avec celles des corps sur lesquels il agit ; loin de pouvoir l'isoler, on ne peut même le concevoir seul. Quelqu'avancé que soit aujourd'hui l'art des chimistes, il ne leur a point été possible de saisir & de coërcer cet être que les physiciens sont convenus de regarder comme un fluide, & dont ils expliquent d'ailleurs assez bien les effets, lorsque, subjugués par l'habitude, ils regardent son existence comme réelle. Ces difficultés ont fait penser à quelques chimistes, & en particulier au célèbre Macquer, que le feu n'étoit autre chose que la lumière, & la chaleur qu'une modification des corps due au mouvement & à la collision de leurs molécules. Cette opinion n'existe plus parmi les savans qui cultivent la chimie. Pour concevoirles différentes théories proposées depuis quelques années sur le feu, il ne faut point se borner à traiter cet objet d'une manière aussi générale. Les idées qu'on donneroit seroient aussi vagues que le sujet lui-même ; le seul moyen d'acquérir quelques connoissances exactes & qui puissent éclairer la suite immense de faits qui constituent aujourd'hui la science chimique, c'est de diviser ce sujet, c'est d'en séparer les parties, d'en examiner les différentes faces, de les retourner, pour ainsi dire, de diverses manières, & de considérer successivement comme autant d'effets particuliers du feu, la lumière, la chaleur, la raréfaction, les changemens produits dans les corps par la chaleur, & ceux qu'on attribuoit au feu combiné, appelé alors *phlogistique*, &c.

§. I. *De la Lumière.*

On ne peut pas former sur la lumière le même doute que sur le feu en général, puisque son existence & ses propriétés sont très-connues aujourd'hui. Ce corps, que l'on croit lancé par le soleil & les étoiles fixes, est la cause que nous appercevons tous les autres ; sans lui tout seroit plongé dans l'obscurité, & nos yeux nous seroient parfaitement inutiles. C'est lui qui réfléchi en droite ligne de la surface des corps éclairés, vient frapper nos yeux & peindre sur la rétine l'image des objets d'où il s'élance. On a trouvé le moyen de le rassembler dans la chambre obscure, de le rendre visible & distinct des corps éclairés, & d'en examiner les propriétés particulières.

La lumière est douée d'un mouvement si rapide, qu'elle parcourt quatre-vingt mille lieues par secondes, suivant le calcul des plus grands astronomes. Elle se meut en ligne droite, elle est formée de rayons qui, après avoir été lancés des astres d'où ils partent, s'écartent, & vont en divergeant à mesure qu'ils obéissent au mouvement qui leur a été communiqué. L'élasticité de ces rayons est telle que, lorsqu'ils tombent sur une surface susceptible de les réfléchir, l'angle de leur réflexion est presqu'égal à celui de leur incidence ; comme l'apprend la catoptrique. Lorsque la lumière passe à côté d'un corps quelconque, elle s'infléchit plus ou moins, & cette inflexion, en prouvant sa gravitation vers ce corps, démontre qu'elle est un corps elle-même.

Quelque pénétrante qu'elle soit, & de quelque rapidité qu'elle jouisse, elle ne marche pas continuellement en ligne droite, & les corps qu'elle rencontre dans son chemin, sont autant d'obstacles qui la dérangent & lui font éprouver des déviations. En passant obliquement d'un milieu rare dans un milieu plus dense, elle éprouve une réfraction comme tous les corps solides ; mais Newton a découvert que sa réfrangibilité est en raison inverse de celle de tous les autres corps. En effet, ceux-ci s'éloignent de la ligne perpendiculaire, toutes les fois qu'ils passent dans des milieux plus denses que ceux qu'ils quittent, & la lumière en les traversant se rapproche au contraire de la perpendicu-laire. C'est à la dioptrique à faire connoître plus en détail les loix des réfractions lumineuses.

La lumière parvenue à la surface de la terre, annonce aux animaux qui l'habitent la présence de tous les corps qui les environnent, & leur fait distinguer les matières opaques, transparen-tes & colorées. Ces trois propriétés sont tellement inhérentes à sa présence, que les corps les perdent dans les ténèbres, & qu'il n'est plus possible de les distinguer. La différence de l'o-pacité, de la transparence & de la coloration tient donc, dans les corps qui en jouissent, à la manière diverse dont la lumière les affecte, ou dont elle est elle-même affectée par eux. Un corps n'est transparent que parce que les rayons lumineux le traversent facilement, ce qui dépend sans doute de la forme de ses pores. Comme on trouve la transparence dans les matières les plus dures & les plus pesantes, il faut que la lumière qui les pénètre soit d'une ténuité extrême. En passant à travers ces corps, elle éprouve des réfractions qui sont en raison de leur densité, lorsque ces corps sont de nature pierreuse, saline ou vitreuse, & dont la raison ne suit point la loi de leur densité, si les matières transparentes appartiennent à la classe des corps combustibles. C'est ainsi que l'ambre jaune ou le fuccin tranfparent a une force réfringente beaucoup plus confidérable, qu'un cryftal falin fuppofé d'une denfité égale.

C'eft en examinant les réfractions & les réflexions de la lumière, que le grand Newton eft parvenu à décompofer ou plutôt à difféquer ce corps, & à démontrer que les différens rayons qui compofent chaque faifceau lumineux, étoient teints d'une couleur particulière; jufqu'à lui on n'avoit que des idées fort inexactes & fort obfcures fur la caufe des couleurs. Comme chaque rayon lumineux fuit des loix particulières dans fa réfrangibilité, ainfi que dans fa réflexibilité, en faifant tomber un faifceau de lumière fur l'angle d'un prifme triangulaire de verre, & en faifant tourner ce prifme fur fon axe, les rayons qui conftituent ce faifceau éprouvant une réfraction différente, fe féparent, s'ifolent en paffant à travers le verre, & lorfqu'on en reçoit l'image fur un plan blanchi qu'on oppofe à leur paffage, ils y forment un fpectre ou une bande allongée, peinte des fept couleurs fuivantes en comptant de bas en haut, le rouge, l'orangé, le jaune, le verd, le bleu, le pourpre & le violet.

La furface des corps opaques & diverfement colorés, paroît faire fur la lumière un effet comparable au prifme. C'eft de cet effet que paroît dépendre la diversité des couleurs dont ils brillent à nos yeux. En effet, si tous les rayons lumineux qui frappent un corps opaque, sont réfléchis ensemble & sans séparation de cette surface, ils portent tous leur éclat sur nos yeux, & il en résulte la couleur blanche; si au contraire tous les rayons sont absorbés sans être réfléchis par la surface des corps, ces derniers présentent une ombre très-foncée, dont le contraste avec les objets bien éclairés, constitue la couleur noire ou plutôt l'absence de toute couleur. Enfin, chaque faisceau lumineux étant un composé de sept rayons teints de couleurs diverses, la réfrangibilité différente qui distingue & caractérise chacun d'eux, est la cause que tel corps ne réfléchit que tel rayon, & laisse passer & absorbe tel autre, d'où naît la variété des couleurs. La coloration dépend donc de la nature & de la surface des différens objets, comme la transparence dépend de la forme de leurs pores ; & toutes deux naissent des modifications que la lumière éprouve soit de la surface, soit de l'intérieur des corps sur lesquels elle tombe. Ce que l'on appelle la couleur bleue ou rouge, est produit par la décomposition du faisceau lumineux dont tous les rayons sont absorbés, exceptés le bleu ou le rouge.

Telles font les principales propriétés qui caractérifent la lumière libre ou confidérée comme
l'émiffion du foleil & des étoiles fixes. Mais
doit-on fe borner à la confidérer ainfi libre &
ifolée ? ne doit-il pas en être de ce corps comme de tous ceux que nous connoiffons ? n'o-
béit-il pas comme eux à l'attraction chimique ?
Cette conjecture eft d'autant mieux fondée,
que les effets de la lumière ne paroiffent pas
fe borner aux modifications de fa courfe ou
de fon mouvement produites par la furface des
corps ; en effet, fi les fubftances qu'on expofe
à fon contact ou qu'on tient plongées dans fes
courans, éprouvent quelque altération & changent de nature fans aucune autre caufe connue,
il faut bien que ces changemens foient dus à la
lumière, que ce corps en foit l'agent, & qu'il
les produife par une attraction chimique. Quoique l'art ne foit point encore parvenu à prouver d'une manière pofitive, fi ces altérations
dépendent de la décompofition de la lumière
ou de celle des corps qu'elle altère par fon
contact, ou enfin, de l'une & de l'autre à la
fois, ce qui eft très-vraifemblable, les faits
qui annoncent cette influence font trop nombreux & trop frappans, pour qu'il foit permis
de les oublier. Nous ne préfenterons ici que les
principaux & les plus démontrés, parce que
nous

nous traiterons cet objet plus en détail dans l'histoire de chaque corps naturel.

Depuis long-tems les physiciens ont reconnu l'influence de la lumière dans la végétation ; les cultivateurs ont observé les premiers que les plantes qui croissent à l'ombre sont pâles & sans couleur ; on a donné le nom d'étiolement à ce phénomène , & celui de plantes étiolées aux végétaux qui l'ont éprouvé. L'herbe qui croît sous les pierres est blanche, molle, aqueuse & sans saveur ; les jardiniers savent tirer parti de ce phénomène pour fournir à nos tables des herbes & des légumes blancs & tendres , en liant & comprimant leurs feuilles les unes sur les autres , pour que celles qui sont à l'intérieur soient défendues du contact de la lumière. Plus les rayons du soleil frappent les végétaux, & plus ces derniers acquièrent de couleur ; telle est l'origine de ces matières colorantes , précieuses par le ton & par la solidité , que beaucoup de peuples orientaux retirent des bois, des écorces, des racines, &c. & que l'art le plus industrieux des teinturiers européens ne peut parvenir à imiter.

La couleur n'est pas la seule propriété que les végétaux doivent au contact des rayons lumineux. Ils acquièrent encore de la saveur, de l'odeur, de la combustibilité ; c'est ainsi que

la lumière contribue à la maturité des fruits &
des femences, & que fous le ciel brûlant de
l'Amérique, les végétaux font en général plus
odorans, plus fapides, plus réfineux. C'eft par
cette raifon que les pays chauds femblent être
la partie des parfums, des fruits très-odorans,
des bois de teinture , des réfinès, &c. Enfin
l'action de la lumière eft fi énergique fur l'orga-
nifme végétal , que ces êtres frappés par les
rayons du foleil, verfent par les pores fupérieurs de leurs feuilles, des torrens d'air vital
dans l'atmofphère ; tandis que , privés de l'afpect & du contact immédiat de la lumière de
cet aftre , ils n'exhalent plus qu'une mofète
délétère , ou un véritable acide femblable à celui
que nous retirons de la craïe. Cette importante
découverte due à M. Prieflley, & pouffée
beaucoup plus loin par M. Ingen-Houfze, démontre bien quelle eft la puiffance des rayons
lumineux fur la végétation ; les effets que la
lumière produit en grand fur les végétaux, fe
retrouvent avec la même énergie dans un grand
nombre d'opérations chimiques. Il n'eft pas une
fubftance qui, renfermée dans des vaiffeaux de
verre bien bouchés & expofés au contact des
rayons du foleil, n'éprouve plus ou moins d'altération par ce contact. Ce font fur-tout les acides
minéraux , les oxides ou chaux métalliques, les

La friction opérée entre deux solides, tels que des pierres dures, des morceaux de bois, d'yvoire, des matières métalliques, produit une chaleur qui va souvent jusqu'à l'inflammation, comme tout le monde le fait. La naissance de la chaleur par l'acte de la combinaison n'est pas plus équivoque ; l'union des acides concentrés avec l'eau, la chaux-vive, les alkalis purs, les métaux, en produit une très-forte, & elle va jusqu'à l'inflammrtion entre certains fluides, tels que l'esprit de nitre & les huiles.

Les loix que suit la chaleur en se communiquant d'un corps à l'autre, étoient regardées en physique comme analogues à celles du mouvement, avant les travaux de MM. Wilke à Stokolm, Irwine à Glascow, Crawford & Kirwan à Londres, Lavoisier & de la Place à Paris. Ces savans ont fait voir, par leurs recherches, que rien n'étoit moins connu & plus difficile à connoître que la progression & la communication de la chaleur dans des systêmes de corps inégalement échauffés. Leurs expériences, d'ailleurs très-ingénieuses, ne font point encore assez multipliées ; & ils comptent eux-mêmes encore trop peu sur leurs résultats généraux, pour qu'il soit possible de les regarder comme faisant partie des élémens de la science chimique. Il est cependant très-vraisemblable qu'elles conduiront à une théorie générale applicable à tous les phénomènes de la chimie, puisqu'il n'en eſt aucuns dans leſquels elle ne joue un rôle, ſoit par ſon abſorption, ſoit par ſon dégagement.

Les travaux les plus exaɛts & les plus délicats n'ont encore pu rien apprendre de poſitif ſur la nature de la chaleur, & les chimiſtes ſont partagés, ainſi que les phyſiciens ſur cet objet important. Les uns avec Bacon de Vérulam, penſent que la chaleur n'eſt qu'une modification dont tous les corps naturels ſont ſuſceptibles, qu'elle n'exiſte point par elle-même, & qu'elle ne conſiſte que dans l'oſcillation des petites molécules qui compoſent le tiſſu de tous les êtres. Telle étoit l'opinion adoptée par Macquer. Ces ſavans appuyent leur théorie ſur les faits ſuivans. La chaleur ſuit tous les phénomènes du mouvement, & paroît obéir aux mêmes loix ; elle l'accompagne conſtamment, augmente avec lui, & diminue en même proportion. Si l'on en excepte les différences qu'elle préſente dans ſa communication, ou ſon paſſage de corps à corps, qui ne ſuit pas des loix ſemblables à celles du mouvement, elle offre une analogie frappante avec lui dans toutes ſes autres propriétés ; lorſque la cauſe qui la produit ſe ralentit ou ceſſe entièrement, la chaleur diminue & se dissipe bientôt. Pour faire concevoir cette hypothèse, les physiciens qui l'ont proposée, observent que les corps même les plus denses, sont remplis d'une grande quantité de petites cavités ou de pores, dont le volume peut être beaucoup plus grand que celui de la substance qu'ils environnent & qu'ils renferment. Ces vides permettent à leurs molécules de se mouvoir les unes sur les autres, d'osciller dans tous les sens. Si ces oscillations ne sont point apperçues, c'est qu'elles se font sur des parties extrêmement fines qui échappent à nos sens, comme les vides ou pores y échappent eux-mêmes. Enfin, les savans qui regardent la chaleur comme un mouvement intestin, sont encore fondés sur ce qu'aucune expérience positive ne démontre son existence, sur ce qu'on n'a pu y reconnoître aucune pesanteur, &c.

Plusieurs autres physiciens & quelques chimistes modernes croyent au contraire que la chaleur est un fluide particulier répandu dans tous les corps de la nature, & dont ils sont pénétrés avec plus ou moins d'énergie ; ils distinguent ce fluide dans deux états ; dans celui de combinaison & dans celui de liberté. La première n'est pas sensible à nos organes, ni au thermomètre ; elle repose dans les corps dont elle constitue un des principes ; elle y est dans

un état de compression plus ou moins confidérable ; elle se dégage souvent dans la décomposition, & alors elle passe à l'état de chaleur
libre ; elle devient susceptible d'agir sur les corps
placés dans son atmosphère ; le thermomètre
peut en mesurer la force & en indiquer les
degrés. Comme tous les corps qui passent de
l'état solide à l'état fluide, & de ce dernier à
celui de vapeurs, excitent du froid dans l'atmosphère environnante, ils soupçonnent qu'il
y a une grande quantité de matière de la chaleur absorbée par ces corps, & que lorsqu'au
contraire les substances qui de fluides deviennent concrètes, produisent de la chaleur,
cette dernière est dégagée de ces substances,
& passe de l'état de combinaison à celui de
liberté.

Schéele, persuadé ainsi que Bergman que la
chaleur est un corps existant par lui-même, a
examiné avec beaucoup de soin, les phénomènes qu'elle présente comme agent chimique &
comme susceptible de combinaisons. Il a cru
même pouvoir conclure de ses expériences,
qu'elle est un composé d'air vital, qu'il appelle
air du feu, & de feu fixe ou phlogistique ;
qu'elle ne diffère de la lumière que par la quantité relative de ce dernier principe : mais quelqu'ingénieuses & quelque vraies que soient en

elles-mêmes les recherches auxquelles il s'est livré, les inductions qu'il en a tirées sur la nature & les principes de la chaleur, ne nous ont point paru en découler naturellement, & nous ne penfons pas qu'on puiffe regarder fon analyfe de la chaleur comme démontrée. Quelques phyficiens penfent que la lumière & la chaleur font un même corps, & ne diffèrent que par leur état. Ce corps eft lumière, lorfque fes molécules raffemblées & jouiffant de toute leur attraction, font lancées avec beaucoup de force ; il eft chaleur, lorfque ces mêmes molécules divifées fe meuvent lentement & tendent à l'équilibre. Ils croyent que la chaleur peut devenir lumière, & la lumière chaleur ; cependant on ne peut fe diffimuler que la lumière ne produife fouvent des effets très-différens de ceux de la chaleur, comme cela a lieu dans l'acide nitrique, l'acide muriatique oxigéné, les chaux ou oxides métalliques, les feuilles des végétaux plongées dans l'eau ; tous ces corps donnent de l'air vital ou du gaz oxigène, lorfqu'ils font expofés aux rayons du foleil, & la plupart n'en donnent pas par la feule action de la chaleur. C'eft ainfi que la lumière artificielle de nos feux venant à traverfer les vaiffeaux, change la nature des produits qui s'en dégagent.

Enfin, MM. Lavoifier & de la Place femblent foupçonner que les deux hypothèfes fur
la chaleur, font vraies & ont lieu en même-
tems ; c'eft-à-dire, que la chaleur confifte dans
l'exiftence d'un corps particulier, & dans les
ofcillations inteftines des corps excitées par fa
préfence.

Quelle que foit au refte la nature de la chaleur, les phénomènes qu'elle préfente dans les
combinaifons & les décompofitions chimiques,
n'en font pas moins certains, & ne doivent pas
moins être obfervés avec foin. Un grand nombre de faits ont démontré que ce corps ou cette
modification eft inaltérable en elle - même,
qu'elle ne fe perd point, & c'eft ce qui a porté
MM. Lavoifier & de la Place à préfenter un
axiome ou un principe général fur fon appari-
tion ou fa difparition. Comme ce principe eft
de la plus grande importance pour la théorie
chimique, nous croyons devoir le rapporter
ici.

« Si dans une combinaifon ou dans un chan-
» gement d'état quelconque, il y a une dimi-
» nution de chaleur libre, cette chaleur repa-
» roîtra toute entière, lorfque les fubftances
» reviendront à leur premier état ; & récipro-
» quement, fi dans la combinaifon ou le chan-
» gement d'état, il y a une augmentation de

» chaleur libre, cette nouvelle chaleur difpa-
» roîtra dans le retour des fubftances à leur
» état primitif ».

En généralifant encore plus ce principe, &
en l'étendant à tous les phénomènes de la chaleur, ils l'ont expofé de la manière fuivante.
« Toutes les variations de chaleur, foit réel-
» les, foit apparentes, qu'éprouve un fyftême
» de corps, en changeant d'état, fe reprodui-
» fent dans un ordre inverfe, lorfque le fyf-
» tême revient à fon premier état ».

Pour mefurer la quantité de chaleur abforbée ou dégagée dans les différens phénomènes
chimiques, mefure qui devient aujourd'hui de
la plus grande importance d'après ce que nous
avons expofé, les phyficiens modernes ont
cherché des moyens capables de fuppléer aux
thermomètres dont les échelles n'ont point l'é-
tendue convenable, & dont la marche n'eft
pas auffi certaine qu'on l'avoit cru d'abord.
M. Wilke avoit propofé d'employer la fonte
de la neige par les corps dont il vouloit connoître la chaleur; mais MM. Lavoifier & de la
Place ont trouvé une méthode plus fûre & plus
facile à pratiquer. Elle confifte en général à
expofer les corps qui produifent de la chaleur
par leur combinaifon, après les avoir réduits,
ainfi que le vafe qui les renferme, à la tem-

pérature de 0, dans un vaiffeau entouré de glace, dont la couche intérieure ne peut être fondue que par la chaleur dégagée de ces corps pendant leur union, & à mefurer la quantité de cette chaleur, par celle de l'eau fondue & recueillie avec foin. Ils font auffi parvenus par ce procédé à connoître fûrement la chaleur fpécifique des corps, à mefurer celle qui eft abforbée dans certaines combinaifons, & enfin à déterminer jufqu'à celle qui fe dégage dans la combuftion & la refpiration. La précifion que nous nous fommes impofée, & les longs détails qu'il feroit néceffaire de donner ici pour faire connoître l'inftrument ingénieux imaginé par ces deux favans académiciens, & la manière dont ils s'en fervent pour déterminer la chaleur fpécifique des corps, ainfi que celle qui eft abforbée ou dégagée dans les combinaifons chimiques, nous forcent de renvoyer à leur ouvrage même (1).

Arrêtons-nous encore ici fur le rapport qui paroît exifter dans quelques cas entre la lumière & la chaleur, & fur les différences qui les caractérifent dans les procédés de la nature & de

---

(1) Voyez Mémoire fur la chaleur, lu à l'académie royale des fciences, le 28 juin 1783, par MM. Lavoifier & de la Place, de la même académie.

l'art. De ce que la lumière des rayons du soleil échauffe les corps qu'elle frappe, on ne doit pas en conclure que la lumière & la chaleur soient une seule & même substance; comme il existe au contraire un grand nombre de cas dans lesquels il y a beaucoup de lumière sans chaleur, ainsi que de ceux où l'on rencontre beaucoup de chaleur sans lumière, plusieurs physiciens croyent que la lumière diffère beaucoup de la chaleur. En effet, les phosphores, le diamant, le bois pourri, les matières animales en putréfaction, les insectes & les verres lumineux, les rayons de la lune réfléchis & concentrés par les miroirs métalliques & les lentilles, offrent une lumière très-vive & très éclatante, sans présenter de chaleur sensible ; & tous les corps naturels peuvent être fortement échauffés sans devenir lumineux.

Les rayons solaires ne paroissent produire de la chaleur, que par la percussion des corps sur lesquels ils sont reçus, & par le frottement qu'ils éprouvent de la part de ceux qui s'opposent à leur passage. Si les corps opaques colorés en rouge & particulièrement en noir, s'échauffent plus & sur-tout plus vîte que les surfaces blanches & brillantes, c'est sans doute parce que les rayons éprouvent des réfractions plus fortes, & peut-être même parce qu'ils se combinent avec la fubftance même de ces corps très-colorès, tandis que les furfaces blanches les réfléchiffent plutôt que de les abforber.

Quant à la production de la lumière par la chaleur forte & continuée, comme on l'obferve dans la combuftion des huiles, des bois, des graiffes, dans l'incandefcence des métaux, des pierres, elle tient encore à des caufes qui ne fuppofent en aucune manière une identité entre la lumière & la chaleur. Lorfqu'on chauffe fortement les corps combuftibles, ils finiffent par produire de la flamme qui fupplée à l'abfence des rayons du foleil, & donne naiffance aux mêmes effets. Mais cette lumière, le produit de l'inflammation, pouvoit être contenue, ou dans le corps combuftible, ou dans l'air dont la préfence eft néceffaire à fa production, & rien ne démontre que c'eft la chaleur qui fe change en lumière. L'incandefcence des corps incombuftibles, tels que les pierres dans lefquelles on ne peut point admettre la préfence de la lumière combinée, au moins comme dans les corps combuftibles, a été expliquée d'une manière très-ingénieufe par Macquer. Suivant ce chimifte, elle dépend des vibrations fortes, excitées dans les molécules de ces corps par la chaleur; ces vibrations difpofent les particules de forte que leurs facettes fans ceffe agitées, font comme autant de petits miroirs qui réfléchiffent & lancent directement vers nos yeux les rayons de lumière qui exiftent dans l'air pendant la nuit autant que pendant le jour, & qui ne font infenfibles & ne produifent les ténèbres que parce que leur direction ne fe fait pas fur les organes de la vue. Telles étoient les idées de Macquer & d'un affez grand nombre de phyficiens ; mais des faits mieux obfervés & plus nombreux, fur la différence de chaleur contenue dans chaque corps, fur leur aptitude à l'abforber, fur les attractions électives auxquelles elle paroît obéir, rendent l'opinion de l'exiftence de la chaleur comme corps particulier, beaucoup plus forte que jamais. On penfe qu'il eft fouvent un des principes des corps compofés ; que c'eft le plus léger de tous les corps naturels, & que c'eft pour cela qu'on ne peut pas en reconnoître l'exiftence par la pefanteur. On diftingue deux efpèces de chaleur, ou plutôt on diftingue la chaleur ellemême en deux états différens, dans toutes les fubftances naturelles ; l'une qui eft intimement combinée, & qu'on appelle *chaleur latente* ou *calorique*, parce qu'elle n'y eft pas fenfible ; l'autre qui y eft fimplement difféminée. Celle-ci peut en être chaffée par la feule preffion ou par des moyens mécaniques ; c'eft ainfi que lorfqu'on frappe une barre de fer , & qu'on rapproche fes molécules par le choc , la chaleur s'en échappe , comme l'eau fort d'une éponge humide que l'on preffe. La chaleur vraiment combinée ne fort des corps que par de nouvelles combinaifons chimiques. Toutes les matières folides qui contiennent ces deux efpèces de chaleur, peuvent prendre une plus grande quantité de l'une & de l'autre ; celle qu'on y ajoute en écarte de plus en plus les molécules; fon premier effet eft le ramolliffement du corps folide ; fon fecond, à mefure qu'elle s'accumule, eft la fufion ou la liquéfaction ; fon troifième, toujours lorfque fa quantité augmente , eft la fluidité élaftique ; mais nous traiterons de ces phénomènes dans les deux paragraphes fuivans.

§. III. *De la Raréfaction.*

L'effet le plus frappant que les Phyficiens attribuent au feu , & qui eft conftamment produit par la chaleur , eft la raréfaction. Nous avons déjà fait remarquer que la principale action de la chaleur étoit d'augmenter le volume de tous les corps , fans augmenter leur pefanteur abfolue , & de diminuer au contraire leur pefanteur fpécifique. Cette raréfaction indique l'intromiffion d'une fubftance quelconque dans les petites cavités des corps raréfiés ; cette fubftance .

tance qui eſt la chaleur elle-même, agit comme des coins ou des reſſorts qui ſéparent & éloignent les molécules de ces corps. Si ceux-ci, lorſqu'ils ſont raréfiés par la chaleur, n'ont pas acquis plus de poids, & ſi leur peſanteur ſpécifique eſt moins conſidérable qu'auparavant, c'eſt que la raréfaction ne conſiſte que dans un ſimple écartement des parties du corps chaud, dont les pores ſont alors aggrandis, de manière qu'il contient plus de vide & moins de parties ſolides qu'auparavant dans un eſpace donné ; cet écartement eſt dû à la matière de chaleur, dont le poids eſt nul pour nous.

Si l'on conſidère que les corps raréfiés par la chaleur, éprouvent dans leurs molécules un mouvement inteſtin qui tend à les déſunir & à les ſéparer les unes des autres, & que le froid au contraire les rapproche & les reſſerre les unes contre les autres, on ſera convaincu que la chaleur eſt une force oppoſée à la gravitation des parties des corps les unes ſur les autres, & qu'elle détruit leur attraction particulière ; car il eſt néceſſaire d'obſerver que l'attraction trouvée par Newton a trois modifications, pour ainſi dire, ou trois manières d'être qui méritent d'être bien diſtinguées les unes des autres. Le premier état de l'attraction conſtitue celle qui, combinée avec une première impulſion préexiſtante, retient les planètes dans leurs orbites, & les empêche de s'écarter du foleil vers lequel elles fe précipiteroient fans la force centrifuge imprimée par l'impulfion fuppofée ; on pourroit appeler cette première *attraction planétaire*, pour la diftinguer des deux autres. Le fecond état ou la feconde modification de l'attraction, comprend celle qui fait tendre les corps plongés dans l'atmofphère de notre globe vers fon centre ; c'eft la *gravitation terreftre*. Enfin, la troifième modification de cette force générale appartient à celle par laquelle les diverfes parties d'un corps particulier, d'une pierre, ou de toute autre fubftance compacte, pèfent fur leur centre ; cette dernière donne naiffance à l'aggrégation ; fes différens états ou degrés produifent la *pefanteur fpécifique* ; c'eft celle-ci que la chaleur diminue & tend à détruire, & c'eft en la diminuant qu'elle opère un grand nombre d'effets qui entretiennent les combinaifons, les décompofitions, la végétation, l'animalifation, &c.

Boerhaave, qui a confidéré les effets du feu plutôt en phyficien qu'en chimifte, a établi fur la raréfaction prife en général, trois loix que nous allons examiner.

Première Loi.

Tous les corps sont dilatés par la chaleur.

Quoiqu'il soit vrai en général que presque tous les corps de la nature sont dilatés & raréfiés par la chaleur, il est cependant nécessaire de faire quelques remarques sur ce phénomène. Premièrement, toutes les substances minérales sans exception éprouvent une dilatation & une raréfaction d'autant plus grandes, que la chaleur à laquelle on les expose est plus forte. Cette raréfaction va même jusqu'à détruire entièrement l'aggrégation d'un grand nombre d'entr'elles ; mais si l'on applique cette loi aux matières végétales & animales , elle paroît souffrir quelques exceptions. En effet , une chaleur douce dilate à la vérité leurs fibres, les écarte & diminue la densité de leur tissu., mais par une chaleur brusque & forte , le parchemin, les membranes , les tendons se retirent , se resserrent sur eux-mêmes ; propriété qui paroît tenir à l'irritabilité ou plutôt à la contractilité des fibres animales, pour lesquelles la chaleur semble être un stimulus , tant que leur organisation n'est pas détruite.

SECONDE LOI.

Les corps raréfiés par le feu éprouvent une dilatation dans toutes leurs dimenſions.

Une barre de fer chauffée augmente en longueur & en largeur. Les phyſiciens ont imaginé pluſieurs inſtrumens pour connoître & pour meſurer même cet effet de la raréfaction. Le pyromètre dont l'invention appartient à Muſſchenbroëck, annonce par le mouvement d'une aiguille ſur un cadran, juſqu'à la mille quatre-vingtième partie d'une ligne de dilatation dans les barres métalliques chauffées. Cette ſenſibilité eſt due à la réunion de pluſieurs leviers plus longs les uns que les autres. Le dernier peut faire un aſſez grand chemin, pour mouvoir, à l'aide d'une roue ou d'un rateau, une aiguille dont la marche meſurée ſur le cadran, indique les degrés les plus petits de l'alongement de la barre. Comme le pyromètre n'annonce que l'alongement des barres métalliques, les phyſiciens ſe ſervent d'un cylindre traverſant un anneau de métal quand l'un & l'autre ſont froids; ſi l'on chauffe le cylindre, il ne peut plus paſſer à travers l'anneau, ce qui démontre que les corps ſont dilatés dans leur diamètre comme dans leur longueur.

C'eſt d'après ce phénomène très-connu des chimiſtes, qu'il eſt néceſſaire de laiſſer du jeu aux grilles qui entrent dans les fourneaux, & de ne point trop ſerrer tous les vaiſſeaux qu'on lutte enſemble ; ſans cette précaution on ne pourroit éviter les fractures ni les inconvéniens qui les accompagnent.

TROISIÈME LOI.

La dilatation a lieu en raiſon directe de la rareté ou inverſe de la denſité des corps.

Boerhaave, pour établir cette troiſième loi, n'a comparé l'effet de la chaleur que ſur trois corps ſolides très-différens les uns des autres, tels que du bois, une pierre & un métal ; il avoit obſervé qu'en effet le bois ſe dilatóit le plus, enſuite la pierre, puis le métal, & que la raréfaction ou l'écartement des molécules des corps ſuivoit leur denſité ; il en avoit conclu que plus le tiſſu des corps eſt rare, & plus ils ſe dilatènt, & qu'au contraire plus il eſt denſe, moins ils ſe raréfient. Mais en répétant l'expérience de la raréfaction par la chaleur ſur un grand nombre de corps ſolides différens les uns des autres, M. de Buffon a prouvé que la chaleur les dilate en raiſon de leur altérabilité par le feu ; c'eſt-à-dire, les pierres en raiſon de leur calcinabilité, & les métaux en raison de leur fusibilité. Boerhaave, qui avoit étendu cette loi jusqu'aux fluides, ne l'avoit établie que d'après la dilatation respective de l'air, de l'esprit-de-vin & de l'eau. S'il avoit comparé la raréfaction du mercure à celle de ces premiers fluides, il n'auroit pas généralisé cette loi comme il l'a fait, puisque cette matière métallique, beaucoup plus dense que l'esprit-de-vin & l'eau, se dilate spécifiquement plus que ces deux fluides. Cette expérience prouve que ce n'est ni l'inflammabilité, ni la fusibilité des fluides qui déterminent les degrés ou la vîtesse de leur raréfaction par la chaleur. MM. Bucquet & Lavoisier qui ont fait une longue suite d'expériences sur la dilatation des fluides, & sur la marche de leur raréfaction par la chaleur, n'ont pas pu trouver la cause de la diversité singulière qu'ils y ont observée, & ils se sont contentés de les décrire sans en tirer de résultat.

Outre les loix de la raréfaction que la chaleur produit, & qui ne sont pas encore, à beaucoup près, connues, il est essentiel de savoir, 1°. que les corps, en passant de l'état solide à celui de fluidité produisent toujours du froid, comme les sels en se dissolvant dans l'eau, l'éther qui s'évapore, &c. 2°. que les fluides susceptibles de passer à l'état concret, s'échauffent en devenant solides ; ainsi, l'eau qui se gêle lorsqu'on la tient plongée dans un bain de glace, ne donne jamais un aussi grand degré de froid que l'esprit-de-vin plongé dans le même bain. On conçoit d'après ce qui a été exposé jusqu'ici, que cet effet général dépend de ce qu'un corps qui de solide devient liquide absorbe plus de chaleur qu'il n'en avoit auparavant, tandis que dans la circonstance contraire il en laisse échapper la quantité de chaleur qui le tenoit fondu.

§. IV. *Du Phlogistique de Stahl.*

Beccher, frappé de la propriété qu'ont certains corps de produire du feu, c'est-à-dire, de la chaleur & de la lumière, par le mouvement répété ou par le contact d'autres corps en ignition, avoit imaginé qu'elle dépendoit d'un principe particulier qu'il appeloit terre inflammable. Stahl, qui s'est beaucoup occupé de cette doctrine, a pensé que ce principe étoit le feu pur ou la matière du feu fixée dans les corps combustibles ; il a donné à cet élément ainsi combiné, le nom particulier de *phlogistique* ou *principe inflammable*, pour le distinguer du feu libre ou en action. Ses propriétés sont alors toutes différentes de celles qu'il présente dans son état de liberté, & on ne peut plus le reconnoître à la chaleur & à la lumière qui font les deux indices du feu ; mais il les reprend dès qu'il fe fépare des corps qui le retenoient, & il reparoît avec l'éclat & la chaleur qui l'accompagnent, lorfqu'il eft ifolé & libre. Telle étoit l'idée fimple & grande que Stahl s'étoit formée fur la nature des corps combuftibles en général. Il eft en effet naturel de penfer que des matières qui une fois échauffées ou percutées fortement, prennent feu & continuent à brûler jufqu'à ce qu'elles foient entièrement confumées, doivent cette propriété au feu qu'elles recèlent, & que leur combuftion n'eft autre chofe que le dégagement du feu & fon paffage à l'état de liberté. Tous les corps inflammables contenoient donc, fuivant Stahl, le feu fixé ou combiné qui étoit le principe de leur inflammabilité. D'après cela, il regardoit ce principe comme parfaitement identique dans toutes les fubftances qui le recéloient, de quelque nature qu'elles fuffent, & quelque différence qu'elles préfentaffent. Il fuffifoit qu'elles fuffent combuftibles, pour qu'il y admît la préfence d'une grande quantité de feu fixé ou de phogiftique. Ainfi, le foufre, le charbon, les métaux, les huiles, le phofphore, &c. doivent tous leurs propriétés à la préfence du feu fixé, & s'ils préfentent des différences dans le tiffu, la forme, la couleur, la confiftance, la pefanteur, &c. ces différences dépendent de celles des principes divers auxquels le phlogiſtique eſt uni, car ce dernier eſt toujours le même, & ne peut jamais ceſſer de l'être, à moins qu'il ne quitte ſes combinaiſons, & ne paſſe à l'état de feu libre.

Pour reconnoître les propriétés du feu fixé & dans l'état de phlogiſtique, Stahl a comparé les corps qui le contiennent à ceux dans la compoſition deſquels il ne paroît point entrer; il a obſervé que les premiers ont en général de la couleur, de l'odeur, de la fufibilité, de la volatilité, de la combuſtibilité, tandis que les ſeconds ſont ordinairement incolores, inodores, plus ou moins fixes, infuſibles, & ſur-tout incombuſtibles. Il a également reconnu que les ſubſtances manifeſtement phlogiſtiquées perdoient la plus grande partie de leurs propriétés, lorſqu'on leur enlevoit le phlogiſtique, & qu'on les faiſoit reparoître en le leur reſtituant.

C'eſt ſpécialement ſur le ſoufre & les matières métalliques, qu'il a étendu ſa doctrine, & c'eſt d'après les phénomènes que ces corps préſentent, qu'il l'a le plus ſolidement établie. Les métaux ſont, ſuivant lui, des compoſés de terres particulières & de phlogiſtique; lorſqu'on les calcine, leur phlogiſtique s'en dégage en feu libre, & ils perdent conſéquemment leur fufibilité, leur ductilité & leur inflammabilité. On leur rend ces propriétés en leur reſtituant le phlogiſtique, & en les chauffant avec des huiles, des charbons, & toutes les autres matières qui le contiennent. Le ſoufre eſt formé d'acide ſulfurique & de phlogiſtique, ſa combuſtion conſiſte dans le dégagement de ce dernier principe, & s'il eſt entièrement diſſipé, il ne reſte plus que ſon acide ; lorſqu'on traite cet acide avec le charbon, les huiles, les métaux, il leur enlève leur phlogiſtique & reforme du ſoufre, ou un corps coloré, odorant, fuſible, volatil & inflammable.

Quelque brillante que ſoit cette théorie, il eſt aiſé de concevoir qu'elle eſt ſujette à une grande difficulté ; en effet, Stahl & tous ceux qui l'ont ſuivi n'ont point aſſez ſpécifié ce que c'eſt que le phlogiſtique, ils ſe ſont énoncés d'une manière trop vague & trop obſcure ; Macquer qui a bien ſenti cette difficulté, après avoir long-tems médité ſur la nature du feu & du phlogiſtique, a penſé que la lumière en avoit toutes les propriétés, ſoit en la conſidérant comme libre, agitée & jouiſſant de tous ſes droits, ſoit en la concevant comme principe des corps, & tendant à s'en ſéparer par le mouvement. En préſentant un ſyſtême admis dans les ſciences, il eſt néceſſaire d'en faire connoître en même-tems les difficultés, & d'en indiquer les erreurs. Nous croyons donc devoir expofer ici les objections que l'on fait aujourd'hui à la doctrine de ce grand chimifte, doctrine qui n'a perdu fon éclat, qu'après avoir conftitué une des plus brillantes époques de la chimie.

On peut réduire à trois chefs les principales difficultés qui fe préfentent dans la théorie du phlogiftique. 1°. Les propriétés que Stahl a attribuées à la préfence de ce principe, ne fe rencontrent pas toujours dans les corps où il l'a admis. Le charbon, & en particulier celui des réfines qu'il regarde comme le phlogiftique prefque pur, n'eft ni odorant, ni volatil, ni fufible ; il y a même quelques charbons qui ne font que très-peu combuftibles. Le diamant très-infufible, très-fixe, très-tranfparent, très-inodore, eft peut-être le corps le plus inflammable qui foit connu, puifqu'il brûle en entier & fans réfidu. L'efprit-de-vin, l'éther, plufieurs huiles effentielles n'ont point de couleur.

2°. Souvent les corps, en perdant le phlogiftique, acquièrent des propriétés que Stahl attribuoit ordinairement à fa préfence, & qui étoient même peu énergiques avant qu'il fût diffipé. La plupart des métaux prennent dans leur calcination une couleur beaucoup plus foncée, comme le cobalt, le mercure, le plomb, le fer, le cuivre, &c.

3°. Stahl en s'occupant beaucoup des corps combustibles, d'après la nature desquels il a cherché à fixer celle du phlogistique, n'a presque point fait d'attention à la nécessité de l'air pour la combustion & semble avoir oublié qu'il y contribue essentiellement. C'est d'après cet oubli qu'il n'a pas prévu la plus forte objection qu'on pût lui faire, & qui ne lui a cependant été proposée par aucun chimiste de son tems. Si la combustion n'est que le dégagement du phlogistique, il est clair que c'est une décomposition dans laquelle le corps combustible perd un de ses principes ; or, comment se peut-il faire qu'une substance dont un des principes se dissipe, ait une pesanteur absolue plus considérable après cette perte, qu'elle n'en avoit auparavant ? C'est ainsi que cent livres de plomb donnent cent dix livres de minium ; que le soufre donne plus d'acide sulfurique en poids après sa combustion, qu'il ne pesoit lui-même. C'est encore par cette raison que seize onces d'esprit-de-vin brûlé fournissent dix-huit onces d'eau pure, suivant la belle découverte de M. Lavoisier (1).

____

(1) Séance de l'académie royale des sciences, du 4 septembre 1784.

La force de cette objection, jointe à la difficulté de démontrer la préfence du phlogiftique, ont fait prendre à quelques chimiftes
modernes le parti de nier entièrement fon exiftence. Il ne faut cependant entendre ceci qu'a-
vec quelques reftrictions ; malgré les recherches
immenfes faites depuis quelques années fur les
corps combuftibles & fur la combuftion , on
n'a point encore pu renoncer à la matière du
feu fixée dans les corps , & on a changé fon
nom de phlogiftique en celui de *calorique* ou
de chaleur combinée ; mais ce n'eft point à
cette matière que l'on attribue la propriété combuftible. Sa préfence dans les corps inflammables, n'eft pas ce qui détermine leur inflammabilité.

Depuis que les chimiftes ont cherché à apprécier la néceffité de l'air dans la combuftion,
ils ont fait plufieurs découvertes importantes,
dont la principale eft qu'une portion de l'air
atmofphérique eft abforbée par les corps qui
brûlent, & que c'eft cette partie d'air fixé ou
combiné qui augmente la pefanteur abfolue des
métaux , du foufre , du phofphore , du gaz
inflammable, de l'efprit-de-vin, après leur combuftion. Comme on a auffi découvert que cette
augmentation de pefanteur correfpond parfaitement au poids de l'air abforbé , quelques

chimiftes, à la tête defquels on doit placer MM. Lavoifier & Bucquet, avoient d'abord admis une théorie nouvelle, entièrement fondée fur cette abforption de l'air, & dans laquelle il n'étoit fait aucune mention du phlogiftique. Cette théorie étoit abfolument l'inverfe de celle de Stahl, & elle étoit renfermée en entier dans les quatre principes fuivans.

1°. Les corps phlogiftiqués de Stahl, font, fuivant cette doctrine, des êtres qui ont beaucoup de tendance pour s'unir avec l'air ; tendance qui conftitue en général la combuftibilité.

2°. Toutes les circonftances où Stahl penfoit que le phlogiftique fe dégage, ne préfentent que des combinaifons avec l'air pur : telles font la combuftion, la calcination en général, la refpiration, la formation des acides fulfurique & phofphorique par la combuftion du foufre & du phofphore.

3°. Toutes celles au contraire où le phlogiftique fe combine fuivant la doctrine de Stahl, offrent le dégagement de l'air dans la théorie pneumatique ; telles font la réduction des métaux opérée par la réaction des chaux métalliques & du charbon, la décompofition des acides par les corps combuftibles, & en particu-

lier celle de l'acide fulfurique & de l'acide nitreux par le fer, le charbon, &c.

4°. Tous les corps que Stahl croyoit être
des compofés où le phlogiftique entroit, font
regardés, dans cette théorie, comme des êtres
fimples, qui ont une grande affinité avec l'air
pur, & qui cherchent à s'y combiner toutes les
fois qu'ils font expofés à fon contact; de forte
que toute combuftion, toute inflammation n'eft
qu'une combinaifon de l'air dans le corps
combuftible, & toute opération dans laquelle
un corps eft cenfé reprendre du phlogiftique,
n'eft que le dégagement de l'air pur, ou fon
paffage d'un corps dans un autre.

Cette opinion, qui avoit été adoptée par
Bucquet dans fes derniers Cours, explique, à
la vérité, la plus grande partie des phénomènes de la combuftion, de la calcination, de la
réduction des chaux métalliques; mais elle ne
rend pas entièrement raifon de la flamme produite par les corps combuftibles en ignition,
du mouvement rapide excité dans l'inflammation, & de tous les changemens qui l'accompagnent. Macquer, qui a bien connu toute
l'influence des découvertes modernes fur les
théories chimiques, a penfé qu'elles ne ren-
verfoient point entièrement celle de Stahl, &
il a réuni la doctrine pneumatique que nous

venons d'expofer, avec la théorie du phlogiftique, en regardant ce principe comme la lumière fixée. Après avoir fait voir que la lumière pure, & telle qu'elle eft verfée fur notre
globe par le foleil, peut être regardée comme
la véritable matière du feu, & qu'en la concevant fixée dans les corps, elle conftitue le
phlogiftique de Stahl, il a penfé que, dans toute
combuftion, l'air pur dégage la lumière ou le
phlogiftique des corps combuftibles, il en prend
la place, & qu'on peut regarder, d'après cela,
la calcination des métaux, comme la précipitation de l'air & le dégagement de la lumière.
Lorfqu'au contraire on reftitue le phlogiftique
aux chaux métalliques dans la réduction, la ma-
tiere de la lumière fert, fuivant lui, à féparer
ou à dégager à fon tour l'air qui étoit fixé dans
ces fubftances, & elles repaffent alors à l'état
métallique. Dans cette théorie qui paroiffoit
remplir l'objet que l'auteur s'étoit propofé,
d'accorder la doctrine de Stahl avec celle des
modernes, Macquer penfoit que le phlogiftique
peut s'unir aux corps même dans les vaiffeaux
fermés, puifque la lumière qu'il regardoit comme le véritable phlogiftique, traverfe les vafes
de verre, comme tout le monde le fait, &
pénètre même les vaiffeaux de terre & de métal, lorfqu'ils font échauffés jufqu'au point

d'être

d'être rouges. Schéele a proposé une théorie différente & qui a eu des partisans parmi les chimistes du nord. Il croyoit que le feu, la chaleur, la lumière, étoient des composés d'air vital & de phlogistique ; qu'en traversant les vaisseaux la lumière étoit décomposée ; qu'elle déposoit son phlogistique, & que l'air vital se dégageoit, comme dans la réduction des chaux ou oxides métalliques. Mais cette ingénieuse théorie, à l'aide de laquelle Schéele expliquoit l'influence de la lumière solaire & de la chaleur diversement modifiée, sur un grand nombre de phénomènes chimiques, ne rend pas raison de l'augmentation de poids des métaux, du soufre, du phosphore, &c. après leur combustion.

M. Lavoisier, dont l'opinion doit avoir autant de poids en chimie que ses expériences ont eu d'influence sur ses progrès, a présenté une nouvelle doctrine, que beaucoup de chimistes françois ont adoptée, & qui me paroît être celle de toutes qui explique le mieux les phénomènes de la nature. Il pense que la lumière, la chaleur & tous les grands phénomènes que présentent les corps combustibles dans leur inflammation, dépendent plus de l'air qui favorise cette dernière, que de leur nature propre ; que la flamme qui a lieu dans cette opération,

Tome I.   K

eft plutôt due à la lumière dégagée de l'air pur,
qu'à celle qui eft féparée du corps combuftible.
La décompofition qui a lieu, fuivant Stahl &
Macquer, dans la fubftance inflammable, il
l'attribue à l'air pur qu'il regarde comme un
compofé de la matière du feu & d'un autre
principe dont nous parlerons plus bas, & le feu
fixé dont le dégagement joue le principal rôle,
eft, fuivant lui, féparé de l'air pur plutôt que
du corps combuftible. Nous ne pouvons en dire
davantage ici fur cet ingénieux fyftême ; nous
y infifterons avec plus de détail dans l'hiftoire
de l'air, qui appartient au chapitre fuivant ; nous
nous contenterons de faire obferver que la matière du feu ou de la chaleur, que M. Lavoifier admet dans l'air pur, & dont le dégagement eft, fuivant lui, la caufe de la flamme
éclatante & de la chaleur vive qui accompagnent
la combuftion rapide produite par cet air, joue
à-peu-près le même rôle que le phlogiftique
de Stahl, ou la lumière fixée de Macquer, &
que les chimiftes font tous d'accord fur fon
exiftence ; mais qu'ils diffèrent en ce que les
uns l'admettent dans les corps combuftibles, &
la regardent comme la caufe de l'inflammabilité ; les autres croient qu'elle exifte dans l'air,
& que ce n'eft point elle qui détermine la combuftion. Nous expoferons dans les chapitres

suivans les raisons qui nous font regarder cette dernière opinion comme la plus vraisemblable.

§. V. *Des effets de la Chaleur sur les corps considérés chimiquement.*

On a vu dans le troisième paragraphe, qu'un des principaux effets de la chaleur est de raréfier les corps, d'en augmenter le volume en écartant leurs molécules, & d'en diminuer la pesanteur en aggrandissant leurs pores. Telle est la simple idée physique ou mécanique que nous en avons donnée en parlant de la raréfaction en général ; mais en considérant cette première action de la chaleur avec plus de soin, on reconnoît qu'elle est suivie de plusieurs autres effets très-importans à bien apprécier.

La première & la plus frappante considération chimique qui se présente sur les effets de la chaleur, c'est qu'en écartant les molécules des corps, elle diminue leur aggrégation. Comme la force d'aggrégation & l'attraction de composition sont toujours en raison inverse l'une de l'autre, ainsi que nous l'avons exposé dans le troisième chapitre, il est aisé de concevoir que la chaleur favorise singulièrement la combinaison, en détruisant l'aggrégation. Cette propriété a fait regarder le feu comme le principal agent des chimistes, & ils se font eux-mêmes qualifiés du titre de philosophes par le feu. On verra cependant par la suite qu'on s'en sert aujourd'hui beaucoup moins qu'on ne le faisoit autrefois.

L'action de la chaleur, considérée sous ce point de vue, c'est-à-dire, comme tendante à détruire l'aggrégation & à favoriser la combinaison, paroît être modifiée de quatre manières, suivant les corps sur lesquels elle exerce sa puissance.

1°. Il est des corps qu'elle n'altère en aucune façon, & qu'elle ne fait que dilater. Les substances de cette nature sont inaltérables & *apyres* ; c'est ainsi que le cristal de roche exposé au feu le plus fort & le plus long-tems soutenu, n'éprouve aucune altération, ne perd rien de sa dureté, de sa transparence, & sort de cette épreuve aussi dense & aussi beau qu'il étoit auparavant. Il n'y a que très-peu de matières aussi peu altérables que celle-là.

2°. La chaleur détruit entièrement l'aggrégation de beaucoup de corps, & les fait passer de l'état solide à l'état fluide. Ce phénomène se nomme *fusion* ; les corps qui l'éprouvent sont appelés *fusibles*. Il y a différens degrés de fusibilité, depuis celle de la platine qui est extrêmement difficile à fondre, jusqu'à celle du mercure qui eſt toujours fluide. Cette fuſibilité pouſſée à l'extrême, eſt la volatiliſation. Un corps ſe volatiliſe ou ſe répand dans l'atmoſphère, lorſque de l'état de liquide il paſſe, par une grande raréfaction, à celui de fluide élaſtique. Alors entraîné & ſoulevé par ſa chaleur, il s'élève dans l'air atmoſphérique, & il y reſte ſuſpendu ou diſſous, juſqu'à ce qu'il acquière plus de denſité & de peſanteur par le froid. On nomme *volatils* les corps ſuſceptibles de cette propriété. Ceux qui n'en jouiſſent point ſont appelés *fixes* par oppoſition. Il y a beaucoup de degrés entre la fixité & la volatilité; il paroit même qu'on ne peut ſuppoſer aucun corps abſolument fixe, & que pluſieurs ne le paroiſſent que parce que nous n'avons pas de chaleur aſſez forte en notre pouvoir, pour leur faire éprouver ce changement d'état. La même réflexion doit être faite ſur l'infuſibilité; il n'en eſt point d'abſolue. Si l'on ne parvient point à fondre le criſtal de roche, c'eſt parce que nous ne pouvons point lui appliquer un aſſez grand degré de chaleur. Lors donc que nous parlons de l'infuſibilité ou de la fixité de certains corps, cela ne doit s'entendre que des propriétés relatives, en les conſidérant dans l'enſemble des êtres que nous connoiſſons, & relativement au feu qu'il eſt en notre pouvoir de produire.

Il faut bien diſtinguer cette volatilité eſſentielle de celle qui n'eſt qu'apparente & qui n'a lieu qu'en raiſon du mouvement communiqué par le courant de la flamme ou des vapeurs ; c'eſt ainſi, par exemple, que le zinc calciné eſt enlevé par la rapidité de la flamme excitée pendant ſa combuſtion.

3°. Lorſque la chaleur agit ſur des corps compoſés de deux principes, dont l'un eſt volatil & l'autre fixe, elle les ſépare ſouvent en volatiliſant le premier ; ces corps ſont dé-compoſés, mais ſans altération, de ſorte que l'on peut les recompoſer ou les faire reparoître avec toutes leurs propriétés, en uniſſant les deux principes ſéparés ; cette ſéparation de principes conſtitue une analyſe vraie ou ſimple. Le feu appliqué aux corps compoſés de deux ſubſtan-ces dont les propriétés ſont très-différentes rela-tivement à la volatilité, réduit en vapeurs celle qui eſt volatile, & laiſſe intacte celle qui eſt fixe. Mais pour que cette analyſe vraie ait lieu, il faut que la ſubſtance volatile & la ſubſtance fixe du compoſé ſoient l'une & l'autre également inaltérables par la chaleur qu'on leur ap-plique, ou qu'on ne leur donne que le degré de feu convenable pour ne point en changer entièrement les propriétés. Alors la matière vo-latiliſée n'ayant pas ſubi plus d'altération que la substance fixe, on pourra les unir ensemble & reproduire le corps composé tel qu'il étoit avant sa décomposition ; ce qui indique que l'on a fait une analyse simple ou vraie. Comme il est rare qu'un corps ne soit composé que de deux substances, l'une volatile & l'autre fixe, comme il est souvent très-difficile, & quelquefois même impossible, de n'appliquer que le degré de chaleur convenable pour volatiliser l'une sans altération, & laisser l'autre intacte, on conçoit que le nombre des corps sur lesquels la chaleur agit de cette manière est très-petit. Telle est la raison pour laquelle les chimistes font aujourd'hui beaucoup moins de cas qu'autrefois de l'action du feu. Les substances sur lesquelles la chaleur produit l'effet qui nous occupe font *décomposables sans altération.* Quelques matières minérales, telles que des sels cristallisés, des dissolutions de sels neutres, appartiennent à cette classe.

4°. Si les corps que l'on expose au feu font composés de plusieurs principes volatils & fixes, les principes volatilisés s'unissent ensemble, les fixes se combinent également entr'eux, & il résulte de cette opération une décomposition telle, que les produits réunis de nouveau avec les résidus, ne peuvent plus reformer les premiers composés. C'est alors une analyse fausse

ou compliquée. Les corps fur lefquels la chaleur agit de cette manière, font *décompofables
avec altération.*

Le plus grand nombre des fubftances naturelles font de cette claffe ; leur ordre de compofition eft trop multiplié, elles font compofées d'un
trop grand nombre de principes pour que la chaleur puiffe en opérer la féparation fans les altérer.
Comme la force d'affinité de compofition exifte
dans tous les corps, comme elle eft même fa-
vorifée par la chaleur, à mefure que quelques
principes d'un compofé de cette nature font
volatilifés par l'action du feu, ils réagiffent les
uns fur les autres, ils s'uniffent & forment un
autre ordre de combinaifon que celui qui exiftoit
auparavant ; la même union a lieu entre les
principes fixes qui fe combinent autrement qu'ils
ne l'étoient auparavant. C'eft ainfi que lorfqu'on
chauffe un bois, une écorce ou une matière
végétale quelconque, la matière huileufe & le
charbon qui en font des principes décompofent
une partie de l'eau qui y eft contenue, &
forment un acide, des fluides élaftiques, une
huile brune qui n'exiftoient pas tels dans le
bois, &c. Tout eft donc altéré dans cette action
de la chaleur ; les phénomènes qu'elle préfente
annoncent donc une analyfe fauffe, compliquée, dont les réfultats induiroient les chimiftes

en erreur, s'ils n'étoient prévenus de leur incertitude & de leur insuffisance. Il est certain que l'art ne peut point reproduire le bois ou l'écorce traitée de cette manière, en mêlant ensemble le phlegme, l'huile, l'acide, le charbon obtenus dans cette analyse, & que les principes qu'elle fournit, ont subi de grandes altérations. Malheureusement les corps susceptibles d'être ainsi altérés par le feu, sont les plus nombreux de tous. Toutes les matières animales & végétales, une grande quantité de substances minérales appartiennent à cette classe ; mais les découvertes modernes pourront faire déterminer la vraie nature des principes qui constituent ces matières, d'après ceux qui se dégagent.

Nous n'avons parlé jusqu'ici que des effets d'une chaleur forte, & telle qu'on l'administre communément dans les différentes opérations de l'art ; mais une chaleur douce & long-tems continuée dans les opérations de la nature, donne naissance à une foule de phénomènes importans que la chimie doit apprécier. Les vibrations & les oscillations excitées par sa présence dans les molécules solides des corps, la raréfaction & l'agitation produites dans leurs parties fluides, y entretiennent un mouvement intestin & continuel, qui change peu-à-peu la forme, la dimenfion, le tiffu des premières, & qui altère fenfiblement la confiftance, la couleur, la faveur, en un mot, la nature intime des fecondes. Telle eft l'idée générale qu'il faut fe former de l'exiftence & du pouvoir de tous les phénomènes chimiques qui ont lieu dans les corps naturels, de la décompofition & de la recompofition fpontanées des minéraux, de la criftallifation, de la diffolution, de la formation des fels, de la vitrification, de la métallifation, de la vitriolifation, & de la minéralifation qui ont lieu dans l'intérieur du globe. C'eft à cet agent puiffant qu'il faut également avoir recours pour concevoir les altérations phyfiques dont les corps des végétaux & des animaux font fufceptibles, le mouvement de la sève, la fermentation douce qui produit la maturation, la formation des huiles, de l'efprit recteur, des mucilages, du principe colorant; la compofition des humeurs animales, leur décompofition, leurs changemens réciproques, la putréfaction. Tous ces grands phénomènes tiennent plus ou moins aux opérations chimiques, & la chaleur répandue fur le globe y préfide. Il fuffit pour le moment d'avoir jetté un coup-d'œil général fur cette fource commune du mouvement, de la vie & de la mort; il fuffit d'avoir préfenté l'efquiffe légère de ce grand

tableau ; nous essaierons par la suite d'en dessi-
ner les traits avec plus de précision & d'exactitude.

Ces effets si variés de la chaleur, étant dus
à l'écartement qu'elle produit entre les molécules, considérons encore ce premier effet,
& tâchons d'en apprécier toute l'influence.

L'eau en glace est ramollie par un certain
degré de chaleur, fondue & rendue coulante
par un plus grand degré, & enfin plus fondue,
pour ainsi dire, ou réduite en vapeurs ou en
fluide élastique, par un degré encore plus
grand ; de sorte qu'on pourroit dire que la
vapeur d'eau contient trois principales sommes
de chaleur ; celle qui la constitue glace de telle
densité, celle qui la met dans l'état de liquide
à telle raréfaction, & enfin, celle qui la tient
fondue en fluide élastique.

En appliquant cette théorie générale à tous
les corps de la nature, il n'en est aucun qu'on
ne puisse concevoir susceptible de passer par
tous ces états, à l'aide d'une chaleur suffisante ;
& ils ne paroîtront différer les uns des autres,
eu égard à cette propriété, qu'en raison de la
quantité de chaleur nécessaire pour les mettre
chacun dans cet état ; ainsi, c'est faute de chaleur suffisante, qu'on ne peut ni fondre ni réduire en vapeurs le cristal de roche, & il n'est

pas plus difficile d'en concevoir la possibilité, qu'il ne l'est de concevoir que le fluide le plus habituellement élastique comme l'air, peut acquérir une grande solidité, comme cela lui arrive dans plusieurs combinaisons.

Il est aisé d'expliquer, d'après ces principes, la formation des fluides élastiques, qui se dégagent dans un grand nombre d'opérations de la nature & de l'art. Elle a lieu toutes les fois qu'un corps reçoit & absorbe assez de chaleur pour passer à cet état de divisibilité qui constitue la fluidité aériforme. Tous les fluides qui jouissent de cette propriété, la doivent donc à la matière de la chaleur ; mais il faut aussi que la pression des corps ambians, & sur-tout de l'air, ne s'oppose pas à cette extrême dilatation, ou que celle-ci soit arrivée au point de vaincre l'obstacle que lui oppose le pesanteur de l'air. De-là un corps plus ou moins voisin de la fluidité élastique, pourra y arriver tout-à-coup, si le poids ou la pression de l'atmosphère est soustraite, comme cela a lieu dans le vide. De-là l'évaporation plus forte & plus rapide sur les hautes montagnes. De-là la nécessité d'indiquer exactement dans le détail des expériences, à quelle pression tel corps a pris la forme de fluide élastique, ou laquelle au moins peut l'y maintenir ; car on doit encore

obferver que tous les corps fufceptibles de
prendre plus ou moins facilement cette efpèce
de fluidité vaporeufe ou élaftique, ne la confervent pas également, & qu'il exifte à cet égard
des différences fi grandes entr'eux, qu'on les a
diftingués en permanens & non permanens. Les
premiers reftent fluides élaftiques pendant très-
long-tems, & jufqu'à ce qu'une combinaifon
leur enlève la matière de la chaleur qui les
tient dans cet état; les feconds, qu'on peut
défigner par le nom de vapeurs, perdent la
fluidité élaftique par une preffion ou par un
réfroidiffement faciles à déterminer, & fe laiffent enlever par tous les corps environnans la
matière de la chaleur qui les conftituoit fluides
aériformes. Tels font l'eau, l'alcohol ou l'efprit-
de-vin & l'éther ; ces trois fluides fe réduifent
en vapeurs, & confervent leur état aériforme,
le baromètre étant à 28 pouces, l'eau à 80
degrés du thermomètre de Réaumur, l'efprit-
de-vin à 66, & l'éther à 32, &c. On voit donc
1°. que l'état de fluide élaftique eft une manière
d'être des corps, due à la chaleur combinée;
2°. que tout fluide élaftique eft un compofé
d'une bafe plus ou moins folide, & de la ma-.
tière de la chaleur ; 3°. que chacune de ces
bafes exige plus ou moins de chaleur pour être
fondue en état de vapeur ou de fluide élafti-

que, & que c'eſt ſans doute en raiſon de ces propriétés que tous les fluides élaſtiques préſentent des différences dans leur peſanteur, leur reſſort, &c.

M. Lavoiſier a expoſé cette théorie d'une manière très-lumineuſe dans un Mémoire imprimé parmi ceux de l'académie en 1777.

Quoique nous ayons diſtingué les fluides élaſtiques en permanens & non permanens ; il faut obſerver que cette diſtinction n'exiſte point réellement dans la nature ; qu'elle n'eſt relative qu'à l'état de chaleur & de preſſion moyennes que nous avons dans nos climats, & ſur le plus grand nombre des points de notre globe, & que ſi le froid & la preſſion étoient conſidérables, les fluides reconnus actuellement pour les plus permanens, ceſſeroient bientôt de l'être ; ainſi, par une raiſon inverſe, l'éther & l'eſprit-de-vin ſeroient des fluides élaſtiques permanens à une certaine hauteur de l'atmoſphère, ou à la température élevée de quelques climats ſitués ſous l'équateur, &c.

Comme la matière de la chaleur qui contribue à la formation des fluides élaſtiques permanens, y eſt intimement combinée ou *latente*, & qu'elle ne devient ſenſible que lorſque ces corps perdent cette fluidité en ſe combinant avec d'autres ſubſtances, nous avons cherché une expreſſion qui pût rendre cet état de combinaiſon dans la chaleur; nous avons adopté le mot *calorique*, parce qu'en effet quand ce corps eſt fixé, il n'eſt plus chaleur, & il ne le devient que lorſqu'il eſt mis en liberté. Cette dénomination évite d'ailleurs les périphraſes de matière de la chaleur, ou chaleur latente, qui avoient été les expreſſions reçues juſqu'actuellement. Le refroidiſſement ou le paſſage de la chaleur à l'état de calorique, l'échauffement ou le paſſage du calorique à l'état de chaleur, tiennent à la loi générale que nous avons établie, que tous les corps qui prennent plus de denſité, laiſſent exhaler de la chaleur; ainſi, toutes les fois qu'un fluide aériforme ou qu'un gaz ſe combine de manière à devenir liquide ou ſolide, il perd une grande partie de ſa matière de la chaleur; & pour le faire paſſer à cet état de denſité, il faut lui préſenter un corps qui ait plus d'affinité avec ſa baſe que celle-ci n'en a avec la chaleur; telle eſt en général la cauſe de la fixation des fluides élaſtiques, & la manière de concevoir qu'ils perdent cette forme en ſe fixant dans les corps liquides ou ſolides. On obſervera encore que chacun de ces fluides perd ou laiſſe dégager des quantités diverſes de chaleur, ſuivant qu'il devient plus ou moins ſolide dans ſa nouvelle

combinaifon , ou fuivant que celle-ci eft fufceptible de retenir ou de conferver plus ou
moins de chaleur fpécifique. Cette obfervation
explique la différence des combuftions relativement à leur rapidité , à la chaleur ou à la
flamme qui les accompagne , à l'état plus ou
moins folide ou denfe du réfidu , &c. phénomènes dont il fera queftion dans le chapitre
fuivant.

Enfin , fi la preffion & le froid font les deux
moyens de condenfer tous les corps réduits en
fluides élaftiques , peut-être pourra-t-on parvenir , en employant l'une & l'autre très-forts,
à leur faire perdre l'état de gaz , & à obtenir
les bafes féparées & pures , en chaffant la matière de la chaleur qui les tient fondues. On
fauroit par ce moyen quelles font les bafes de
l'air vital , du gaz azotique ou de la mofète , du
gaz hydrogène , &c. Cela a déjà été fait avec
fuccès pour le gaz acide fulfureux , que M.
Monge a rendu liquide par un grand froid.

§. V I. *De la Chaleur confidérée comme agent
chimique, & des différens moyens de l'appliquer aux corps.*

Les diverfes altérations que la chaleur fait
éprouver aux corps , font employées par les
chimiftes

chimiſtes pour parvenir, ſoit à décompoſer, ſoit à combiner les différens produits naturels. La première attention qu'ils doivent avoir, c'eſt de meſurer exactement les degrés de chaleur néceſſaires pour opérer les changemens dont les matières qu'ils traitent ſont ſuſceptibles. Ils en reconnoiſſent en général deux claſſes ; la première comprend les degrés de chaleur au-deſſous de l'eau bouillante, & la ſeconde renferme ceux qui ſont au-deſſus. L'échelle du thermomètre ſert à diſtinguer les uns ; quant aux autres, on ne les détermine que d'après la fuſibilité connue de différentes ſubſtances.

Degrés de chaleur, inférieurs à l'eau bouillante.

Le premier degré s'étend de cinq à dix au-deſſus de o, du thermomètre de Réaumur: cette chaleur favoriſe la putréfaction, la végétation, l'évaporation lente, &c. On ne s'en ſert point communément dans les opérations de chimie, parce qu'elle n'eſt pas aſſez conſidérable ; elle a lieu cependant dans quelques macérations que l'on fait l'hiver. Elle eſt auſſi utile pour la criſtalliſation des diſſolutions ſalines, que l'on porte après une évaporation convenable, dans des lieux dont la température eſt de 10 degrés, tels que les caves.

Tome I.   L

Le second degré, fixé à quinze jufqu'à vingt, continue à entretenir la putréfaction. Il excite la fermentation fpiritueufe dans les liquides fucrés. Il facilite l'évaporation, la criftallifation lente. C'eft celui qui règne ordinairement dans les pays tempérés. On le met en ufage pour les macérations, les diffolutions falines, les fermentations, &c.

Le troifième degré s'étend de vingt-cinq à trente ; la fermentation acide ou acéteufe s'établit dans les végétaux, l'exficcation des plantes s'y pratique avec fuccès. On s'en fert pour quelques diffolutions falines & pour des fermentations.

Le quatrième degré, porté à quarante-cinq, eft appelé degré moyen de l'eau bouillante, c'eft celui que prennent les vaiffeaux appelés *bain-marie*. Il déforganife les matières animales, volatilife la partie la plus tenue des huiles effentielles, & fur-tout l'efprit recteur. On l'emploie pour la diftillation des matières végétales & animales dont on veut retirer le principe odorant & le phlegme.

La chaleur de l'eau bouillante ou le 80ᵉ degré, fert dans les décoctions, l'extraction des huiles effentielles, &c.

Degrés de chaleur au-dessus de l'eau bouillante.

Le premier degré rougit le verre, brûle les matières organisées, fond le soufre.

Le second degré fond les métaux mous, tels que le plomb, l'étain, le bismuth & les verres fusibles.

Le troisième degré produit la fusion des métaux d'une moyenne dureté, comme le zinc, le régule d'antimoine, l'argent & l'or.

Le quatrième degré cuit la porcelaine, fond les métaux réfractaires, le cobalt, le cuivre, le fer, &c.

Le dernier degré & le plus fort de tous, existe dans le foyer du verre ardent. Cette chaleur extrême calcine, brûle & vitrifie en un instant tous les corps qui en font fusceptibles. On excite une chaleur femblable, en versant fur un charbon de l'air vital ou gaz oxigène, à l'aide d'un soufflet ou d'un chalumeau. **M.** Monge penfe qu'en préfentant aux corps combustibles enflammés dans les fourneaux, de l'air atmofphérique comprimé, on produira un effet femblable à celui qu'excite l'air vital. Ce procédé pourra être appliqué quelque jour aux travaux en grand.

Quoique ces degrés, fupérieurs à celui de l'eau bouillante, foient déterminés par des phénómènes bien connus des chimistes, leur mefuré n'a cependant pas toute la précifion qu'on peut y defirer. Il étoit donc de la plus grande importance d'avoir un inftrument capable d'indiquer avec exactitude les degrés de chaleur employés dans ces opérations. M. Wedgwood a conftruit en Angleterre un thermomètre de cette nature ; il eft formé de petits morceaux d'argile d'un demi-pouce de diamètre. Ces pièces contractées par la chaleur, avancent plus ou moins entre deux règles de cuivre convergentes l'une vers l'autre, fur une plaque du même métal, & défignent ainfi par l'échelle tracée fur ces règles, le degré de contraction & conféquemment de chaleur qu'elles ont éprouvé. (*Jour. de Ph. an.* 1787.

La chaleur dont on a befoin dans les opérations de chimie, eft produite par la combuftion du charbon de bois ou du charbon de terre. On fe fert pour cela de fourneaux qui ont différentes formes & différens noms, fuivant leur ufage ; tels font les fourneaux de digeftion, de fufion, de réverbère, le fourneau à foufflet, celui de coupelle. Souvent un feul fourneau fait avec foin, peut remplacer tous ceux-là, & alors on l'appelle fourneau Polychrefte. On peut confulter fur cet objet le Dictionnaire de chimie de Macquer, qui a imaginé un fourneau particulier très-bon & très-utile, la Chimie de M. Baumé, la Lithogéognofie de Pott, le Journal de Physique de M. l'abbé Rozier, dans lequel on trouvera la description de plusieurs fourneaux proposés par différens chimistes. On emploie aussi quelquefois la flamme de l'huile ou de l'esprit-de-vin, dans des fourneaux de lampe appropriés à cet usage.

La manière dont le feu est appliqué aux corps dans les divers procédés chimiques, mérite aussi quelques considérations. Si c'est sur la matière combustible même qu'est appliquée la substance chauffée, on opère alors à feu nud. Souvent on met un corps quelconque entre le feu & la matière qu'on y expose; de-là les dénominations de bain-marie, bain de sable, bain de fumier, bain de cendres.

La forme des vaisseaux qu'on emploie pour traiter les corps par le feu, les différens phénomènes que ces corps présentent par l'action de la chaleur, ont fait distinguer un assez grand nombre d'opérations, qui portent des noms particuliers. Telles sont le grillage, la calcination, la fusion, la réduction, la vitrification, la coupellation, la cémentation, la stratification, la détonation, la décrépitation, la fulmination, la sublimation, l'évaporation, la distillation, la rectification, la concentration, la digestion, l'infusion, la décoction, la lixiviation. Chacune de ces opérations qui se fait à l'aide du feu, conftitue la pratique de la chimie , & nous allons les faire connoître en abrégé.

Le grillage eft un procédé par lequel on divife les matières minérales , on volatilife quelques-uns de leurs principes , on change plus ou moins leur nature , & on les difpofe à fubir d'autres opérations dont on peut le regarder comme le préliminaire. On le fait fubir aux mines pour en féparer le foufre , l'arfenic , & pour en divifer les molécules. C'eft dans des capfules de terre ou de fer , dans des creufets , dans des têts à rotir , & le plus fouvent avec le contaċt de l'air , que l'on grille les matières minérales ; quelquefois on les grille dans des vaiffeaux fermés , on fe fert alors de deux creufets placés l'un fur l'autre.

La calcination eft , pour ainfi dire , un grillage plus avancé ; ainfi on enlève aux minéraux l'eau & les fels. On réduit les matières calcaires à l'état de chaux - vive , & les métaux à celui d'oxides métalliques. On emploie les mêmes vaiffeaux que dans le grillage.

Par la fufion on fait paffer un corps folide à l'état fluide par le feu. Les fels , le foufre , les métaux font les principaux fujets de cette opération ; des creufets d'argile cuite , de porcelaine , de grès groffier , de fer & de platine , des tutes ou creufets renflés dans leur milieu &

terminés par une patte, des cônes, des lingotières conflituent l'appareil des vaiffeaux néceffaires à cette opération. Ils déterminent la forme des matières fondues, coulées & refroidies en culots, en lingots, en boutons.

Dans la réduction ou revivification, on reftitue aux chaux des métaux, à l'aide du feu & du charbon ou des huiles, l'état métallique perdu par la calcination.

La vitrification eft la fufion des matières fufceptibles de prendre l'éclat, la tranfparence & la dureté du verre. Les terres vitrifiables avec les alkalis & les oxides métalliques, y font principalement foumis.

La coupellation eft la purification des métaux parfaits, & l'extraction des métaux imparfaits, qui les altèrent par le moyen du plomb dont la vitrification entraîne celle de ces derniers, fans altérer les premiers. Le nom de cette opération vient de celui des vaiffeaux qu'on y emploie. Ce font des efpèces de creufets plats, femblables à des petites coupes que l'on appelle *coupelles*, & dont la matière qui eft la terre des os, eft affez poreufe pour abforber & retenir le plomb fcorifié par la chaleur.

On donne le nom de *cement* aux fubftances en poudre, dans lefquelles on renferme exactement certains corps que l'on veut foumettre à

l'action de ces fubftances. C'eft ainfi qu'on entoure le fer de charbon en poudre, pour le
convertir en acier, le verre de plâtre ou de filex
pour le changer en une efpèce de porcelaine.
La cémentation eft le procédé lui - même qui
demande le concours d'un feu quelquefois très-
fort.

La ftratification eft une opération à-peu-près
femblable à la précédente; elle confifte à arran-
ger dans un creufet ou dans un autre vaiffeau
capable de réfifter à l'action du feu, diverfes
fubftances folides & le plus fouvent applaties
en lames, avec des matières pulvérulentes def-
tinées à altérer les premières, & à en changer
la nature. La forme & la difpofition de ces matières par lits ou par couches, *ftrata fuper ftrata*, a fait adopter le mot de ftratification. C'eft
ainfi qu'on traite le cuivre, l'argent avec le
foufre, pour les combiner. Elle rentre dans la
claffe de la fufion, de la calcination, de la
vitrification, &c. & n'en diffère que par l'arrangement particulier des fubftances qu'on y traite.

La détonation eft particulière au nitre & à tous
les mêlanges où il entre; elle confifte dans le
bruit plus ou moins fort que font entendre ces
mélanges chauffés fubitement ou lentement &
par degrés dans des vaiffeaux ouverts ou fermés.
La décrépitation qui ne diffère de la détonation

que par le bruit léger ou l'efpèce de pétillement qu'elle préfente, eft particulière à quelques fels dont l'eau de la criftallifation s'échappant rapidement par la chaleur, brife avec éclat les molécules criftallines ; c'eft dans le fel ordinaire ou muriate de foude, qu'on l'obferve particulièrement. La fulmination eft une détonation vive & fubite ; elle exifte dans l'or fulminant, la poudre fulminante, la combuftion du gaz inflammable & de l'air vital, &c.

On appelle fublimation, l'opération par laquelle on volatilife à l'aide du feu des matières sèches, folides & fouvent criftallifées. Les vaiffeaux fublimatoires employés pour cela, font des terrines de terre verniffées, des cucurbites de terre recouvertes de chapiteaux de verre, des pots de terre ou de fayance ajuftés les uns fur les autres, & nommés *aludels*, des matras, &c. Le foufre, l'arfenic, le cinnabre & beaucoup de préparations mercurielles, quelques matières végétales, & en particulier le camphre, les fleurs de benjoin, font les fubftances dont on opère communément la fublimation.

L'évaporation eft l'action de la chaleur fur les liquides, dans l'intention d'en diminuer la fluidité, la quantité, & d'obtenir feuls les corps fixes qui y font diffous. C'eft ainfi qu'on évapore l'eau de la mer & des fontaines falées pour en retirer le fel. Cette opération fe fait dans des capfules, des terrines, des évaporatoires de terre, de verre, & des baffines d'argent, fuivant la nature des liquides qu'on évapore. On évapore à feu ouvert ou avec le contact de l'air, afin que l'eau qui eft le corps qu'on defire féparer & volatilifer, fe répande dans l'atmofphère, que l'air lui-même facilite la volatilifation de ce fluide par la propriété qu'il a de le diffoudre.

La diftillation eft une opération à-peu-près femblable, que l'on fait dans des vaiffeaux fermés. On l'emploie pour féparer les principes volatils des principes fixes, par le moyen du feu. Les vaiffeaux diftillatoires font des alambics ou des cornues. Les premiers confiftent en un vaiffeau inférieur appelé *cucurbite*, deftiné à contenir la matière que l'on veut diftiller, & auquel eft ajufté à la partie fupérieure un chapiteau, dont l'ufage eft de recevoir le corps volatilifé, de le condenfer en raifon de fa température refroidie par le contact de l'air, ou de l'eau qui l'environne; dans ce dernier cas, le vafe qui entoure le chapiteau, & qui contient l'eau deftinée à rafraîchir les vapeurs, s'appelle *réfrigérant*. Le chapiteau fe termine à fa partie inférieure par un rebord ou goutière dont l'obliquité bien ménagée conduit à un canal qui reçoit la vapeur condenfée en liquide, & la porte dans d'autres vaiffeaux ordinairement fphériques, que l'on appelle *récipiens*. Ces récipiens ont différens noms d'après leur forme : on les appelle matras, ballons, &c. Les cornues font des efpèces de bouteilles de verre, de grès ou de métal, de figure conique, dont l'extrémité eft recourbée, & fait un angle plus ou moins aigu avec le corps ; telle eft la raifon de la dénomination de cornues ou retortes. On a diftingué mal-à-propos, la diftillation en trois efpèces, favoir la diftillation afcendante, *per afcenfum* ; la diftillation defcendante, *per defcenfum*, & la diftillation latérale, *per latus*. Ce n'eft que la forme extérieure des vaiffeaux qui a paru autorifer cette diftinction. La matière volatilifée tend toujours à monter ; mais la diftillation que l'on fait dans les alambics de verre ou de métal, a reçu le nom particulier d'afcendante, parce que le chapiteau eft au-deffus de la cucurbite, & que les vapeurs montent fenfiblement. Celle que l'on fait dans des cornues, a été appelée *latérale*, parce que le bec ou le col de ce vaiffeau femble fortir du côté de l'appareil, quoique la voûte de la cornue foit plus haute que fon col, & que les vapeurs n'y paffent qu'après avoir été condenfées par le froid extérieur dans la partie la plus haute ou la voûte. Quant à la diftillation defcendante, c'eft une très-mauvaife opération, qu'on n'emploie plus du tout, parce qu'elle donne des produits en mauvais état, & parce qu'elle en fait perdre la plus grande partie. Elle fe faifoit en chauffant fur une toile étendue au-deffus d'un verre à patte, une matière végétale, que l'on recouvroit d'un plateau de balance, ou d'une capfule de métal dans laquelle on mettoit du charbon. On diftilloit ainfi dans les anciennes pharmacies & dans les parfumeries, le gérofle & quelques drogues odorantes pour en avoir l'huile effentielle. Ce produit paffoit à travers le linge & tomboit dans le verre qu'on rempliffoit à moitié d'eau pour refroidir l'huile; mais on perdoit la plus grande partie de cette effence qui s'échappoit entre le linge & le plateau métallique. Une diftinction plus utile pour la diftillation, eft relative à la manière dont on chauffe les corps qu'on diftille. Elle fe fait ou au bain-marie, en plongeant la cucurbite dans l'eau bouillante, ou au bain de vapeur, ou au bain de fable, de cendres, ou à feu nud; on la pratique encore par le moyen de la flamme des lampes, & même par celle de l'efprit-de-vin.

La rectification eft une diftillation dans laquelle on fe propofe de purifier une matière

liquide, en enlevant par une chaleur ménagée
sa partie la plus volatile & la plus pure, comme
on le fait pour l'esprit-de-vin, l'éther, &c.
& en la séparant de la portion de matière étran-
gère moins volatile qui l'altéroit.

La concentration est l'inverse de la rectification, puisqu'on s'y propose de volatiliser la
portion d'eau qui affoiblit les fluides que l'on
veut concentrer. Elle suppose, comme l'on
voit, que la matière à concentrer est plus pesante que l'eau ; cette opération a lieu pour
quelques acides, & en particulier l'acide sulfurique & l'acide phosphorique ; on l'emploie
aussi pour les dissolutions alkalines, & pour celles
des sels neutres.

On appelle digestion une opération dans laquelle on expose à une chaleur douce & long-
tems continuée, les matières que l'on veut faire
agir lentement les unes sur les autres. C'est
particulièrement pour extraire des substances
végétales les parties solubles dans l'esprit-de-
vin ou autres fluides, qu'on se sert de la digestion. Les anciens chimistes avoient une grande
confiance dans cette opération. Quoique cette
confiance ait paru méritée depuis qu'on a découvert après de longs & pénibles travaux,
qu'un feu trop actif ou trop rapide altéroit la
plupart des substances végétales & animales,

on ne la porte plus aujourd'hui jusqu'à l'enthousiasme, comme l'avoient fait les alchimistes.
Ces hommes plus laborieux que leur prétendu
art ne l'exigeoit, avoient la patience de faire
des digestions de plusieurs années de suite, &
croyoient opérer ainsi un grand nombre de mer-
veilles. On a réduit la digestion à l'usage des
teintures, des élixirs, des liqueurs de table;
on s'en sert toujours avec succès, pour extraire
sans altération les principes des matières végétales & animales. On l'emploie aussi avec avantage dans plusieurs opérations sur les minéraux.
L'infusion est connue de tout le monde; elle
consiste à verser de l'eau chaude à différens degrés jusqu'à l'ébullition sur les substances dont
on veut extraire les parties les plus solubles,
sur les matières dont le tissu est tendre, & se
laisse facilement pénétrer, telles que les écorces
minces, les bois tendres & en coupeaux, les
feuilles, les fleurs, &c. elle est très-utile pour
séparer les matières très-dissolubles, & on s'en
sert dans un grand nombre d'opérations chimiques.

La décoction ou l'ébullition continuée de
l'eau avec tous les corps sur lesquels elle a de
l'action, est employée pour séparer les parties
qui ne sont dissolubles qu'à ce degré de chaleur. Elle altère beaucoup de matières végé-

tales & animales, elle en change souvent les propriétés ; elle coagule la lymphe, elle fond les graisses & les résines, elle durcit les parties fibreuses ; mais quand on sait apprécier tous ces effets, on l'emploie souvent avec avantage dans les opérations chimiques.

L'on entend par lixiviation l'opération par laquelle on dissout, à l'aide de l'eau chaude, les parties salines & très-solubles contenues dans des cendres, des résidus de distillation, de combustion, des charbons, des terres naturelles dont on veut faire l'analyse. Comme on retire presque toujours par cette opération des sels de la nature de ceux que l'on a appelés lixiviels, il étoit tout naturel de lui donner le nom qu'elle porte. On emploie aussi souvent pour synonime le mot *lessive*, qui est même plus en usage aujourd'hui que celui de *lixiviation*. Cette opération n'est donc qu'une dissolution faite à l'aide de la chaleur ; elle se rapproche aussi de l'infusion, dont elle n'est distinguée que parce que celle-ci s'applique spécialement aux matières végétales & animales ; tandis qu'on n'emploie la lixiviation que pour obtenir des substances qui ont les propriétés des corps minéraux.

Telles sont toutes les différentes opérations que l'on pratique en chimie à l'aide du feu ;

comme on ne faifoit rien autrefois fans cet agent, cette fcience n'étant alors qu'un art, portoit le nom de Pyrotechnie. Aujourd'hui on s'en fert beaucoup moins, depuis qu'on a trouvé des moyens plus fûrs & moins fufceptibles d'erreurs, d'analyfer les corps naturels. L'action des diffolvans ou des menftrues employés à froid, ou à la fimple température de l'air, fuffit fouvent pour opérer les changemens les plus finguliers, & elle a le grand avantage d'éclairer la marche des expériences. C'eft cette méthode qu'on fuit avec fuccès dans l'examen des fels, des terres, des matières végétales, &c. La chaleur n'eft plus qu'un moyen fecondaire, une efpèce d'auxiliaire deftiné à favorifer les combinaifons. Comme on l'emploie à différens degrés, il feroit très - important d'avoir un procédé pour la donner toujours égale. Depuis long-tems les chimiftes & les phyficiens cherchent un fourneau dans lequel on puiffe donner un degré de feu uniforme ; l'art feul des manipulateurs a fervi jufqu'à ce jour à remplir cet objet fi defirable, mais on conçoit qu'il lui eft impoffible d'arriver à ce point de précifion, dont l'utilité feroit fi grande. M. Black a imaginé des fourneaux qui paroiffent propres à produire une chaleur réglée & uniforme, au moyen des regiftres qu'on ouvre ou qu'on ferme

à

à volonté ; nous n'avons point encore de renseignemens assez positifs, pour en faire construire de semblables ; mais comme l'art chimique doit gagner beaucoup à cette découverte, il faut espérer qu'elle sera bientôt répandue en France.

CHAPITRE VI.

De l'Air atmosphérique.

L'Air commun est un fluide invisible, inodore, insipide, pesant, élastique, jouissant d'une grande mobilité, susceptible de raréfaction & de condensation, qui entoure notre globe jusqu'à une certaine hauteur, & qui constitue l'atmosphère. Il pénètre aussi & remplit les interstices ou les pores qui existent entre les parties intégrantes des corps. L'atmosphère telle qu'elle existe autour de notre globe, n'est pas, à beaucoup près, de l'air pur. Comme elle reçoit dans son sein toutes les vapeurs qui s'élèvent de la surface de la terre, on doit la considérer comme une espèce de chaos ou de mélange confus. Nous verrons cependant qu'on est parvenu à en reconnoître assez bien la nature. L'eau, les exhalaisons minérales, les fluides élastiques dégagés des végétaux & des métaux, font fans ceffe portés dans l'atmofphère, & en conftituent, pour ainfi dire, les différens élémens. L'hiftoire de l'atmofphère comprend celle de fa hauteur, qui n'eft point encore fixée avec précifion, des variations qu'elle éprouve, de fa pefanteur, de fes différentes couches, des effets de fa raréfaction & de fa dilatation, des vents, des météores. Tous ces objets appartiennent à cette partie de la phyfique que l'on appelle *météorologie*, & ne font point de notre reffort ; mais comme l'air influe fingulièrement fur les phénomènes chimiques, & qu'il eft de la plus grande importance de bien connoître cette influence, nous en examinerons ici les propriétés phyfiques & les propriétés chimiques.

§. I. *Des propriétés phyfiques de l'Air commun.*

Nous regardons comme propriétés phyfiques de l'air, fa fluidité, fon invifibilité, fon infipidité, fa qualité inodore, fa pefanteur & fon élafticité. Chacune de ces propriétés mérite un examen particulier.

L'air eft un fluide d'une telle rareté, qu'il cède facilement aux moindres efforts, & qu'il fe déplace par le moindre mouvement des corps qui y font plongés. Cette fluidité tient à fon aggrégation particulière ; & comme on la retrouve dans d'autres corps qui ne font point de l'air, on a appelé ceux-ci fluides aériformes ou gaz. Il eft de l'effence de l'aggrégation aérienne, de ne pas pouvoir paffer à la folidité, comme le font la plupart des corps liquides; c'eft-à-dire, qu'on ne connoît pas de preffion ou de refroidiffement capables de le rendre folide; & tel eft le caractère des gaz permanens. La fluidité de l'air eft la caufe des mouvemens fréquens & rapides qui s'y excitent & qui produifent les vents. Cependant tous les corps ne lui livrent pas paffage, ou ne fe laiffent point traverfer par l'air. Les matières tranfparentes que la lumière traverfe avec promptitude, réfiftent à l'air qui ne peut point les pénétrer. L'eau, les diffolutions falines, les huiles, l'efprit-de-vin, paffent à travers un grand nombre de corps dont le tiffu ne peut être pénétré par l'air. Il n'a point, comme ces matières liquides, la propriété de dilater ces corps, d'en aggrandir les pores, & d'en relâcher le tiffu.

L'air renfermé dans des vaiffeaux, eft parfaitement invifible; on ne peut le diftinguer du verre qui le contient, & quoiqu'il occupe tous les efpaces, il préfente à l'œil l'idée du vide. C'eft fa ténuité & fon extrême perméabilité par les rayons lumineux qui le rendent invifible; il réfrange la lumière fans la réfléchir; il n'a donc point de couleur, quoique quelques physiciens aient pensé que ses grandes masses étoient bleues.

On a toujours regardé l'air comme parfaitement insipide, & tous les physiciens s'accordent à lui donner ce caractère. Cependant si l'on fait attention à ce qui se passe lorsque ce fluide touche les nerfs découverts des animaux, comme cela a lieu dans les plaies, & à plusieurs autres circonstances analogues, on reconnoîtra qu'il a une sorte de saveur, & qu'elle devient peu à peu insensible par l'habitude. En effet, les plaies découvertes & exposées à l'air, font sentir une douleur souvent très-vive. L'enfant qui sort du sein de sa mère, & qui éprouve pour la première fois le contact de l'air, témoigne, par ses plaintes, l'impression désagréable que ce contact lui occasionne. C'est à cette espèce d'âcreté de l'air qu'il faut attribuer aussi la difficulté que les blessures ont à se cicatriser quand elles sont découvertes. On retrouve même cet obstacle à la cicatrisation de la part de l'air atmosphérique, dans les végétaux auxquels on a enlevé leur écorce, & l'on sait que sa reproduction n'a lieu que lorsqu'on entoure les arbres de quelque corps qui leur ôte le contact de l'air.

L'air est parfaitement inodore; si l'atmosphère

présente quelquefois une forte de fétidité, il faut l'attribuer aux corps étrangers qui y font répandus, comme cela s'obferve dans quelques efpèces de brouillards ou de vapeurs.

La pefanteur de l'air eft une des plus belles découvertes de la phyfique, & elle n'a été bien conftatée que vers le milieu du fiècle dernier, quoiqu'on affure qu'Ariftote fût qu'une veffie remplie d'air étoit plus pefante que lorfqu'elle étoit vide. Les anciens n'avoient aucune idée de la pefanteur de l'air, & ils attribuoient à une efpèce de qualité occulte qu'ils appeloient horreur du vide, tous les phénomènes dus à cette pefanteur. La difficulté & l'impoffibilité que des fontainiers éprouvèrent à conftruire une pompe qui élevât l'eau à une hauteur plus grande que trente-deux pieds, engagea ces ouvriers à confulter le fameux Galilée, que ce phénomène étonna beaucoup. La mort l'empêcha d'en découvrir la véritable raifon; mais Toricelli, fon difciple, parvint après lui à cette découverte. Voici comment le raifonnement l'y conduifit. L'eau ne lui parut s'élever dans une pompe afpirante, que par une caufe extérieure qui la preffoit & l'obligeoit de fuivre le mouvement du pifton. Cette caufe étoit bornée dans fon action, puifqu'elle n'élevoit l'eau qu'à 32 pieds; fi elle agiffoit donc fur un fluide fpécifiquement

plus pesant que l'eau, elle ne devoit l'élever &
le soutenir qu'à une hauteur relative à sa pesanteur. D'après ces réflexions, Toricelli prit
un tube de verre de trente-six pouces de long,
bouché hermétiquement à l'une de ses extrêmités ; il le remplit de mercure, en tenant son
extrêmité bouchée en bas ; puis fermant avec
le doigt l'ouverture par laquelle il avoit versé
ce fluide métallique, il le retourna, mit son
extrêmité bouchée hermétiquement en haut,
& plongea le bout ouvert dans une cuvette
remplie de mercure ; en ôtant le doigt qui bou-
choit l'extrêmité ouverte, il vit alors une partie du mercure contenu dans le tube, descen-
dre & se mêler à celui de la cuvette, mais il
en resta dans le tube une grande quantité qui,
après plusieurs oscillations, s'arrêta à 28 pouces. En comparant cette hauteur à celle de
32 pieds, à laquelle l'eau est élevée dans les
pompes, il vit qu'elle répondoit parfaitement
à la pesanteur relative de ces deux fluides,
puisque celle du mercure est à celle de l'eau
comme 14 est à 1, & qu'en conséquence le
mercure ne s'élevoit dans le vide qu'à une hauteur quatorze fois moindre que l'eau. Ce ne fut
cependant qu'après beaucoup de réflexions,
qu'il soupçonna la pesanteur de l'air pour être
la cause de cette suspension des fluides dans les

pompes ; & cette pesanteur ne fut véritablement reconnue que d'après l'ingénieuse expérience que Paschal fit faire en France.

Ce physicien célèbre imagina que , si l'eau
étoit soutenue à 32 pieds dans les pompes, &
le mercure à 28 pouces dans le tube de Toricelli par la seule pesanteur de l'air , ces hauteurs de suspension des fluides devoient varier,
comme celles de l'air , & qu'elles ne devoient
pas être les mêmes sur une montagne & dans
une profondeur , puisque , dans le premier cas ,
la colonne d'air est moins haute & conséquemment moins pesante que dans le second. D'après
cette idée de Paschal , Perrier fit , le 19 septembre 1648 , au pied de la montagne du Puits
de Dôme en Auvergne , & sur son sommet ,
l'expérience fameuse qui a fixé pour jamais l'o-
pinion de tous les Physiciens. Le baromètre ou
le tube de Toricelli rempli de mercure , & fixé
sur une échelle de 34 pouces , divisée par pouces & par lignes , présenta dans la hauteur de
la colonne de mercure une variation de plus
de 4 pouces du pied du Puits de Dôme jusqu'à
son sommet , élevé de 500 toises. On reconnut alors que le mercure varioit environ d'un
pouce par cent toises , & depuis l'on s'est servi
avec beaucoup de succès de cet instrument ,
pour mesurer la hauteur des montagnes.

M iv

La pesanteur de l'air influe sur un grand nombre de phénomènes physiques & chimiques ;
elle comprime tous les corps & s'oppose à
leur dilatation ; elle met un obstacle à l'évaporation & à la volatilisation des fluides ; c'est
elle qui retient l'eau des mers dans son état de
liquidité, puisque, sans son existence, ce liquide
se réduiroit en vapeurs, comme on l'observe
dans le vide produit par la machine pneumatique. L'air, en gravitant sur nos corps, retient
les fluides qui y circulent, en comprimant les
vaisseaux sanguins & lymphatiques dont il con-
serve le diamètre. C'est pour cela que cette
pesanteur & cette compression venant à diminuer considérablement sur les montagnes, le
sang s'échappe souvent par les ouvertures de
la peau ou des poumons, & occasionne des
hémorrhagies.

Enfin, l'air jouit d'une grande élasticité ; il
est susceptible d'être fortement comprimé, &
se rétablit promptement dans son premier état,
dès que la cause qui le comprime vient à cesser.
Un grand nombre d'expériences prouvent la
vérité de cette assertion. Nous ne ferons mention ici que des principales & des plus dé-
monstratives qu'on emploie en physique. On
comprime dans un tube de verre recourbé l'air
qui est contenu par le moyen du mercure qu'on

y verfe, & on peut même connoître par ce moyen la compreffibilité dont ce fluide élafti-que eft fufceptible, en comparant la diminu-tion de fon volume à la hauteur de la colonne de mercure que l'on emploie. Le ballon rem-pli d'air avec lequel les enfans jouent, & qui bondit en tombant fur des corps durs, eft encore une preuve de cette élafticité. Il en eft de même de la fontaine de compreffion dans laquelle l'air refoulé au-deffus de l'eau par le moyen d'une pompe, reprend enfuite fon état de dilatation fixée par la chaleur atmofphéri-que, & pouffe l'eau à une certaine hauteur par la preffion qu'il y exerce. Enfin, le fufil à vent dont tout le monde connoît les effets, démon-tre auffi la compreffibilité & l'élafticité de l'air : on eftime qu'il peut être réduit par la com-preffion à $\frac{1}{128}$ de fon volume.

La chaleur qui le raréfie ou qui agit fur lui d'une manière inverfe à la compreffion, prouve qu'il eft également fufceptible d'acquérir un très-grand volume. Lorfqu'on expofe une veffie pleine d'air fur un fourneau allumé, l'air fe dilate au point de faire crever la veffie avec une explofion violente. C'eft à ce phénomène que font dues les explofions des vaiffeaux & des appareils qu'on obferve fouvent en chimie, & contre lefquels l'art a trouvé le moyen de fe mettre en garde. La diminution de la pesanteur de l'atmosphère, & sa soustraction totale qui a lieu dans la machine pneumatique, produit le même effet sur une vessie pleine d'air qu'on y enferme.

On conçoit, d'après ces détails sur la pesanteur & l'élasticité de l'air, que ces propriétés doivent entrer pour beaucoup dans les causes des variations multipliées de l'atmosphère & de la marche du baromètre. En effet, les couches inférieures de l'atmosphère supportent le poids des couches supérieures, elles sont dans un état de compression qui diminue à mesure que l'on s'élève; la chaleur qui varie continuellement, modifie aussi cette pesanteur, cette élasticité. C'est pour cela que, sur les hautes montagnes, on trouve l'air plus léger, plus vif, plus agité, &c. & c'est dans ces rapports de la chaleur, de la pesanteur, de l'élasticité combinées de l'atmosphère, qu'on doit étudier les phénomènes singuliers que présente le baromètre aux observateurs. M. de Luc & M. de Saussure se sont beaucoup occupés de cet objet important depuis quelques années.

§. II. *Des propriétés chimiques de l'Air commun.*

Les propriétés que nous venons de faire connoître, étoient les seules dont traitoient autrefois les physiciens. Quelques chimistes, à la tête desquels doivent être placés Vanhelmont, Boyle & Hales, s'étant apperçus qu'on retiroit de l'air, ou au moins un fluide qui en avoit tous les caractères apparens, dans l'analyse de beaucoup de substances naturelles, ont pensé que cet élément se combinoit & se fixoit dans les corps ; telle est l'origine du nom d'*air fixé*, que l'on a donné d'abord aux fluides élastiques que l'on obtient dans les opérations chimiques. Ces premiers physiciens regardoient ces fluides comme de l'air ; mais M. Priestley a trouvé plusieurs corps qui ont l'apparence de l'air commun, & qui cependant en diffèrent à beaucoup d'égards. Il est donc nécessaire actuellement d'avoir recours à d'autres caractères ou à d'autres qualités, pour reconnoître l'air d'avec les fluides aériformes, qui lui ressemblent par leur invisibilité & leur élasticité. Les propriétés chimiques font feules capables de constituer des caractères capables de le faire distinguer.

En recherchant quelles peuvent être les propriétés distinctives de l'air, nous en trouvons deux bien capables de le caractériser, & qui lui appartiennent exclusivement ; l'une est de favoriser la combustion, ou l'inflammation des corps combustibles ; l'autre est d'entretenir la vie des animaux, en servant à leur respiration.

Examinons donc avec soin l'un & l'autre de ces grands phénomènes.

Il est fort difficile de bien définir la combustion ; c'est un ensemble de phénomènes que présentent les matières combustibles, chauffées avec le concours de l'air, & dont les principaux sont la chaleur, le mouvement, la flamme, la rougeur & le changement de nature de la matière brûlée. On doit distinguer un grand nombre de différences entre tous les corps combustibles ; les uns brûlent vivement avec une flamme brillante comme les huiles, les bois, les résines, les bitumes, &c. d'autres s'embrasent sans flamme bien sensible, comme plusieurs métaux & les charbons bien faits ; quelques-uns se consument par un mouvement lent, peu apparent & sans s'embraser sensiblement, mais toujours avec chaleur, comme on l'observe dans quelques matières métalliques. La combustion dans tous ces cas a également lieu ; le corps qui a brûlé ne peut plus s'enflammer de nouveau. Ce résidu de la combustion est toujours plus pesant qu'il n'étoit avant d'être brûlé, & cela est très-facile à prouver pour tous les corps combustibles fixes ; tous ceux au contraire dont la matière inflammable est volatile, s'enflamment avec plus de rapidité que les premiers, & leur résidu fixe a perdu la plus grande partie de son poids ; telles sont les huiles. On croiroit que ceux-ci perdent beaucoup de leur poids en brûlant ; mais cette différence n'existe véritablement qu'en apparence, car il n'y a pas de corps combustibles dont les résidus ne soient plus pesans qu'ils ne l'étoient avant leur combustion. Pour bien concevoir cette importante vérité, il faut faire attention que ce qui reste fixe après une combustion, n'est pas le seul résidu du corps combustible, & que tous ceux de ces derniers qui sont volatils, se changent par la combustion en fluides élastiques qui s'échappent & se perdent dans l'atmosphère ; de sorte que, si on ne comptoit pour leur résidu que ce qui reste dans le lieu ou dans le vaisseau qui les contenoit pendant leur combustion, ils paroîtroient n'en avoir aucun & être entièrement anéantis, ce qui est impossible. C'est ainsi que l'esprit-de-vin & l'éther brûlent sans laisser de trace dans les vaisseaux où ils étoient contenus ; mais la matière dans laquelle ils se sont changés par leur combustion, est volatilisée & répandue dans l'atmosphère. Si l'on emploie un moyen capable de rassembler ce produit, on trouve bientôt qu'il a plus de pesanteur que le corps combustible n'en avoit. Ainsi, en brûlant sous une cheminée adaptée à un serpentin, seize onces d'esprit-de-vin très-sec & très-rectifié, M. de Lavoisier a obtenu dix-huit onces d'eau pour produit de cette combustion ; le même phénomène a lieu dans les huiles, les résines, &c. Ainsi la cendre qui reste après la combustion du bois, n'est pas le véritable résidu de la matière combustible des végétaux. Ce résidu s'est dissipé dans l'air ; une partie qui n'a point été entièrement brûlée, constitue la suie, une autre s'est répandue dans l'atmosphère, s'y est condensée en eau, ou y a déposé des fluides élastiques de différente nature. C'est donc une vérité chimique constante, que l'augmentation de pesanteur a lieu dans tous les corps combustibles qui brûlent.

L'explication de cette augmentation de poids appartient entièrement à un second phénomène de la combustion, qu'il faut examiner dans le plus grand détail. La combustion ne peut jamais avoir lieu sans le concours de l'air, & elle ne se fait jamais qu'en raison de la quantité & de la pureté de ce fluide. Cette nécessité absolue de l'air dans la combustion, a frappé les physiciens depuis Boyle & Hales, & chacun d'eux a proposé son opinion sur ce sujet. Boerhaave croyoit que c'étoit en s'appliquant à la surface des corps combustibles, & en difféquant, pour ainsi dire, ces corps molécules à

molécules, que l'air favorifoit la combuftion.
On ne conçoit pas, dans cette hypothèfe, pourquoi le même air ne peut pas toujours fervir
à la combuftion. M. de Morveau a cru que
ce dernier phénomène dépendoit de la trop
grande raréfaction de l'air, & qu'en raifon
de l'élafticité qu'il acquéroit par la chaleur, il
comprimoit trop fortement les corps enflammés, & en arrêtoit la combuftion ; mais il
donnoit cette explication ingénieufe dans un
tems où il étoit impoffible de reconnoître la
véritable caufe de ce phénomène. M. Lavoifier, par de belles expériences fur la calcination des métaux dans des quantités déterminées
d'air, a prouvé comme le médecin Jean Rey
l'avoit apperçu long-tems auparavant, qu'une
partie de l'air eft abforbée pendant la calcination, que le métal calciné acquiert autant de
poids que l'air en perd, & que la chaux métallique contient véritablement cette portion
d'air, puifqu'on peut réduire celle de mercure
en dégageant fimplement ce fluide à l'aide de
la chaleur. D'autres faits l'ont conduit encore
plus loin ; il a obfervé avec Prieftley, que l'air
réfidu de la calcination & de la combuftion ne
peut plus fervir à de nouvelles calcinations,
qu'il éteint les corps enflammés, qu'il fuffoque
les animaux, en un mot, que ce n'eft pas de

véritable air, &c. & qu'il est exactement diminué dans la proportion de la quantité qui a été
abforbée par le corps combuftible. D'un autre
côté, l'air retiré de la chaux métallique, a été
trouvé trois ou quatre fois plus pur que celui
de l'atmofphère ; puifque non-feulement il peut
fervir à la combuftion, mais encore il la rend
beaucoup plus rapide qu'elle ne l'eft dans l'air
atmofphérique ; une quantité donnée de ce
fluide fert à l'inflammation & à la combuftion
totale de trois ou quatre fois plus de matière
combuftible. Ce fingulier fluide retiré des chaux
de mercure, a été appelé *air déphlogiftiqué* par
M. Prieftley qui l'a découvert, parce qu'il a
cru que c'étoit une partie de l'air atmofphérique dont le phlogiftique, toujours contenu,
fuivant lui, dans l'atmofphère, a été totalement enlevé & abforbé par la chaux de mercure qui fe réduit à mefure qu'on en dégage
ce fluide élaftique par la chaleur. Mais comme
cette dénomination peut donner une fauffe idée
de la nature de ce fluide élaftique, nous adopterons, les noms d'air vital, parce qu'il eft
le feul qui puiffe fervir véritablement à la
combuftion & à la refpiration, & parce qu'il
eft, pour nous fervir de l'expreffion de M.
Lavoifier, quatre fois plus air que l'air commun, &c.

D'après

D'après cette néceſſité abſolue de l'air pour la combuſtion & la préſence d'une partie de cet air dans les chaux métalliques, M. Lavoiſier a penſé d'abord que la combuſtion ne conſiſtoit que dans l'abſorption de l'air pur par le corps combuſtible. Il a regardé l'air de l'atmoſphère, abſtraction faite de l'eau & des différentes vapeurs qui y ſont contenues, comme un compoſé de deux fluides élaſtiques très-différens l'un de l'autre. L'un qui eſt le véritable & le ſeul air, & qui peut ſeul ſervir à la combuſtion, par la propriété qu'il a de ſe précipiter dans les corps combuſtibles, & de s'unir avec eux, eſt l'air vital ; il fait au moins le quart & va quelquefois juſqu'au tiers de l'atmoſphère, lorſque celle-ci n'eſt point altérée. L'autre eſt un fluide délétère pour les animaux, qui éteint les corps enflammés, & qui conſtitue les trois quarts ou les deux tiers de l'atmoſphère ; il l'a d'abord appelé mofette atmoſphérique ; lorſqu'on allume un corps combuſtible en contact avec l'air, la portion d'air vital que l'atmoſphère contient, ſe fixe dans ce corps, ſa combuſtion continue juſqu'à ce qu'il n'y ait plus d'air vital dans ce fluide, & elle s'arrête lorſque tout eſt abſorbé. Alors le réſidu de l'air privé de cette partie pure & vitale, ne peut plus ſervir à de nouvelles combuſtions ;

Tome I.   N

on lui rend cette propriété, en ajoutant à cette mofette atmofphérique une portion d'air pur tiré d'une chaux métallique ou du nitre égale à celle qui a été abforbée par la combuftion. Cette belle théorie propofée en 1776 & 1777 par M. Lavoifier, fembloit expliquer tous les phénomènes de la combuftion ; elle rendoit raifon de la pefanteur des chaux métalliques & de l'extinction des corps combuftibles dans l'air déjà employé à la combuftion ; mais M. Lavoifier a cru devoir la modifier & y ajouter de nouvelles obfervations, d'après les nombreufes expériences qu'il n'a ceffé de faire fur cet objet. La flamme éclatante que l'on obferve en plongeant un corps en combuftion dans l'air vital, ou en verfant ce fluide à la furface d'une matière déjà allumée à l'aide d'une ingénieufe machine qu'il a imaginée pour cela, l'a engagé à rechercher quelle pouvoit en être la caufe, & fi elle n'étoit point due au dégagement du phlogiftique en feu libre, fuivant la théorie de Stahl. Il a fait d'autant plus d'attention à cet objet, que le célèbre Macquer n'avoit pas abandonné la théorie de Stahl, malgré fes nouvelles découvertes, & avoit lié fa doctrine avec celle du créateur de la chimie philofophique. En effet, Macquer a penfé que, fi l'air pur fe fixoit dans les corps combufti-

bles, cela ne se faisoit qu'à mesure que le phlogistique s'en dégageoit ; il avoit regardé l'air
pur & le phlogistique comme se précipitant réciproquement l'un & l'autre dans toute combustion ; le phlogistique étoit, suivant lui, dégagé en feu libre par l'air pur qui en prenoit
la place ; & lorsqu'on réduisoit les métaux, le
phlogistique dégageoit à son tour l'air pur, &
se fixoit dans les chaux métalliques. M. Lavoisier observant que l'éclat de la flamme dont
nous avons fait mention, & qui indique trop
manifestement la présence de la lumière ou de
la matière du feu en action, pour qu'on puisse
la nier, paroissoit plutôt environner l'extérieur
du corps combustible, que s'en dégager, a
pensé qu'en effet la lumière & la chaleur se
séparent de l'air vital, à mesure que le corps
combustible brûle & absorbe une partie de l'air.
Il pense aujourd'hui que l'air vital est comme
tous les autres fluides aériformes, un composé
d'un principe particulier, susceptible de devenir solide, & de la matière de la chaleur ou
du feu ; qu'il doit son état de fluide élastique à
la présence de cette dernière ; qu'il est décomposé dans la combustion, que son principe fixe
& solide s'unit au corps combustible, en augmente le poids & en change la nature ; tandis
que la matière du feu se dégage sous la forme

de lumière & de chaleur. Ainſi, ce que Stahl attribuoit au corps combuſtible, la doctrine moderne le tranſporte à l'air vital ; c'eſt ce dernier qui brûle, plutôt que le corps combuſtible, ſi la combuſtion conſiſte dans le dégagement du feu ; à l'égard du principe qui, uni à la matière du feu, conſtitue l'air pur ou vital, quoique M. Lavoiſier n'en ait pas encore reconnu exactement la nature, comme il eſt démontré qu'il forme très-ſouvent des acides en ſe combinant avec les corps combuſtibles, il lui a donné le nom de principe *oxigène* (1). C'eſt cette baſe qui donne naiſſance aux acides ſulfurique, arſenique, phoſphorique, &c. dans la combuſtion du ſoufre, de l'arſenic, du phoſphore, &c. Il eſt toujours le même dans tous ces corps. Il faut obſerver que, dans cette nouvelle théorie, l'air vital qu'on retire des chaux métalliques n'y étoit pas tout contenu, & qu'on ne l'obtient tel que parce que l'oxigène uni aux métaux, ſe combine avec la matière de la chaleur & de la lumière qui tra-

----

(1) M. Lavoiſier l'avoit d'abord appelé *oxigyne* ; mais la néceſſité d'employer une dénomination analogue pour quelques autres matières mal nommées, nous a déterminés à changer la terminaiſon en *gène*, qui exprime mieux ſon étymologie grecque.

verfe les vaiffeaux dans lefquels on chauffe la chaux de mercure, &c.

Tel eft aujourd'hui (mai 1787) l'état de la fcience chimique fur la nature de l'air atmofphérique, fur fon influence dans la combuftion. La théorie que nous venons d'expofer, prend tous les jours de nouvelles forces ; les objections des perfonnes qui ne l'admettent point encore, n'y ont porté aucune atteinte ; elles prouvent même qu'avec une connoiffance plus exacte de l'enfemble de cette théorie, les chimiftes qui la combattent, fentiroient l'infuffifance des difficultés qu'ils y oppofent, & que lorfque cette connoiffance fera plus répandue, tous les favans feront néceffairement d'accord.

La refpiration eft un phénomène très-analogue à la combuftion. Comme cette dernière, elle décompofe l'air commun ; elle ne peut fe faire qu'en raifon de l'air vital contenu dans l'atmofphère ; lorfque tout cet air eft détruit, les animaux périffent dans la *mofette* qui en eft le réfidu. C'eft une combuftion lente, dans laquelle une partie de la chaleur de l'air vital paffe dans le fang qui parcourt les poumons, & fe répand avec lui dans tous les organes ; c'eft ainfi que fe répare la chaleur animale qui eft continuellement enlevée par l'atmofphère & les corps environnans. L'entretien de la chaleur du fang, eſt donc un des principaux uſages de la reſpiration, & cette belle théorie explique pourquoi les animaux qui ne reſpirent point d'air, ou qui ne le reſpirent que très-peu, ont le fang froid.

MM. Lavoiſier & de la Place ont découvert un ſecond uſage de l'air dans la reſpiration, c'eſt d'abſorber un principe qui s'exhale du fang, qui paroît être de la même nature que le charbon. Ce corps réduit en vapeurs ſe combine avec l'oxigène de l'air vital, & forme l'acide carbonique qui fort des poumons par l'expiration. Cette formation de l'acide carbonique qui a lieu dans l'air atmoſphérique reſpiré par les animaux, en même-tems que la ſéparation de la *mofette*, éclaire ſur les dangereux effets qui réſultent d'un trop grand nombre de perſonnes enfermées dans des endroits reſſerrés, comme cela a lieu dans les ſpectacles, dans les hôpitaux, dans les priſons, dans la cale des vaiſſeaux, &c. On ne ſera point étonné d'après cela, des effets nuiſibles de l'air altéré par la reſpiration, qui agit particulièrement ſur les perſonnes délicates & ſenſibles.

Deux phénomènes très-multipliés tendent donc à altérer continuellement l'air qui environne notre globe, la combuſtion & la reſpiration. Ce fluide feroit bientôt inſuffiſant pour l'entretien de ces deux actions naturelles, s'il n'exiſtoit pas d'autres phénomènes ſuſceptibles de renouveller l'atmoſphère, & de la recompoſer en lui reſtituant l'air vital qui eſt ſans ceſſe abſorbé & combiné. Nous verrons dans le chapitre ſuivant & dans la troiſième partie de ces Elémens, que les végétaux ont des organes très-étendus, deſtinés par la nature à retirer cet air vital de l'eau & à le verſer dans l'atmoſphère, lorſqu'ils ſont frappés par les rayons du ſoleil.

§. III. *Des caractères de la mofette ou du gaz azotique, qui fait partie de l'atmoſphère.*

Il réſulte de tous les détails précédens, que l'air atmoſphérique eſt un compoſé de deux gaz ou fluides élaſtiques ; l'un qui entretient la combuſtion & la reſpiration, l'autre qui ne peut ſervir ni à l'un ni à l'autre de ces phénomènes. Le premier qui eſt appelé *air vital*, eſt dans la proportion de 0,27 ou 0,28 ; l'autre monte à 0,73, ou 0,72. Nous avons dit que le premier étoit un compoſé de calorique & d'oxigène ; le ſecond eſt auſſi, comme tous les corps gazeux, un compoſé de calorique, & d'une baſe ſuſceptible de devenir ſolide. Ce fluide élaſtique, qui forme plus des deux tiers de l'air

atmofphérique , a d'abord été appelé *mofette*
par M. Lavoifier , parce qu'il éteint les corps
en combuftion & tue les animaux ; mais comme
tous les gaz , exceptés l'air vital & l'air atmofphérique , font également nuifibles , & comme
le nom de *mofettes* ou *méphites* eft une expreffion générale qui leur appartient également , &
qui a toujours été donné aux fluides élaftiques
non refpirables , nous avons adopté le mot de
gaz azotique pour ce fluide aériforme ; & cette
dénomination nous a permis d'appliquer le mot
azote ou le fubftantif, à la bafe de ce gaz qui ,
comme celle de l'air vital ou l'oxigène , fe fixe
en fe combinant avec plufieurs fubftances. Pour
donner ici quelques connoiffances fur la nature
de ce gaz azotique , nous décrirons quelques-
unes de fes propriétés. Ce gaz eft un peu plus
léger que l'air atmofphérique , & il occupe le
haut des falles où l'air eft altéré par la refpiration & par la combuftion. Quoique très-nuifible
aux animaux dans fon état de fluide élaftique ,
fa bafe ou l'azote eft un des matériaux de leur
corps ; on l'en retire en très-grande quantité.
Elle eft une des parties conftituantes de l'alkali
volatil ou ammoniaque , & de l'acide nitrique.
Il paroît qu'elle eft abforbée par les végétaux , &
peut-être même par les animaux. Il eft auffi
très – vraifemblable qu'elle forme un des prin-

cipes de tous les alkalis, & qu'on pourra la regarder comme un véritable *alkaligène*, opposé à la base de l'air vital, qui, comme nous l'avons dit, est *oxigène*. L'atmosphère seroit donc, d'après ces considérations, un réservoir immense des principes *acidifiant* & *alkalifiant*, sans être elle-même ni acide, ni alkaline.

Toutes ces propriétés ne peuvent être qu'énoncées ici; elles seront démontrées & exposées beaucoup plus en détail dans d'autres chapitres; nous avons seulement voulu faire connoître la différence qui existe entre les deux fluides élastiques qui constituent l'air atmosphérique, & fixer l'attention sur la nature de chacun d'eux.

CHAPITRE VII.

De l'Eau.

L'Eau avoit toujours été regardée comme un élément jouant un des plus grands rôles dans presque tous les phénomènes naturels, susceptible de se présenter sous un grand nombre de formes, d'entrer dans beaucoup de combinaisons, inaltérable en lui-même & reprenant toujours son premier état; mais les recherches nou-

velles de MM. Lavoifier, Meunier, de la Place
& Monge, démontrent qu'il en eft de l'eau
comme de l'air, & qu'elle eft formée de principes plus fimples qu'on peut obtenir féparés.
Cette importante découverte conftitue une des
plus brillantes époques de la chimie ; nous verrons plus bas comment les phyficiens qui viennent d'être cités, font parvenus à analyfer l'eau ;
il faut confidérer auparavant les propriétés phyfiques de ce corps.

§. I. *Des propriétés phyfiques de l'eau.*

Les phyficiens définiffent l'eau un fluide infipide, pefant, tranfparent, fans couleur, fans
élafticité, jouiffant d'une grande mobilité, &
fufceptible de prendre différens états d'aggrégation, depuis la glace la plus folide, jufqu'à
celui de vapeur ou de fluide élaftique.

On la trouve dans prefque tous les corps
naturels, quoique l'art n'ait pas encore pu parvenir à la combiner avec plufieurs fubftances
auxquelles la nature l'unit tous les jours. On la
retire des bois, des os les plus folides ; elle
exifte dans des pierres calcaires très-dures &
très-compactes ; elle forme la plus grande partie
des fluides végétaux & animaux ; elle eft combinée dans leurs organes folides. Tels étoient

les faits d'après lesquels on la comptoit au
nombre des élémens.

Le naturaliste la considère dans ses masses
placées sur le globe, en remplissant les cavités
& en sillonant la surface. Son histoire naturelle comprend celle des glaces éternelles des
montagnes & de quelques mers, des lacs, des
fleuves, des rivières, des ruisseaux, des sources, des nuages, des pluies, de la grêle, de
la neige. On distingue les eaux terrestres & les
eaux atmosphériques. On examine ses mouvemens, son passage successif de la surface du
globe dans l'atmosphère, de celle-ci sur les
montagnes; on l'observe se rassemblant en torrens, donnant naissance aux sources, aux fontaines, aux fleuves, & de-là précipitant sa
course dans les mers qui en font le grand réservoir. En observant les phénomènes de celle-
ci, on voit ses grands mouvemens, ses agita-
tations, son balancement, ses courans, former
peu à peu des montagnes, détruire des rivages, en laisser plusieurs à découvert, élever
tout-à-coup des îles, en submerger d'autres;
enfin, on reconnoît bientôt l'eau comme un
des grands agens de la nature. Si l'on se transf-
porte dans les cavités souterreines, on la rencontre agissant moins en grand, travaillant à la
production des sels, des cristaux, les déposant

dans les fentes des rochers. Tous ces objets comprennent l'hiftoire naturelle de l'eau; mais ils ne peuvent être bien faifis qu'après avoir étudié les propriétés phyfiques & chimiques de ce corps.

La plus frappante & la plus fingulière de ces propriétés, c'eft d'affecter différentes formes & de fe préfenter fous les états de glace, de liquide & de vapeurs. Confidérons-la dans ces trois modifications.

De l'Eau dans fon état de glace.

La glace paroît être l'état naturel de l'eau, puifque l'état naturel d'un corps, au moins confidéré chimiquement, eft celui dans lequel il a la plus forte aggrégation poffible. Mais comme elle eft plus abondante dans fon état liquide, on a continué de regarder ce dernier comme l'état naturel de l'eau.

La formation de la glace offre des phénomènes importans à connoître.

1°. Il fe produit une chaleur de quelques degrés au thermomètre de Réaumur, dans l'eau qui fe gèle, parce que c'eft un corps liquide qui devient folide. Ce thermomètre plongé dans l'eau qui fe congèle, monte plus ou moins au-deffus de o, quoiqu'un autre placé dans l'atmosphère froide au point de faire geler l'eau, reste toujours à 0, ou même au-dessous. Il paroît donc qu'une partie de la chaleur fixée dans l'eau liquide, se dégage & l'abandonne quand elle passe à la solidité ; aussi la glace a-t-elle une chaleur spécifique inférieure à celle de l'eau liquide. On observe la même chaleur dans la cristallisation des sels.

2°. L'accès de l'air favorise la production de la glace ; de l'eau bien enfermée ne se gêle que très-lentement ; dès qu'on débouche le vaisseau où elle est contenue, elle se gêle beaucoup plus facilement, & quelquefois dans l'instant même où elle prend le contact de l'air. Ce phénomène ressemble à ce qui se passe dans la cristallisation des sels ; souvent des dissolutions salines contenues dans des capsules bouchées, présentent une cristallisation subite, dès qu'on enlève le couvercle, & qu'on leur donne le contact de l'air.

3°. Un léger mouvement accélère aussi cette formation. On observe encore la même chose dans les cristallisations salines. En agitant certaines dissolutions qui ne fournissoient point de cristaux, on voit quelquefois ces derniers se former pendant que l'agitation a lieu. Nous avons plusieurs fois vu ce phénomène dans les dissolutions de nitrate & de muriate calcaires.

Ces analogies entre la formation de la glace & celle des criſtaux ſalins, prouvent que la première eſt une véritable criſtalliſation.

4°. La glace paroît avoir plus de volume que l'eau avant d'étre gelée, & elle fait caſſer les vaiſſeaux de verre dans leſquels elle ſe forme ; ce n'eſt point l'eau elle-même qui a acquis plus de volume dans ce cas ; mais c'eſt à l'air ſéparé de ce liquide par ſa congellation, qu'il faut attribuer cette dilatation.

La glace une fois formée ſe diſtingue par les propriétés ſuivantes.

1°. Lorſque la congellation a été lente, elle offre des aiguilles qui ſe joignent ſous un angle de ſoixante ou cent-vingt degrés, ſuivant l'obſervation de M. de Mairan ; quelquefois elle préſente même une criſtalliſation régulière que l'on peut déterminer. M. Pelletier, élève de M. d'Arcet, & membre du collège de pharmacie, a trouvé dans un morceau de glace fiſtuleux, des criſtaux en priſmes quadrangulaires applatis, terminés par deux ſommets dièdres, mais avec beaucoup de variétés. Si au contraire l'eau ſe gèle ſubitement & en grande maſſe, elle ne forme qu'un ſolide irrégulier, comme cela a lieu dans les diſſolutions ſalines trop rapprochées & refroidies trop promptement.

2°. Sa ſolidité eſt telle qu'on peut la réduire

en pouffière, & qu'elle eft emportée par le vent. Dans les pays très-froids la glace eft fi dure, qu'on la taille comme des pierres , & qu'on en conftruit des édifices. On affure même qu'on a creufé des canons de glace , & qu'on les a chargés de poudre, & tirés plufieurs fois avant qu'ils fe fondiffent.

3°. Son élafticité eft très-forte & beaucoup plus marquée que celle de l'eau fluide. Tout le monde fait qu'une bille de glace jettée fur un plan folide, bondit auffi bien que tous les corps durs.

4°. Elle a une faveur très-vive & voifine de la caufticité. L'impreffion de la glace appliquée fur la peau , eft connue de tous les hommes. Les médecins l'emploient comme tonique , dif-cuffive, &c.

5°. Elle a moins de pefanteur que l'eau fluide qu'elle furnage. Ce phénomène paroît dépendre de la grande quantité d'air interpofé qu'elle contient. Au refte, beaucoup de corps con-crefcibles par le froid, & fufibles par la cha-leur, jouiffent de cette propriété ; on l'obferve dans le beurre, les graiffes, la cire, &c. & c'eft toujours à l'air interpofé entre leurs mo-lécules, qu'elle eft due ; car toute fubftance confidérée en elle-même, eft plus denfe & plus pefante dans fon état de folidité, que lorfqu'elle eft fluide.

6°. Sa tranfparence eft troublée par des bul-les d'air, au moins dans les maffes de glace qui font informes & non criftallifées. On peut s'en convaincre en examinant avec attention un morceau de glace; & en perçant fous de l'eau fluide les cavités que l'œil y apperçoit, on voit l'air fortir en bulles très-fenfibles.

7°. Elle fe fond à quelques degrés au-deffus de o; dès que la température à laquelle on expofe de la glace eft au-deffus de o du ther-momètre de Réaumur, elle fe fond peu à peu de fa furface à fon centre.

8°. En paffant de l'état folide à l'état liquide, elle produit du froid dans l'atmofphère envi-ronnante. Les chimiftes modernes penfent qu'elle abforbe de la chaleur en fe fondant, & que cette abforption eft égale pour la quantité de calorique qui s'y fixe, à celle de la chaleur qui s'en dégage lorfqu'elle fe gèle. Ce phénomène lui eft commun avec tous les corps fufceptibles de fe condenfer & de fe fondre, fuivant les températures diverfes auxquelles on les expofe.

De l'Eau liquide.

L'eau liquide jouit de propriétés fort diffé-rentes de celles de la glace.

1°. Sa faveur eft beaucoup moins forte, puifqu'on

qu'on la regarde communément comme insipide, quoique les buveurs d'eau sachent y distinguer des nuances qui démontrent sa sapidité.

2°. Son élasticité est moindre ; on l'a même niée depuis les expériences de l'académie *del Cimento* ; mais M. l'abbé Mongez l'a démontrée par une suite de recherches intéressantes, & il a fait voir que les expériences de l'académie *del Cimento* pouvoient même en servir de preuve, puisque les sphères métalliques dans lesquelles l'eau avoit été renfermée, laissoient suinter ce fluide en goutelettes, après avoir été retirées de la presse, suintement qui n'auroit pas eu lieu, si l'eau n'avoit pas été comprimée.

3°. Son état d'aggrégation liquide rend sa force de combinaison plus énergique. C'est d'après cela qu'on l'a nommée le grand dissolvant de la nature. En effet, elle s'unit à un très-grand nombre de corps, & elle favorise même singulièrement leur combinaison réciproque.

4°. Elle paroît ne point s'unir avec la lumière qui ne fait que la traverser. On sait que cette dernière se rapproche de la perpendiculaire, par les réfractions qu'elle éprouve en passant dans l'eau.

5°. La chaleur la dilate & la met dans l'état de gaz. C'est ce passage de l'état liquide à celui

Tome I.   O

de fluide aériforme , qui conftitue fon ébullition.
Ce phénomène dépend de ce qu'une partie de
l'eau ayant pris la forme de fluide élaftique,
devient infoluble dans celle qui n'eft que liquide , & dont la chaleur ne permet pas à la
première d'y refter diffoute & de faire corps
avec elle ; chaque bulle part du fond du vaiffeau où l'on fait chauffer l'eau , & vient crever
à fa furface, pour fe répandre dans l'atmofphère qui la diffout à mefure. Nous avons expliqué fort en détail la caufe de l'ébullition,
dans les Mémoires de Chimie que nous avons
publiés en 1784. *Voy. Mém. & Obferv. de
Chim. Paris , Cuchet , 1784 , pag. 334.*

La pefanteur de l'air influe fingulièrement fur
l'ébullition de l'eau. Elle oppofe un obftacle à
fa dilatation & à fa vaporifation ; plus elle eft
confidérable, & plus l'eau éprouve de réfiftance,
lorfqu'elle tend à fe volatilifer ; à mefure qu'elle
diminue, l'eau étant moins comprimée , fe raréfie avec plus de facilité. Telle eft la caufe de
l'obfervation de Fahrenheit , qui a découvert
que l'eau bouillante ne marquoit pas toujours
la même température au thermomètre. Il faudroit donc confulter l'élévation du mercure dans
le baromètre, pour connoître avec plus de
précifion le degré de chaleur de l'eau bouillante,
& on trouveroit un rapport entre la marche

du thermomètre & celle du baromètre, relativement à ce phénomène.

Cette influence de la pesanteur de l'air sur la raréfaction & l'ébullition de l'eau, doit spécialement avoir lieu à différentes hauteurs de l'atmosphère. Ainsi, il est vrai de dire que l'eau, toutes choses d'ailleurs égales, doit bouillir plus facilement, & à un moindre degré de chaleur sur les montagnes, que dans les vallées & dans les plaines. Tous les fluides se raréfient très-promptement à de grandes hauteurs ; c'est pour cela que les liqueurs très-évaporables & très-volatiles, comme l'esprit-de-vin, l'éther, le gaz alkalin ou ammoniaque, perdent la plus grande partie de leur force sur les hautes montagnes, comme les physiciens l'avoient remarqué, & comme M. de Lamanon l'a confirmé à une hauteur de plus de 1800 toises au-dessus du niveau de la mer. Lorsque l'on soustrait le poids de l'atmosphère dans la machine pneumatique, on voit bientôt l'eau échauffée auparavant à 40 degrés, bouillir avec beaucoup de force, & se réduire en vapeurs.

Enfin, une troisième circonstance qui influe sur l'ébullition de l'eau, outre la chaleur & le poids de l'atmosphère, c'est l'état de l'air plus ou moins sec ou chargé d'humidité ; mais cette propriété étant entièrement chimique, nous nous en occuperons dans le second paragraphe.

6°. Si l'on chauffe de l'eau dans des vaiſſeaux fermés & dans un appareil propre à en recueillir les vapeurs, ces dernières condenſées par le froid, & raſſemblées dans un récipient, forment l'eau diſtillée. C'eſt un moyen de l'obtenir pure & ſéparée des matières terreuſes & ſalines qui l'altèrent preſque toujours, & qui reſtent enſuite au fond du vaiſſeau. Les chimiſtes qui ont ſans ceſſe beſoin d'eau très-pure pour leurs expériences, ſe ſervent de la diſtillation pour ſe la procurer. Ils mettent de l'eau de rivière ou de puits dans une cucurbite de cuivre étamée; ils recouvrent ce vaiſſeau d'un chapiteau muni de ſon réfrigérant, dans lequel on a ſoin de mettre de l'eau très-froide pour condenſer les vapeurs, & ils reçoivent l'eau réunie en gouttes dans des vaiſſeaux de verre très-propres. Il faut obſerver que, pour avoir de l'eau diſtillée très-pure, on doit avoir un alambic qui ne ſerve qu'à cette opération. Ce vaiſſeau, pour que la diſtillation ſoit prompte, doit être fait d'après les nouveaux principes, c'eſt-à-dire, que la cucurbite doit être plate & large, & le chapiteau de la même forme. L'eau obtenue par ce moyen eſt parfaitement pure. Autrefois les chimiſtes ſe ſervoient d'eau de neige ou de pluie, mais on fait aujourd'hui que ces eaux tiennent fouvent en diffolution quelques corps étrangers.

L'eau diftillée a une faveur fade; elle fait éprouver un fentiment de pefanteur à l'eftomac; en l'agitant fortement avec le contact de l'air, elle reprend une faveur vive, & on peut alors la boire fans inconvénient. La diftillation n'altère point l'eau; elle ne fait que lui enlever l'air qui lui eft toujours uni, & qui lui donne cette faveur fraîche & vive dont elle a befoin pour être potable. Boerhaave a diftillé de l'eau cinq cens fois de fuite, & il n'y a obfervé aucune altération. Quelques phyficiens ont annoncé à différentes époques, que l'eau fe changeoit en terre, parce qu'à chaque diftillation elle laiffe en effet au fond des vaiffeaux une certaine quantité de réfidu terreux. M. Lavoifier a fait fur cet objet des expériences d'une exactitude rigoureufe. Ayant pefé les vaiffeaux de verre dans lefquels il faifoit la diftillation de l'eau, & reconnu de même par le poids la quantité de l'eau diftillée, & du réfidu qu'elle donne, il a démontré que cette prétendue terre eft due à la matière des vaiffeaux dont la furface eft peu à peu enlevée & corrodée par l'action de l'eau.

O iij

De l'Eau dans l'état de vapeur ou de fluide élastique.

Lorsque l'eau est réduite en état de vapeur ou en fluide élastique par l'action du feu, elle acquiert dans cette aggrégation aériforme des propriétés particulières qui la distinguent de ses deux premières modifications.

1°. Elle est parfaitement invisible, lorsqu'elle est reçue dans un air dont la température est au-dessus de 15 degrés du thermomètre de Réaumur, & qui n'est pas très-chargé d'humidité.

2°. Si au contraire l'atmosphère est au-dessous de 10 degrés & déjà humide, la vapeur de l'eau forme un nuage blanc ou gris très-sensible; ce qui est dû à ce qu'elle ne se dissout pas dans l'air humide, comme nous l'exposerons plus bas, & conséquemment à une vraie précipitation.

3°. Sa dilatation est si considérable, que, d'après des calculs aussi exacts qu'il est possible, elle occupe, suivant M. Wath, un espace 800 fois plus grand que lorsqu'elle est liquide.

4°. Elle jouit d'une élasticité & d'un ressort tels qu'elle produit des explosions terribles lorsqu'elle est resserrée, & qu'on peut l'employer utilement en mécanique, pour faire mouvoir de grandes maffes. Son utilité dans les belles machines appelées Pompes à feu, eft connue aujourd'hui de tous les phyficiens & de tous les artiftes.

5°. Suivant une des loix les plus conftantes de l'affinité de compofition, elle a plus de tendance pour fe combiner dans cet état où fon aggrégation eft la plus foible, que dans les deux premiers états où nous l'avons déjà confidérée. Les chimiftes ont de fréquentes occafions d'obferver avec quelle rapidité l'eau en vapeurs diffout les fels, ramollit les fubftances extractives muqueufes, corrode & calcine les métaux, &c.

6°. Elle fe diffout parfaitement dans l'air ; fa précipitation dans l'atmofphère conftitue la rofée. Cette diffolution fuit les loix des diffolutions falines, comme l'a démontré le Roi, médecin de Montpellier, dans un excellent Mémoire fur l'élévation & la fufpenfion de l'eau dans l'air. *Mélanges de Phyfique & de Médecine. Paris, chez Cavelier, 1771, 1 vol. in-8.*

7°. Un des plus finguliers phénomènes de l'eau en vapeurs, c'eft la propriété qu'elle a d'accélérer la combuftion de l'huile enflammée, comme on l'obferve dans l'expérience de l'éolipile appliqué à la lampe de l'émailleur, dans les foyers de charbon de terre & de charbon de

bois humide, dans les graisses enflammées, que
l'eau ne peut éteindre & dont elle augmente même l'embrasement. Ces phénomènes avoient fait
penser à Boerhaave que la flamme étoit en
grande partie composée d'eau. Nous verrons
tout-à-l'heure combien cette ingénieuse idée de
Boerhaave se rapproche des découvertes modernes sur l'eau, lorsque nous démontrerons
que ce fluide en vapeurs n'augmente la flamme
que parce qu'il est décomposé lui-même par
les corps combustibles.

8°. Enfin, l'eau en vapeurs & dissoute dans
l'air, se condense & se précipite en partie,
lorsqu'elle est exposée à quelques degrés au-
dessus de o; alors elle reprend sa liquidité,
c'est ce qui arrive dans la rosée; quelquefois
même elle se durcit en petits glaçons, & paroît
susceptible de se cristalliser, lorsqu'elle est frap-
pée dans son état de vapeurs par un froid subit
de plusieurs degrés au-dessous de o; telle est
l'origine de ces feuillages glacés, de ces her-
borisations blanches que l'on apperçoit l'hiver
sur les vîtres des appartemens exposés au nord.
Telle est aussi celle des petits floccons de glace
que forment en Sibérie & dans les pays très-
froids, les vapeurs aqueuses sorties des poumons.

§. II. *Des propriétés chimiques de l'Eau.*

Il n'y a pas de corps fufceptible d'un plus grand nombre de combinaifons que l'eau ; auffi l'a-t-on appelée depuis long-tems le grand diffolvant de la nature. Telle eft la raifon pour laquelle les eaux des mers, des lacs, des fleuves, des rivières, des fources & des fontaines, ne font pas à beaucoup près pures, & contiennent toutes différens corps étrangers, furtout des matières falines.

Elle s'unit à l'air de deux manières ; 1°. elle abforbe ce fluide élaftique, & s'en charge dans fon état de liquidité. Il eft même démontré que c'eft à cette combinaifon avec l'air qu'elle doit fa faveur vive & agréable. On y reconnoît l'exiftence de ce fluide par la machine pneumatique ; à mefure que le vide s'opère, l'air mêlé & diffous dans l'eau s'en dégage fous la forme de bulles. En diftillant de l'eau dans un appareil pneumato-chimique, on obtient l'air qui y étoit contenu. Lorfqu'on la fait bouillir, les premières bulles qui s'en élèvent font dues à l'air, & l'eau qui l'a perdu n'a plus fa même légéreté & fa fapidité. On lui rend ces deux propriétés, en la laiffant expofée pendant quelque tems au contact de l'atmofphère, ou en l'agitant fortement. 2°. L'air la diffout & la rend élaſtique & inviſible comme lui, lorſqu'il jouit d'un certain degré de chaleur. Plus il eſt chaud, & plus il tient d'eau en diſſolution. Le Roi, médecin de Montpellier, a examiné dans le plus grand détail l'état de l'eau dans l'atmoſ-phère. Les expériences ingénieuſes qu'il a faites ſur cet objet, ont prouvé que l'air chaud le plus ſec, renfermé dans un flaccon, & refroidi juſqu'à une certaine température, laiſſe préci-piter en goutelettes l'eau dont il eſt chargé; que cette diſſolution a différens points de ſatu-ration, qui dépendent de la chaleur de l'at-moſphère; que cette eau ſe précipite la nuit, & conſtitue une eſpèce de roſée particulière. Il a même penſé, d'après ces faits, que les variations dans la peſanteur de l'atmoſphère, dépendent en partie de cette eau qui y eſt con-tenue en différentes quantités, ſuivant ſa tem-pérature.

Quoique l'ordre que nous adoptons ſemble exiger qu'il ne ſoit point encore queſtion de matières ſalines, nous devons cependant faire obſerver ici que l'eau qui eſt très-ſuſceptible de les diſſoudre, en contient toujours une cer-taine quantité; ce ſont particulièrement des ſels calcaires qui donnent quelques qualités déſa-gréables & même ſouvent nuiſibles aux eaux de puits, de fleuve & de rivière. Elles con-

tiennent auffi quelquefois de l'acide carbonique, de l'argile, du fer, des extraits de végétaux altérés par la putréfaction. Toutes ces eaux
font mauvaifes à boire ; les premières conftituent fpécialement celles que l'on appelle eaux
crues, eaux dures ; elles ont une faveur fade ;
elles pèfent fur l'eftomac ; elles rallentiffent la
digeftion ; elles font fouvent l'effet des purga-
tifs, & leur ufage peut être fuivi de dangers.
Il eft donc très-néceffaire de favoir en reconnoître la nature, de déterminer les corps étrangers qui leur donnent ces mauvaifes qualités,
& de rechercher le moyen de les leur enlever.

En général l'eau bonne à boire, & dont
l'ufage ne peut qu'être utile, fe diftingue par
les caractères fuivans. Elle eft très-claire & très-
limpide ; aucun corps étranger n'en altère la
tranfparence ; elle n'a aucune efpèce d'odeur ;
fa faveur eft vive, fraîche & comme piquante ;
elle bout promptement, facilement & fans fe
troubler ; elle diffout parfaitement le favon,
& cette diffolution eft homogène, fans floccons
ou grumeaux ; elle cuit bien les légumes, &
ne leur communique point de dureté ; effayée
par les liqueurs appelées réactifs, tels que les
alkalis & les diffolutions de mercure & d'argent
par l'acide du nitre, elle ne fe trouble point,
ou au moins elle ne fe trouble que d'une ma-

nière presqu'infenfible. Enfin elle paffe facilement dans l'eftomac & les inteftins , & elle
favorife la digeftion des alimens. On trouve
toutes ces propriétés réunies dans une eau de
fource ou de rivière qui fe filtre ou qui coule
à travers le fable , qui eft agitée d'un mouvement continuel , & dans laquelle il ne fe pourrit point une grande quantité de matières végétales & animales. Il faut encore qu'il n'y ait
point d'égoûts qui fe jettent dans le voifinage,
qu'on n'en rallentiffe pas le cours par des obf-
tacles ou un très-grand nombre de faignées ,
qu'on ne l'altère pas par le rouiffage du chan-
vre , les leffives favoneufes , &c. &c. Au contraire , une eau qui féjourne fans mouvement
dans des cavités fouterreines , qui vient d'un
terrein calcaire ou gypfeux , qui n'a point de
courans réels , qui nourrit beaucoup de plantes
& d'infectes , qui n'a que peu de profondeur,
& dont le fond eft une vafe mobile & des végétaux pourris , préfente tous les caractères oppofés ; fa faveur eft fade ou même nauféa-
bonde ; elle a une odeur de moifi ou légèrement putride ; elle eft fouvent verte ou jaunâtre ; on y voit nager des floccons mucilagineux verts ou bruns , débris des matières végétales en putréfaction ; elle verdit les couleurs
bleues végétales ; elle fe trouble en bouillant ;

elle donne des floccons avec le savon ; elle durcit les légumes ; les réactifs y occasionnent des précipités plus ou moins abondans ; elle pèse sur l'estomac, y séjourne long-tems, & trouble la digestion.

Pour corriger ces mauvaises qualités, on emploie plusieurs moyens entièrement fondés sur des propriétés physiques & chimiques.

1°. On donne du mouvement aux eaux stagnantes, en leur creusant un lit sur un terrein en pente, en les battant à l'aide des moulins, &c. en les faisant couler dans des canaux, & en les dirigeant en jets, en cascades. Ce premier moyen physique facilite l'évaporation des gaz & de l'esprit recteur putrides ; il fait déposer les matières étrangères, en les réunissant ensemble & leur donnant plus de pesanteur ; il mêle & combine avec l'eau une plus grande quantité d'air.

2°. On cure les marres & les étangs ; on enlève ainsi les matières végétales & animales susceptibles de putréfaction, & on agite en même-tems l'eau.

3°. On filtre les eaux dans des jarres ou des fontaines dont le fond est garni de sable fin & d'éponges. On a soin de renouveller celles-ci ; on sable aussi les petits ruisseaux dont le fond est vaseux, après l'avoir creusé.

4°. Ces premiers moyens purifient l'eau & en séparent les matières hétérogènes qui y flottent ; mais ils ne lui enlèvent point les substances salines qui y sont dissoutes. Pour séparer ces corps de l'eau, il faut la faire bouillir, la laisser ensuite déposer & refroidir, la tirer à clair, la filtrer au papier ou à travers le sable blanc & pur, & l'exposer à l'air dans des vaisseaux de grès plats. On peut ensuite la boire avec sécurité ; l'ébullition enlève le principe odorant désagréable, & fait précipiter une partie des sels calcaires, des eaux dures ; mais il faut pour obtenir ce dernier avantage les faire bouillir environ une demi-heure, ou plutôt jusqu'à ce qu'elles dissolvent mieux le savon & ne durcissent plus les légumes.

5°. Si l'ébullition ne peut suffire pour débarrasser les eaux des sels calcaires, comme cela arrive pour les eaux très-crues ou qui contiennent beaucoup de ces sels terreux, il faut les précipiter en les faisant bouillir avec une petite quantité de potasse, ou à son défaut avec un peu de cendre ordinaire, il se fait un dépôt au fond de l'eau ; on la tire à clair, on l'expose à l'air, & elle jouit alors de toutes les qualités qu'on y recherche.

6°. On peut aussi ajouter à l'eau quelque substance propre à corriger les mauvais effets

& les qualités défagréables qui la rendent nui-
fible ; tels font le fucre , les farineux , l'orge ,
le bled , le miel, les plantes potagères , quelques labiées & aromatiques ; mais ces additions
ne lui donnent point , comme les premiers
moyens , la légéreté , la vivacité & toutes les
bonnes qualités de l'eau bien pure ; elles ne
font que fubftituer une faveur à une autre.

Tous ces détails fur les propriétés chimiques
de l'eau, ne l'ont encore préfentée que comme
un agent très - puiffant dans les combinaifons ,
& fufceptible de s'unir à un grand nombre de
corps ; mais elle éprouve dans plufieurs de ces
combinaifons , une altération fingulière , qui
n'a été découverte que depuis quelques années
(avril 1784) & qui mérite toute l'attention des
chimiftes. On favoit depuis long-tems que l'eau
favorife la combuftion dans quelques cas, dans
la lampe de l'émailleur , les huiles enflammées,
les grands incendies , &c. Quelques phyficiens
avoient cru pouvoir conclure de ces faits, que
l'eau fe changeoit en air. C'eft à plufieurs académiciens françois que l'on doit une connoiffance plus exacte de ces phénomènes & de la
nature de l'eau. M. Lavoifier ayant remarqué ,
avec M. de la Place, que lorfqu'on brûloit le
gaz inflammable à l'aide de l'air vital dans des
vaiffeaux fermés , il fe produifoit de l'eau pure ,

(fait que M. Monge obfervoit avec la plus grande précifion, dans le laboratoire de l'école de Mezière, prefque dans le même tems que lui) crut pouvoir en conclure que l'eau étoit formée dans cette expérience par la combinaifon de l'air vital & du gaz inflammable, qu'il regardoit comme fes deux principes conftituans. Cette théorie fur la nature de l'eau à laquelle M. Lavoifier enlevoit tout-à-coup la prérogative de corps fimple & d'élément qu'elle confervoit depuis long-tems, éprouva d'abord des contradictions, & ce chimifte fentit bien qu'il falloit ajouter la preuve de la décompofition de l'eau à celle de la fynthèfe. Il chercha en conféquence le moyen de décompofer ce fluide, en lui préfentant des corps qui euffent affez d'affinité avec l'un de fes principes pour en féparer l'autre. Il s'eft réuni à M. Meufnier pour faire des recherches fur cet objet, & ces deux favans ont lu à l'académie, le 21 avril 1784, un Mémoire où ils ont prouvé que l'eau n'eft point une fubftance fimple, qu'elle eft véritablement compofée de la bafe du gaz inflammable & de celle de l'air vital ou de l'oxigène, & que l'on peut féparer facilement ces deux principes l'un de l'autre. Pour obtenir ces deux matières ifolées, M. Lavoifier a d'abord employé le procédé fuivant. Il a mis au-deffus du

mercure

mercure dans une petite cloche de verre, une quantité connue d'eau distillée bien pure & de limaille de fer; peu à peu cette dernière a été calcinée, & il s'est dégagé un fluide élastique & inflammable qui s'est rassemblé au-dessus du mercure; à mesure que ces deux phénomènes ont eu lieu, l'eau a diminué en quantité. En poursuivant cette expérience jusqu'à sa fin, on peut obtenir le fer entièrement calciné, & l'eau totalement décomposée; car c'est ce fluide qui produit, suivant M. Lavoisier, & la calcination du fer, & le dégagement de gaz inflammable. Comme elle est composée d'oxigène & de la base du gaz inflammable, le fer enlève peu à peu le premier principe avec lequel il forme un oxide métallique, & il dégage le gaz in-flammable. Telle étoit la première expérience par laquelle ce savant chimiste décomposoit l'eau; mais dans son travail avec M. Meusnier, il a employé un autre procédé beaucoup plus court & plus concluant que le premier. Il a fait passer de l'eau goutte à goutte à travers un canon de fusil placé dans un fourneau & chauffé jusqu'à l'incandescence; par ce procédé, l'eau réduite en vapeurs se décompose à mesure qu'elle touche le fer rouge; l'oxigène qu'elle contient se fixe dans le métal, comme le dé-montrent l'augmentation de son poids & l'altération singulière qu'il éprouve. La base du gaz inflammable devenue libre & fondue par la chaleur avec laquelle elle se combine, parcourt rapidement le canon de fusil, & se rassemble dans des cloches placées à cet effet à l'extrêmité de ce canon opposée à celle par où l'on fait tomber l'eau fluide. En répétant ces expériences avec le plus de précision possible, ces savans ont reconnu que l'eau contient environ six parties d'oxigène, & une de la base du gaz inflammable; que ce dernier n'en constitue par conséquent que la septième partie; qu'il est à-peu-près treize fois plus léger que l'air atmosphérique, & qu'il peut occuper un espace quinze cens fois plus considérable que celui qu'il occupoit dans sa combinaison aqueuse.

Il paroît que l'eau peut agir de la même manière sur plusieurs autres corps combustibles, qu'elle les réduit plus ou moins facilement à l'état de corps brûlés, & qu'elle donne constamment du gaz inflammable; on l'a décomposée par le zinc, le charbon, les huiles; cette dernière expérience se fait en jettant l'eau goutte à goutte sur des huiles bouillantes, dans une cornue dont le bec plonge sous des cloches de l'appareil pneumato - chimique ordinaire; mais elle demande beaucoup de précautions, pour éviter les explosions qui ont lieu par la

fuccion de l'eau de la cuve due au vide qui
fe forme pendant l'ébullition des huiles. Pour
s'affurer fi un corps combuftible, tel qu'un métal, un charbon, &c. eft fufceptible de décompofer l'eau, il faut le plonger rouge de feu dans
une cuve pleine d'eau, fous une cloche également remplie de ce fluide; le gaz inflammable qui fe dégage conftamment lorfque l'eau eft
décompofée, vient fe raffembler dans cette
cloche; telle eft la raifon des bulles produites
par le fer rouge plongé & éteint dans l'eau,
& du gaz inflammable qu'on obtient dans ce
cas, comme l'ont obfervé MM. Haffenfraft,
Stouttz & d'Hellancourt, élèves de l'école
royal des mines de France. Le même dégagement de gaz inflammable produit de la décompofition de l'eau, a lieu lorfqu'on plonge du
charbon enflammé dans ce fluide.

Tels font les faits nouvellement découverts
fur la nature de l'eau & fur fa compofition.
MM. Lavoifier & Meufnier penfent donc que
ce fluide eft un compofé d'environ fix parties
d'oxigène & d'une partie de la bafe du gaz
inflammable, ou plus exactement de 0,86 du
premier de ces corps, & de 0,14 du fecond;
que le fer, le charbon, les huiles ayant plus
d'affinité avec l'oxigène, que ce dernier n'en a
avec la bafe du gaz inflammable, s'en empa-

rent, dégagent ainfi ce fluide élaftique combuftible, & décompofent entièrement l'eau ; que
l'on reforme ou que l'on recompofe ce liquide,
en brûlant du gaz inflammable avec de l'air
vital ; qu'on obtient dans cette combuftion faite
avec foin, une quantité d'eau pure parfaitement correfpondante par fon poids à celle des
deux fluides élaftiques que l'on a combinés ;
que dans beaucoup d'opérations chimiques on
fait de l'eau par cette combinaifon ; qu'ainfi
lorfqu'on brûle de l'efprit-de-vin & des huiles
fous une cheminée capable d'en condenfer les
vapeurs, dont le tuyau fe termine par un ferpentin plongé dans l'eau , & dont l'extrêmité
s'ajufte avec un récipient , il fe raffemble dans
le vaiffeau une quantité d'eau prefque toujours
plus confidérable que celle du liquide combuftible que l'on a brûlé , en raifon de la combinaifon du gaz inflammable dégagé de ces liqueurs
avec l'air pur de l'atmofphère qui entretient
leur combuftion.

Ces découvertes & la théorie que ces favans
en ont tirée, conftitueront fans doute une des
plus brillantes & des plus heureufes époques
des fciences phyfiques. Comme il eft de la plus
grande importance d'en examiner avec tout le
foin poffible les réfultats & les conféquences,
nous croyons devoir ajouter ici quelques obfer-

vations pour rendre cette théorie plus claire & plus exacte.

Nous avons dit que tous les fluides aériformes doivent leur état gazeux à la matière du feu ou de la chaleur qui leur est unie. Il en est donc ainsi du gaz inflammable; or comme la décomposition de l'eau & son changement en gaz inflammable, n'a jamais lieu qu'à l'aide d'une température assez élevée, & qu'elle est d'autant plus rapide, que la chaleur est plus forte; on voit que ce gaz n'est dans l'état aériforme, n'acquiert tant de légèreté, que parce que sa base qui partageoit la liquidité de l'eau, absorbe une grande quantité de chaleur, de sorte qu'on ne peut l'obtenir que dans cet état de fusion extrême. Il est donc nécessaire de donner un nom à cette base du gaz inflammable, qui, lorsqu'elle est combinée à celle de l'air vital ou à l'oxigène dans l'eau, peut devenir même solide, comme on la conçoit dans la glace. Cette base considérée comme un des principes essentiels de l'eau, doit avoir un nom qui exprime cette propriété. Nous avons adopté le mot *hydrogène*, qui remplit très-bien le but proposé. Nous disons donc que l'eau est un composé de la base de l'air vital ou de l'oxigène, & de la base du gaz inflammable ou de *l'hydrogène*; & comme beaucoup de corps dans l'état de fluides élastiques font inflammables, tels que l'alcohol, l'éther, les huiles volatiles, &c. nous diftinguons ce principe de l'eau dans l'état aériforme, par le mot de *gaz hydrogène.*

Nous reviendrons dans un autre chapitre fur cet important objet; il fuffit d'avoir fait connoître dans celui-ci, que l'eau n'eft point un corps fimple, qu'elle eft fufceptible de décompofition; la nature opère en grand la défunion de fes principes, avec bien plus de facilité & par des procédés bien plus multipliés que l'art ne peut le faire. C'eft par fa décompofition, que l'eau fert à purifier l'atmofphère, en y verfant de l'air vital; qu'il fe dégage beaucoup de gaz inflammable des eaux ftagnantes, que l'atmofphère en eft quelquefois tellement chargée, que le rétabliffement d'équilibre du fluide électrique l'allume & donne naiffance aux météores ignés; que l'eau contribue à la formation des matières falines dont l'air pur eft conftamment un des principes. Enfin cette brillante découverte des principes de l'eau, de fa décompofition & de fa recompofition, répand un grand jour fur beaucoup de phénomènes de la nature, & en particulier fur le renouvellement de l'atmofphère, fur la diffolution des métaux, fur la végétation, fur la fermentation, fur la putréfaction, ainſi que nous l'expoſerons fort en détail dans pluſieurs chapitres de cet Ouvrage.

CHAPITRE VIII.

De la Terre en général.

Les anciens philoſophes ont penſé qu'il exiſtoit un être ſimple, unique, le principe de la dureté, de la peſanteur, de la ſéchereſſe, de la fixité, qui faiſoit la baſe de tous les corps ſolides, auquel ils ont donné le nom de terre. Cette opinion, fondée ſur une idée abſtraite & purement philoſophique, a été enſeignée de tout tems dans les écoles, & pluſieurs ſavans l'admettent encore. Paracelſe a appelé terre tous les réſidus que lui fourniſſoient les analyſes ; mais les chimiſtes, d'après le conſeil de Glauber, s'étant impoſé la tâche d'examiner les réſidus avec autant de ſoin que les produits, ont bientôt été convaincus qu'il s'en falloit de beaucoup qu'ils fuſſent purement terreux, & ont rejetté le ſentiment de Paracelſe. Boerhaave, qui avoit adopté avec quelque reſtriction l'opinion de Paracelſe, obſervoit qu'après toutes les analyſes, il reſtoit une matière ſèche, inſipide, peſante, ſans couleur, jouiſſant enfin de toutes

P iv

les propriétés de la terre ; mais en foumettant chacune de ces matières aux moyens que la chimie fournit pour en connoître la nature, on s'eſt apperçu qu'elles différoient beaucoup entr'elles , & qu'on ne pouvoit point les défigner fous la même dénomination.

Beccher avoit admis trois eſpèces de terre, comme nous l'avons vu en parlant des principes ; la terre vitrifiable , la terre inflammable & la terre mercurielle. Stahl n'a regardé comme vrai principe terreux que la première de ces trois terres , & Macquer penfe avec Stahl , que la terre vitrifiable eſt celle que l'on doit confidérer comme la plus pure & la plus élémentaire.

Pour favoir quel parti nous devons prendre fur cet objet , confidérons d'abord en détail quelles font les propriétés que tous les chimiſtes s'accordent à donner à l'élément terreux. Nous en trouvons fix qu'on a défignées comme autant de caractères diſtinctifs propres à le faire reconnoître ; favoir, la pefanteur , la dureté, l'infipidité, la fixité , l'infufibilité , & l'inaltérabilité. Mais toutes ces propriétés fe rencontrent également dans la terre qui fait la bafe du criſtal de roche , du quartz , des pierres vitrifiables en général , ainfi que dans celle des argiles , des glaifes. Si donc plufieurs matières , très-différentes les unes des autres, ont toutes les propriétés attribuées en général à l'élément terreux, devons-nous les regarder comme autant de terres simples & primitives, ou bien adopter l'opinion de Stahl & de Macquer, qui trouvant dans la terre vitrifiable les propriétés terreuses plus marquées & plus évidentes, ont cru devoir en faire l'élément terreux primitif, & regarder les autres comme des modifications auxquelles elle donne naissance en passant dans différens composés ?

Quelque séduisante que soit cette hypothèse, quelque confiance que mérite une opinion adoptée par de si grands chimistes, nous ne croyons pas qu'on puisse regarder la terre vitrifiable comme la terre élémentaire & primitive; 1°. parce que cette terre n'est pas également pure dans toutes les pierres où Macquer & Stahl lui-même l'ont admise; par exemple, dans le quartz, le cristal de roche & les cailloux; 2°. parce qu'on retrouve toutes les propriétés des matières terreuses dans plusieurs substances qui ne diffèrent de la terre vitrifiable que parce que les caractères terreux n'y sont pas dans un degré si marqué; 3°. parce qu'il n'est pas du tout démontré que la terre vitrifiable soit la base de toutes les matières solides & de toutes les terres, comme quelques chimistes l'ont pensé.

Voici donc le fentiment que nous croyons devoir adopter fur cette matière. La nature nous offre plufieurs fubftances qui ont les propriétés des terres ; on ne fauroit affigner quelle eft la plus fimple d'entr'elles , puifque les expériences de la chimie découvrent dans toutes une fimplicité à peu de chofe près égale ; & puifque d'ailleurs quand l'une d'elles feroit démontrée plus fimple , on ne pourroit point en conclure qu'elle conftitue l'élément terreux , parce qu'il refteroit encore à faire voir qu'elle fert à former les autres terres , & que , reçue dans les différens compofés , elle y donne naiffance à la cohérence & à la folidité. On doit donc , fans décider quel eft l'élément terreux proprement dit , admettre différentes efpèces de terres , & en étudier les propriétés , afin de pouvoir les reconnoître & les diftinguer partout où l'analyfe chimique les offrira enfemble ou féparément.

Il. y a long-tems que les chimiftes ont admis plufieurs efpèces de matières terreufes ; mais leurs premières divifions font vicieufes à beaucoup d'égards , parce que les caractères d'après lefquels on les avoit établies , n'étoient ni affez certains , ni affez nombreux. Telle eft , par exemple , celle qui reconnoît des terres minérales , végétales & animales ; en effet, quoique les réſidus fixes que l'on obtient dans les dernières analyſes des matières organiques, après avoir fait la leſſive de leurs cendres, ſoient pour la plupart ſans odeur, ſans ſaveur, indiſſolubles & ſecs, ces propriétés ne ſont point ſuffiſantes pour les ranger au nombre des terres, puiſqu'ils n'en ont ni l'inaltérabilité, ni l'infuſibilité, ni la ſimplicité. La ſubſtance qui fait la baſe sèche & ſolide des os des animaux, & qu'on a encore appelée terre, à cauſe de ſa ſechereſſe, de ſon inſipidité & de ſon indiſſolubilité, a été reconnue depuis quelques années, pour une vraie matière ſaline, comme nous le dirons en détail dans l'hiſtoire chimique du règne animal; & l'on peut conjecturer avec beaucoup de vraiſemblance, que les parties inſipides & inſolubles qui reſtent après les dernières analyſes des ſubſtances organiques, ſont de la même nature que la matière oſſeuſe; le nom de terres métalliques qu'on a donné aux chaux des différens métaux, d'après leur ſechereſſe, le peu de ſaveur & de ſolubilité de quelquesunes d'entr'elles, ne leur convient pas davantage; puiſqu'elles ſont très-fuſibles, & que toutes ſont dans un état de compoſition que nous démontrerons par la ſuite.

Les minéralogiſtes qui ont traité l'hiſtoire des terres, ont mis plus de préciſion & d'exactitude dans la division de ces subſtances , que les chimiſtes qui ne s'en ſont occupés qu'en général , & autant qu'elle pouvoit ſervir à la théorie de la chimie. La plupart des naturaliſtes modernes qui ont claſſé ces matières , ont adopté des caractères tirés des propriétés chimiques, & ont jetté par-là beaucoup de jour ſur l'hiſtoire naturelle du règne minéral. Tels ſont MM. Wallerius , Cronſtedt & Monnet, qui ont donné des ſyſtêmes complets de minéralogie, d'après cette idée. Aucun chimiſte n'a fait un plus grand nombre de recherches ſur les terres & les pierres , que Pott qui a donné une diviſion méthodique de ces corps , d'après ſes travaux. On doit auſſi de grands éloges aux travaux ſuivis de M. d'Arcet , & aux analyſes de beaucoup de ſubſtances pierreuſes faites par MM. Bergman & Bayen. Nous n'entreprenons pas d'expoſer les différentes méthodes données par ces ſavans, & de les comparer ; notre but n'eſt pas de faire ici l'hiſtoire naturelle des matières terreuſes , nous ne voulons qu'offrir le réſultat de ces différens travaux , afin de ſavoir combien il y a d'eſpèces de terres conſidérées chimiquement, & quelles ſont les propriétés qui caractériſent chacune d'elles.

Avant d'aller plus loin ſur cet objet, remarquons que nous croyons devoir confondre dans la même classe les terres & les pierres, puisqu'en les considérant chimiquement, elles ne font qu'une seule & même substance dont l'aggrégation est différente. Le grès, par exemple, n'est que du sable réuni & cohérent par la force d'aggrégation, & le sable n'est que du grès dont les parties intégrantes sont désunies, & dont l'aggrégation est rompue ; l'une & l'autre de ces substances présentent absolument les mêmes propriétés chimiques.

Pott a divisé les terres & les pierres en quatre classes ; les vitrifiables, les argileuses, les calcaires & les gypseuses. Des découvertes faites depuis ce chimiste, ont démontré que les matières connues jusqu'aujourd'hui sous le nom de terres calcaires, sont de vrais sels neutres ; les pierres gypseuses sont aussi reconnues pour une substance saline. Il n'y a donc plus dans les quatre classes des pierres admises par Pott, que les deux premières qui appartiennent réellement à ces matières. Le docteur Black, dont le nom fera une grande époque dans les révolutions de la chimie moderne, ayant examiné avec beaucoup de soin la base du sel d'Epsom, a prouvé qu'elle étoit formée par une substance particulière qu'il a nommée *magnésie*, & qu'il a mise au rang des terres ; tous les chimistes ont adopté l'opinion de Black. Bergman a trouvé dans le fpath pefant, une terre particulière qu'il a défignée fous le nom de *terre pefante*, & que nous appellerons *baryte*.

Nous croyons devoir diflinguer ces trois dernières fubflances des terres proprement dites, d'après les raifons que nous donnerons dans les chapitres fuivans.

D'après ces différentes confidérations, nous ne reconnoiffons comme vraies matières terreufes que celles qui font parfaitement infipides, infolubles & infufibles, & nous diflinguons celles qui jouiffent de ces propriétés, par les phénomènes chimiques qu'elles préfentent. Nous n'admettons donc que deux efpèces de terres pures tout auffi fimples & tout auffi élémentaires l'une que l'autre.

La première eft celle qui conflitue la bafe du criflal de roche, du quartz, du grès, des cailloux & de prefque toutes les pierres dures & étincelantes ; fon caractère chimique eft de n'être aucunement altérable par l'action du feu le plus violent, & de ne rien perdre de fa dureté, de fa tranfparence & de toutes fes propriétés, quelque chaleur qu'on lui faffe fubir. On l'a appelée *terre vitrifiable*, parce que c'eft la feule qui, combinée avec les alkalis, foit fufceptible de donner du verre tranfparent. Mais le nom de *filice* tiré de celui de terre filiceufe ou filicée qu'on lui a aussi donné, parce qu'elle existe dans tous les silex, est celui que nous préférons.

La seconde espèce de terre que nous regardons comme simple & pure, est la terre argileuse pure ou *l'alumine*. Elle présente dans son état de pureté les caractères suivans qui la font différer beaucoup de la première. Quelque pure qu'elle soit, elle est presque toujours opaque, ou si quelques pierres qui en contiennent sont transparentes, il s'en faut de beaucoup que cette transparence soit aussi nette que celle des pierres siliceuses; elle est toujours disposée par couches minces ou feuillets appliqués les uns sur les autres. Cette disposition constante répond à la forme cristalline qu'affecte constamment la première matière terreuse; quoiqu'elle n'ait pas plus de saveur que la terre silicée, elle semble cependant avoir une sorte d'action sur nos organes, puisqu'elle adhère à la langue, propriété que les naturalistes expriment en disant qu'elle *hape à la langue*. Sa force d'aggrégation n'est jamais si considérable que celle de la première terre; ce qui fait que les pierres argileuses ne sont jamais d'une dureté très-grande, & qu'elles se brisent par le choc de l'acier, au lieu de l'entamer & de l'embraser par la force de la percussion, comme le font les pierres scintillantes. Cette force d'aggrégation peu énergique dans l'alumine, rend cette terre beaucoup plus fufceptible de combinaifons que les autres ; auffi rencontre-t-on beaucoup moins d'argiles pures que de criftal de roche ou de quartz. On conçoit facilement, d'après cette obfervation, pourquoi les argiles font prefque toujours colorées ; pourquoi il en eft peu qui préfentent les caractères alumineux dans un degré bien marqué. L'alumine expofée à l'action de la chaleur, y éprouve une altération que n'éprouve point la terre filicée. Au lieu de refter intacte comme celle-ci, elle durcit & acquiert une aggrégation bien plus forte que celle qui lui eft naturelle. Elle fe rapproche même alors de la filice, puifqu'elle en prend quelques propriétés, comme la dureté & le peu de force de combinaifon. L'eau a quelqu'action fur l'alumine ; elle la pénètre, y adhère & la rend molle & ductile. C'eft une forte de combinaifon démontrée fur-tout par l'adhérence que l'eau & cette terre contractent enfemble, & qui eft telle qu'on ne peut les défunir entièrement que par l'action d'une chaleur forte & long-tems foutenue. Cette propriété de l'alumine de faire une pâte avec l'eau, ainfi que celle de fe durcir au feu, font d'un avantage bien précieux dans tous les arts dont l'objet eft de donner à cette terre une forme & une

folidité

folidité convenable. Enfin , une dernière propriété de l'alumine par laquelle elle s'éloigne
fur-tout de la première terre , c'eft celle de
pouvoir s'unir à un très-grand nombre de fubftances , & de pouvoir entrer dans beaucoup de
combinaifons ; c'eft à caufe de cette affinité de
compofition très-forte dans l'alumine , que l'on
retrouve cette terre dans beaucoup de compofés , & c'eft auffi la raifon pour laquelle nous
fommes entrés dans plus de détails fur cette
fubftance terreufe , afin qu'on puiffe aifé-
ment la reconnoître , d'après fes caractères ,
dans les analyfes dans lefquelles on la ren-
contrera.

Telles font les deux matières terreufes fimples que nous croyons devoir diftinguer , &
qui ont toutes deux les caractères de fubftances
élémentaires , puifqu'on n'a pu parvenir jufqu'à
ce moment à les décompofer. Nous ne fommes pas affez avancés fur l'origine , fur la formation , & même fur les propriétés chimiques
de ces matières , pour prononcer avec quelques
chimiftes que l'une eft plus fimple que l'autre ,
& que celle-ci n'eft qu'une modification de la
première. Nous ne penfons pas qu'on puiffe
encore avancer que la terre du criftal de roche
ou la filice eft la bafe de l'alumine , qui n'eft
que la même fubftance atténuée , divifée &

élaborée, parce qu'aucun chimiste n'a encore pu opérer cette sorte de transmutation.

Les deux matières terreuses dont nous venons d'examiner les propriétés en général, se rencontrent très-rarement pures dans la nature. Il n'y a guère que la terre silicée qui jouisse de cette prérogative dans le cristal de roche; sans doute, comme nous l'avons déjà indiqué, parce qu'elle est d'une grande dureté, & qu'elle a une force d'aggrégation très-considérable. Encore cette terre est-elle souvent colorée par quelques substances étrangères. Dans le quartz elle est plus souvent altérée & combinée avec des parties colorantes. Il est encore plus rare de trouver de l'alumine pure ; enfin, la plus grande partie des terres & des pierres auxquelles les naturalistes ont donné des noms différens, sont presque toujours des composés d'une ou de deux des matières terreuses simples ou des substances salino-terreuses, sur-tout de chaux & de magnésie, & quelquefois de matières métalliques, dont la plus fréquente est le fer. Il ne faut pour se convaincre de la vérité de cette dernière assertion, que jetter les yeux sur l'ouvrage de M. Monnet, dans lequel ce chimiste range les pierres d'après leurs parties constituantes ; projet sans doute très-louable, mais qui, en présentant tous les avantages que la lithologie doit attendre de la chimie, montre en même-tems combien l'on est encore éloigné de pouvoir faire des divisions exactes & sûres des pierres, d'après leurs propriétés chimiques. Au reste, cet objet sera discuté plus au long dans les chapitres suivans.

SECONDE PARTIE.

RÈGNE MINÉRAL ; MINÉRALOGIE.

PREMIERE SECTION.

TERRES ET PIERRES.

CHAPITRE PREMIER.

Généralités sur la Minéralogie ; divisions des minéraux en général & des terres & pierres en particulier ; leurs différens caractères.

L'HISTOIRE naturelle a pour objet la connoissance de tous les corps qui constituent notre globe. Elle est grande & sublime, lorsqu'on la prend dans son ensemble ; elle est immense, lorsqu'on en considère les détails. Elle comprend depuis les phénomènes météoriques de l'atmosphère, jusqu'aux changemens qu'éprouvent les matières déposées dans les diverses couches de notre globe. Tous les corps qui en recouvrent la furface, les mers, les lacs, les fleuves, les rivières, les montagnes, les collines, les vallées, les plaines, les cavernes, font autant d'objets dont l'hiftoire naturelle s'occupe. Elle traite également des fubftances inertes qui font les matériaux du globe terreftre, & des êtres animés qui en habitent les diverfes furfaces. Il n'y a que le génie qui puiffe en embraffer l'enfemble, & faire un tout de ce grand tableau; l'obfervation fimple & fcrupuleufe s'attache au détail; elle fépare les diverfes parties de ce grand tout; elle les ifole, les confidère à part, & conftitue des branches multipliées & diverfes de cette étude. Tel homme laborieux & infatigable a paffé toute fa vie à obferver & à décrire les manœuvres de quelques infectes, & il n'a point encore épuifé ce fujet.

L'étude de l'hiftoire naturelle feroit donc effrayante & faite pour rebuter, fi ceux qui s'y font appliqués n'en avoient applani les difficultés, en cherchant les moyens de foulager la mémoire & de la repofer fur quelques points fixes. Ces moyens font ce qu'on appelle les méthodes. Elles confiftent dans une difpofition des corps naturels, telle qu'on les rapproche les uns des autres par des propriétés communes, ou qu'on les éloigne plus ou moins, à

l'aide des propriétés différentes qu'ils préfentent. La claffification qui en réfulte, doit être
fondée fur des caractères frappans, faciles à
faifir & conftans.

Une des plus importantes & des plus marquées comprend la divifion de tous les corps
naturels en trois grands ordres qu'on a appelés
règnes; le règne minéral, le règne végétal &
le règne animal. Quoique les deux derniers
femblent fè rapprocher par quelques grandes
propriétés, ils font cependant affez diftincts par
leur forme & leur organifation extérieure, pour
devoir être féparés dans l'étude.

Les minéraux forment la maffe du globe,
ou plutôt la croûte extérieure que les hommes
ont fillonnée. Ils n'augmentent de volume &
de dimenfion, que par la juxta-pofition de parties, & par la force de l'attraction. Ils n'éprouvent de variations & de changemens que ceux
qui dépendent de l'action chimique des matières les unes fur les autres; on les appelle à
caufe de cela, corps inorganiques, bruts, ina-
nimés.

Les végétaux croiffent au contraire par une
force intérieure; ils ont des organes qui élabo-
rent les fucs qu'ils puifent dans la terre & dans
l'air; ils fuivent toutes les modifications de la
vie; ils croiffent, vivent & meurent; ils repro-

duifent leurs femblables par une véritable génération ; enfin, les organes des animaux font
plus compliqués que ceux des végétaux ; leurs
changemens font auffi plus rapides, & ils font
foumis avec beaucoup plus de force aux influen-
ces des corps environnans, à raifon de la loco-
mobilité dont ils jouiffent, & de la fenfibilité
qui les anime.

On donne le nom de minéralogie à cette
partie de l'hiftoire naturelle qui s'occupe de la
defcription des minéraux. Les premiers naturaliftes méthodiftes partageoient les fubftances minérales en un grand nombre de claffes ; ils admet-
toient dans leur dénombrement méthodique les
eaux, les terres, les fables, les pierres tendres,
les pierres dures, les pierres précieufes, les pierres figurées, les fels, les foufres, les pyrites, les
minéraux, les métaux, &c. Si l'on veut connoître
les progrès que la minéralogie a faits depuis
Henckel, l'un des premiers qui ait écrit d'une
manière méthodique fur cette partie, jufqu'à
M. Daubenton, dont la claffification eft un chef-
d'œuvre de précifion & d'exactitude, il faut confulter les fyftêmes qui fe font fuccédés, & qui
ont été recueillis par M. Mongèz le jeune (1).

---

(1) *Manuel du Minéralogifte*, ou *Sciagraphie du
règne mineral*, *diftribué d'après l'analyfe chimique par*

On y fuivra les époques de cette fcience, marquées par les travaux fucceffifs de MM. Bromel, Cramer, Henckel, Woltersdoff, Gellert, Cartheufer, Jufti, Lehman, Wallerius, Linneus, Vogel, Scopoli, Romé de Lille, Cronftedt, de Borne, Monnet, Bergman, Sage, & enfin par ceux de M. Daubenton, après lefquels il ne refte prefque plus rien à defirer.

Pour reconnoître le grand nombre de minéraux qui compofent le globe, il faut d'abord les partager en plufieurs claffes diftinguées par des caractères bien tranchans, & oppofés les uns aux autres. Nous les divifons en conféquence en trois fections ; nous rangeons dans la première les terres & les pierres qui n'ont point de faveur, qui ne fe diffolvent point dans l'eau, & qui ne brûlent point quand on les chauffe avec le contact de l'air ; dans la feconde, les matières falines qui ont plus ou moins de faveur, qui fe fondent dans l'eau, & qui ne brûlent point ; & dans la troifième, les fubftances combuftibles qui ne fe diffolvent point dans l'eau, & qui brûlent avec une flamme plus ou

---

M. Bergman, traduite & augmentée de notes par M. Mongèz. Paris, Cuchet, 1784, 1 vol. in-8. Introduction, page 13, jufqu'à la page 80.

moins marquée, quand on les expose au feu avec le contact de l'air.

Les terres & les pierres qui font bien diftinctes des fels & des corps inflammables, par leur infipidité, leur infolubilité & leur incombuftibilité, forment la plus grande partie de la maffe connue de notre globe. Leur arrangement régulier, par couches ou lits fucceffifs, conftitue les montagnes, les collines, les plaines ; dans les premières, elles font en groffes maffes informes & à nud, ou en dépôts horifontaux inclinés ; dans les plaines, elles font difpofées par lits horifontaux, & recouvertes d'une couche de terre propre à la végétation, & produite par le débris des corps organiques qui habitent la furface du globe ; fouvent au lieu de former des maffes auffi étendues, elles font diftribuées fous une forme régulière & criftalline, dans des fentes ou des cavités fouterreines. L'eau qui paroît en avoir formé la plus grande partie, les divife, les atténue continuellement, les tranfporte d'un lieu dans un autre, & leur fait éprouver en général un grand nombre de changemens. Leur hiftoire naturelle conftitue la *géologie* & la *lithologie* ; la première fignifie traité des terres, & la feconde traité des pierres ; mais ces deux corps doivent être réunis dans la même claffe, parce que les terres, fi l'on en excepte le terreau formé par le résidu des subſtances organiques putréfiées, ne ſont que des pierres dont l'aggrégation eſt détruite, & parce que les pierres ſont formées par la réunion & le rapprochement des matières terreuſes.

Le nombre des diverſes ſortes de terres & de pierres étant très-multiplié, & leur connoiſſance étant importante pour la ſcience, ainſi que pour les utilités que les hommes peuvent en retirer, les ſavans ont cherché à les diſtinguer les unes des autres, & à donner des moyens ſûrs & faciles de les reconnoître. Les anciens naturaliſtes n'avoient point eu l'idée de leur aſſigner des caractères diſtinctifs ; ils ſe contentoient d'en décrire les propriétés générales, & ils en faiſoient l'hiſtoire d'après les uſages auxquels on les employoit, & ſur-tout d'après le prix qu'on y attachoit. Auſſi ne peut-on retrouver aujourd'hui la plupart des pierres dont Pline a fait mention dans ſon ouvrage. Les naturaliſtes modernes, qui ont ſenti l'inconvénient de cette manière de décrire les pierres, ont pris une autre route pour les faire bien diſtinguer, & pour que leurs deſcriptions puſſent être entendues dans tous les tems. C'eſt à l'aide des propriétés extérieures & ſenſibles de ces ſubſtances, qu'ils les ont partagées en ordres, en genres & en fortes, & qu'ils ont rendu leur étude plus facile & plus avantageufe.

Les caractères extérieurs & fenfibles qui diftinguent les terres & les pierres, & qui conftituent les méthodes lithologiques, font fondés fur leur forme, leur dureté, leur tiffu intérieur ou l'afpect de leur caffure, & leur couleur. Plufieurs naturaliftes y ont réuni quelques-unes de leurs propriétés chimiques, & fpécialement la manière dont elles fe comportent au feu, & leur altération par les acides. Nous devons confidérer ici chacune de ces propriétés, pour faire bien connoître l'application de ces principes généraux de la lithologie, à l'hiftoire particulière de chaque genre de pierres.

§. I. *De la forme confidérée comme caractère des pierres.*

On entend par forme des pierres l'ordre & l'arrangement refpectif de leurs furfaces extérieures entr'elles. Un coup-d'œil jetté fur une collection de pierres dans un cabinet, apprend que les unes offrent une forme régulière & géométrique, & que les autres font en maffes irrégulières ; que la régularité eft quelquefois accompagnée de la tranfparence, & dans d'autres jointe à l'opacité. L'obfervation a démontré que quelques espèces de pierres affectent en effet une cristallisation particulière, & que d'autres ne présentent jamais que des fragmens sans apparence de cristaux. Plusieurs naturalistes pensent que toutes les matières pierreuses ont la propriété de prendre une forme cristalline, qu'elle est plus marquée & plus constante dans les unes que dans les autres, mais que toutes en ont une particulière qui est sensible jusque dans leurs dernières molécules. Telle est l'opinion de M. Romé de Lille, qui a fait l'histoire détaillée & fort exacte de toutes les substances minérales, relativement à leur diverse cristallisation (1). Ce savant distingue les formes qu'affectent les pierres & tous les autres corps minéraux, sous les trois dénominations de cristallisation déterminée, de cristallisation indéterminée, & de cristallisation confuse, & il fait observer qu'il n'y a pas une substance minérale qui ne se présente dans l'un ou l'autre de ces états. A la vérité, comme beaucoup d'entr'elles affectent la seconde & la troisième espèce de cristallisation, qui est irrégulière, & ne peut

____

(1) Voyez son ouvrage qui a pour titre *Cristallographie*, ou *Description des formes propres à tous les corps du règne minéral*, &c. *seconde édition. Paris*, 1783, *de l'imprimerie de* Monsieur.

pas être facilement reconnue, on ne sauroit tirer un affez grand parti de la forme criftalline des pierres, pour leur donner d'après elle des caractères pofitifs & déterminés. Plufieurs minéralogiftes ont cependant établi des fyftêmes de lithologie & de minéralogie entière fur la forme régulière des pierres & des minéraux. Linneus eft le premier qui ait adopté ce plan ; & s'il n'a pas rempli entièrement l'objet qu'on fe propofe dans l'établiffement des divifions méthodiques, il a au moins excité l'attention des obfervateurs fur les formes criftallines, & il a mis fur la voie de toutes les découvertes qui ont été faites depuis.

Tel eft donc aujourd'hui l'état des opinions relatives à l'influence de la criftallographie fur l'étude des pierres & des minéraux ; elle eft très-utile pour éclairer fur la formation de ces fubftances; elle fournit quelquefois de grandes lumières fur leur nature ; elle peut même fouvent fervir à les faire reconnoître & diftinguer les unes des autres ; mais elle ne paroît pas fuffire pour établir une méthode entière, un fyftême complet de minéralogie ; & elle ne conftitue relativement à cet objet, qu'un feul des moyens qu'il faut employer réunis pour parvenir à cette méthode. M. Romé de Lille, ce favant diftingué auquel on doit tant de travaux fur les for-

mes propres à tous les minéraux, ne s'est pas
uniquement servi de la cristallisation pour diviser ces corps; & au lieu de prendre la forme
comme la première base de ses divisions, il l'a
seulement examinée & décrite dans les substances minérales classées, suivant leur nature saline, pierreuse ou métallique, & d'après leurs
diverses combinaisons.

§. II. *De la dureté considérée comme caractère
des pierres.*

L'aggrégation des molécules qui composent
les pierres, présente un grand nombre de variétés dont les lithologistes se font servis avec
avantage pour les distinguer les unes des autres.
Les unes ont une aggrégation si forte, & une
telle dureté, qu'elles ne se laissent point entamer par l'acier le plus trempé ; telles font les
pierres précieuses ou pierres gemmes. D'autres
cèdent difficilement à l'action des instrumens,
& on peut les tailler avec peine ; tels font les
quartz, les cailloux, les agathes, le grès dur,
le porphyre, le granit. Toutes ces pierres frap-
pées brusquement contre une lame d'acier,
produisent un grand nombre d'étincelles, ce
qui les a fait appeler pierres scintillantes ou
ignescentes ; cette lumière est due aux petites

paillettes détachées de l'acier par le choc des pierres, & enflammées fubitement par la chaleur qui eft la fuite de la forte percuffion qu'elles éprouvent. Cette chaleur eft même fi confidérable, que les molécules de fer brifé font ramollies & fondues, de forte qu'en les raffemblant fur un papier blanc & en les obfervant avec une bonne loupe, elles préfentent des efpèces de fcories demi-calcinées & vitrifiées, femblables à celles qui fortent des forges, & que l'on connoît fous le nom de mâchefer. Les pierres étincelantes ayant différens degrés de denfité, depuis l'exceffive dureté des criftaux gemmes & du criftal de roche, jufqu'à celle des grès tendres & des brèches vitrifiables d'une formation moderne, on conçoit qu'elles doivent donner plus ou moins d'étincelles, fuivant ces degrés.

Il exifte un grand nombre d'autres pierres dont l'aggrégation eft bien moins confidérable, & qui font affez tendres pour pouvoir être facilement entamées & taillées par les inftrumens d'acier ; celles-ci ne font point feu avec le briquet, mais fe brifent plus ou moins facilement lorfqu'on les frappe. Il y a auffi un grand nombre de degrés dans la dureté des pierres non fcintillantes. Les unes, comme les marbres & l'albâtre, font fufceptibles de recevoir un poli affez beau & uniforme ; les autres ne prennent qu'un faux poli, & ont toujours un afpect gras & brut, comme la plupart des pierres argileufes ; on juge facilement de cette dureté moyenne & de l'efpèce de poli que ces pierres font fufceptibles de prendre, en mouillant leur furface ; on leur donne par ce procédé fimple un poli momentané qui fe diffipe à mefure que l'humidité qui les enduit s'évapore.

Il faut obferver que plufieurs pierres peuvent préfenter une véritable fcintillation, lorfqu'on les frappe avec l'acier, quoiqu'elles ne foient point dans la claffe des pierres ignefcentes. Ces étincelles dépendent de ce que ces pierres font mêlangées, & de ce qu'elles contiennent quelques fragmens de celles qui jouiffent de cette propriété. C'eft ainfi que quelques marbres & plufieurs brêches calcaires donnent des étincelles avec l'acier, parce que ces pierres contiennent des molécules de quartz ou de cailloux mêlées & implantées dans leur pâte calcaire.

De la denfité des pierres fuit néceffairement leur pefanteur. Quelques naturaliftes ont confidéré cette dernière propriété comme fort importante pour la claffification des matières pierreufes. M. de Buffon fait un très-grand cas de la pefanteur fpécifique, pour reconnoître la nature des pierres ; mais ce caractère important pour

trouver

trouver l'ordre naturel & la formation de ces subſtances, exige des expériences délicates, & ne peut pas ſervir dans les méthodes lithólogiques, dans leſquelles la facilité & la ſimplicité ſont des conditions néceſſaires pour guider les premières études dans cette partie de l'hiſtoire naturelle.

§. III. *De la caſſure conſidérée comme caractère des pierres.*

Lorſqu'on caſſe toutes les pierres, on obſerve dans les ſurfaces découvertes un arrangement particulier de leurs molécules intégrantes, une eſpèce de tiſſu diſtinct dans chacune d'elles. C'eſt cet aſpect que les lithologiſtes déſignent ſous le nom de caſſure ; il fournit des caractères fort utiles pour diſtinguer les pierres les unes d'avec les autres. En comparant toutes les obſervations faites ſur la forme & l'aſpect de l'intérieur de toutes les pierres connues, on voit qu'il eſt poſſible de réduire à certains chefs les différentes eſpèces de caſſure que ces matières préſentent. En effet, les unes offrent comme le verre, des ſurfaces liſſes, polies & formées d'ondes dans leur fracture. Ce caractère conſtitue la *caſſure vitreuſe* ; on la trouve très - marquée dans le criſtal de roche, le quartz, &c.

Tome I.   R

D'autres préfentent une furface à moitié nette & polie dans leur caffure, mais qui n'eft point égale dans tous les lieux féparés par la fracture; elle eft formée de portions fucceffivement arrondies & concaves, & les deux morceaux rapprochés fe recouvrent réciproquement à la manière de petites calottes; on appelle cette apparence *caffure écailleufe*; ces efpèces d'écailles concaves & convexes font tantôt larges & grandes, tantôt étroites, arrondies, allongées, fuperficielles, creufes, &c. On les rencontre dans les diverfes fortes de cailloux, de jafpe, d'agathe, de petro-filex.

Il eft une autre claffe de pierres qui, lorfqu'on les caffe en fragmens, montrent dans les furfaces nouvellement découvertes un enfemble de petits points faillans & arrondis, femblables à des grains de fable ufés par les eaux. Cette forme eft appelée *caffure grenue*; on peut l'obferver très-facilement dans le grès. La groffeur, la fineffe, la furface variées de ces grains donnent encore un affez grand nombre de différences qui peuvent être utiles pour fervir de caractères diftinctifs entre plufieurs pierres. C'eft en raifon de cette efpèce de caffure qu'on donne quelquefois le nom figuré de *mie* ou *pâte*, à l'intérieur des matières pierreufes; on les défigne auffi quelquefois fous le nom de *grain*.

Enfin il y a un grand nombre de pierres dont les surfaces brisées offrent un grand nombre de lames polies, chatoyantes, posées à recouvrement les unes sur les autres. Comme la plupart ont porté le nom de spaths, on a appelé cette forme *cassure spathique*. Ces lames diffèrent les unes des autres par leur étendue, leur grandeur, leur épaisseur, leur transparence ou leur opacité, leur position horisontale ou oblique relativement à l'axe ou au diamètre des pierres cristallisées ; car elles annoncent une vraie cristallisation, lorsqu'elles sont brillantes ; si elles n'ont point d'aspect chatoyant, la cassure qu'elles forment est simplement *lamelleuse*. C'est la disposition respective de ces lames, si variées dans les pierres gemmes, les spaths calcaires, vitreux, pesans, qui donne toujours naissance à l'aspect brillant ou chatoyant que l'on observe dans le talc, le feld-spath & ses diverses sortes, telles que l'œil de poisson, l'avanturine naturelle, la pierre de Labrador, &c.

Quelques auteurs se sont servis de la forme générale combinée avec la cassure, pour diviser les pierres. Cartheuser a donné en 1755 un système de minéralogie, dans lequel il distingue les pierres en lamelleuses, fibreuses, solides & grenues ; mais la cassure seule ne peut point servir à l'établissement d'une méthode lithologique complette, & il faut qu'elle foit réunie avec tous les autres caractères que nous examinons dans ce chapitre (1).

§. IV. *De la couleur confidérée comme caractère des pierres.*

Les couleurs diverfes que l'on trouve dans un grand nombre de pierres, dépendent de plufieurs fubftances combuftibles ou métalliques qui leur font intimément combinées. Tantôt cette couleur eft uniformément répandue, tantôt elle n'exifte que dans quelques points des matières terreufes ou pierreufes. En général la partie colorante des pierres eft un accident qui n'exifte pas toujours & qui varie fuivant un grand nombre de circonftances. Il exifte, à la vérité, quelques pierres qui font toujours colorées d'une manière affez conftante, comme on l'obferve dans les criftaux gemmes, dans les fchorls, les tourmalines, & alors la couleur peut fervir de caractère; mais ce caractère ne peut jamais être employé que pour diftinguer quelques fortes, & fur-tout les variétés; auffi les lithologiftes n'en ont-ils fait que peu de cas pour l'établiffement de leurs méthodes.

---

(1) Voyez *l'Introduction à la Sciagraphie de Bergman*, *par M. Mongez le jeune*, *page* 21.

On doit diftinguer dans les couleurs des pierres, qui fervent à défigner leurs fortes & leurs variétés, celles qui font uniformes, également répandues dans toutes les parties de la fubftance pierreufe, accompagnées de la tranfparence ou de l'opacité, de celles qui y font diftribuées inégalement, par taches irrégulières, par veines, par points, par bandes; il faut auffi faire attention à la quantité des couleurs qui quelquefois fe trouvent au nombre de fix ou fept dans les pierres, telles que les marbres. C'eft d'après le nombre & la difpofition des couleurs dans ces fubftances naturelles, qu'on diftingue les pierres d'une feule couleur, de deux, trois ou quatre couleurs, les pierres variées, tachées, veinées, marbrées, nuancées, ponctuées, fleuries, figurées, herborifées, &c.

§. V. *De l'altération produite par le feu, confidérée comme caractère des pierres.*

Quelques minéralogiftes ne fe font pas contentés d'examiner les pierres par leurs qualités extérieures & fenfibles; ils ont encore cherché dans leurs propriétés chimiques des moyens de les diftinguer les unes des autres. L'action du feu & l'altération diverfe qu'elles font fufceptibles d'éprouver par cet agent, a été regardée par plusieurs lithologistes comme un très-bon moyen d'en reconnoître la nature & d'en apprécier les différences. Ils ont remarqué par les premiers essais que les unes perdoient leur transparence & leur dureté par l'action du feu, mais sans changer de nature, comme le quartz; que d'autres n'étoient altérées ni dans leur densité ni dans leur transparence, comme le cristal de roche; qu'il y en avoit qui se fondoient & se changeoient plus ou moins facilement en verre de différente couleur, comme les schorls, la zéolite, l'asbeste, l'amianthe, les grenats; qu'enfin plusieurs perdoient de leur poids, de leur consistance, sans se fondre, & acquéroient la propriété de se dissoudre dans l'eau, comme toutes les pierres calcaires. D'autres expériences plus multipliées & faites avec plus de soin, ont démontré que certaines pierres perdoient leur couleur au feu, & que, dans quelques-unes, la couleur prenoit plus d'intensité. Tel est le résultat général des travaux faits par MM. Pott, d'Arcét, & par plusieurs autres chimistes.

Ces diverses espèces d'altérations sont nécessaires à connoître pour rendre l'histoire des pierres plus complette, & pour éclairer sur leur nature; elles apprennent qu'en général les pierres simples sont celles dont le feu change le moins les propriétés , & que plus elles font compofées, plus elles éprouvent de changemens de la part de cet agent ; mais elles ne peuvent point avoir un grand degré d'utilité pour les méthodes lithologiques, puifqu'elles exigent des expériences longues & difficiles à faire ; tandis que les caractères avantageux pour la claffification des pierres, doivent être faciles à faifir, & fondés fur des propriétés que l'œil puiffe appercevoir, ou qui puiffent être reconnues par des effais fimples & prompts.

A la vérité on peut quelquefois fe fervir avec avantage de l'altération produite par le feu fur les pierres , lorfque les propriétés extérieures ne fuffifent pas pour en affurer la nature, au moyen du chalumeau imaginé par Bergman ; mais quelque fimple que foit cette ingénieufe méthode , elle entraîne avec elle la néceffité d'un appareil embarraffant dans les voyages, & ce fera toujours un procédé fait pour être pratiqué dans un laboratoire, plutôt que dans des courfes lithologiques (1).

---

(1) Voyez *le Mémoire fur le Chalumeau & fur fon ufage* , &c. par M. Bergman. *Journal de Phyfique*, tome *XVIII*, 1781, *pages* 207 & 467.

§. VI. *De l'action des acides considérée comme caractère des pierres.*

Les acides font les diffolvans les plus fréquens que l'on emploie en chimie. Quoique nous n'ayons point encore parlé de ces efpèces de fels, il eft néceffaire que nous difions ici quelques mots fur les phénomènes que les pierres préfentent, lorfqu'on les met en contact avec quelques acides. La plupart ne font en aucune manière altérées par ces fels ; mais il en eft quelques-unes qui offrent un mouvement très-fenfible, & une agitation femblable à une légère ébullition, lorfqu'on met fur leur furface une goutte d'acide nitrique, à l'aide d'un petit tube de verre. Ce phénomène porte le nom d'effervefcence ; le dégagement d'un grand nombre de petites bulles qui foulèvent la goutte d'acide, en eft le caractère principal, & il eft dû à un fluide aériforme féparé de la fubftance pierreufe par l'action de l'acide. Ce fluide élaftique eft lui-même un acide particulier dégagé par l'acide plus actif que l'on verfe fur la pierre, & il eft le produit d'une véritable décompofition. Toutes les pierres calcaires préfentent cette effervefcence par le contact des acides, & fur-tout de celui du nitre qu'on a coutume d'employer pour ces effais. Ce dégagement d'un acide aériforme indique, à la vérité, que la matière d'où il s'échappe est une combinaison saline ; mais comme cette combinaison n'a pas de faveur ni de diffolubilité marquées ; comme d'ailleurs elle forme une grande partie des couches extérieures du globe terreftre, les naturaliftes l'ont toujours regardée comme une fubftance pierreufe.

On diftingue donc toutes les pierres en effervefcentes & non effervefcentes. Un petit flaccon rempli d'acide nitrique, devient en conféquence néceffaire dans les voyages & les courfes où l'on fe propofe d'examiner & de ramaffer les pierres ; il conftitue avec la loupe & lé briquet les feuls inftrumens néceffaires aux lithologiftes.

Depuis que Bergman a propofé l'examen des pierres par le feu, à l'aide du chalumeau, on les effaie auffi par la foude, par le borax & par le fel fufible, qui agiffent fur ces matières d'une manière différente fuivant leur nature, & préfentent en général une fufion plus ou moins complette & accompagnée de phénomènes variés. Nous ferons une mention plus détaillée de ce moyen d'analyfer les pierres, dans le chapitre où nous nous occuperons en détail de cette analyfe.

CHAPITRE II.

Exposé de la méthode lithologique de M. Daubenton, extraite de son Tableau de Minéralogie.

DE tous les minéralogistes qui se sont occupés de la distribution méthodique des pierres, il n'en est aucun qui ait donné des divisions plus exactes, plus claires, plus faciles à saisir, que M. Daubenton. L'art avec lequel ce naturaliste, si justement célèbre, a fait contraster les caractères de ces substances, rend sa méthode beaucoup plus exacte & plus utile que toutes celles qui ont été proposées jusqu'ici. Les propriétés qu'il a prises pour base de ces caractères, sont toutes constantes & faciles à appercevoir. Elles consistent spécialement dans la forme régulière ou irrégulière; la transparence plus ou moins grande, ou l'opacité; la consistance ou la dureté; le poli que les pierres sont susceptibles de prendre; la forme des molécules intégrantes ou leur arrangement respectif, qui constitue les cassures vitreuse, écailleuse, grenue, lamelleuse, spathique; les couleurs, quand elles ne font point accidentelles ; la furface terne, brillante ou chatoyante. Comme il feroit impoffible de rien ajouter à la précifion & à la clarté du fyftême de **M.** Daubenton, nous nous faifons un devoir de préfenter ici fes divifions des terres & des pierres, telles qu'il les a données au public dans fon Tableau méthodique des minéraux (1).

(1) *Tableau méthodique des Minéraux , fuivant leurs différentes natures , & avec des caractères diftinctifs, apparens ou faciles à reconnoître ; par M. Daubenton , &c. Paris , chez Demonville , Pierres , Debure , Didot l'aîné , &c.* 1784, *in-8. de* 36 *pages.*

PREMIER ORDRE
DES MINÉRAUX.

SABLES, TERRES ET PIERRES (1).

Ces substances ne fondent pas dans l'eau comme les sels, ne brûlent pas comme les substances combustibles, & n'ont pas l'éclat des matières métalliques.

PREMIÈRE CLASSE.

Pierres qui étincèlent par le choc du briquet.

Genre I. Quartz,

Substance cristalline, cassure vitreuse non lamelleuse.

Sorte I. Quartz opaque ou demi-transparent.

Variétés.
{
1 gras.
2 grenu.
3 laiteux.
4 feuilleté.
5 cristallisé.

(1) En donnant ici la méthode lithologique de M. Daubenton, nous ne prenons qu'une partie de son tableau. Nous ferons connoître dans l'histoire des sels & des corps

Sorte II. Quartz transparent, Cristal de roche,
Deux pyramides à 6 faces, avec ou sans prisme
à 6 pans.

Variétés.
1 cristallisé.
2 brut.
3 blanc.
4 rouge. *Rubis de Boheme.*
5 jaune. *Topase occiden-*
  tale.
6 roux ou noirâtre. *Topase*
  enfumée.
7 vert.
8 bleu. *Saphir d'eau.*
9 violet. *Améthyste.*
10 irisé.

combustibles, les divisions de ce savant relatives à ces substances. Comme nous avons eu soin de copier exactement
ce tableau, jusqu'à la forme des caractères dans lesquels
ses diverses parties sont imprimées, nous croyons devoir
joindre ici le commencement de l'avertissement donné par
M. Daubenton relativement aux divisions méthodiques des
pierres. C'est ce célèbre naturaliste qui parle.

« Ce tableau a été exposé en manuscrit dès l'année 1779,
» dans la salle du Collége royal, pendant mes leçons : on
» en a tiré beaucoup de copies. J'y ai fait des changemens
» à mesure qu'il m'est parvenu ou que j'ai acquis de nou-
» velles connoissances en minéralogie. J'ai même renoncé
» pour le présent à exposer sur mon tableau les résultats
» de l'analyse chimique des différens minéraux, comme
» j'avois commencé de le faire, parce qu'ils n'ont pas
» encore été analysés en assez grand nombre. Mon objet

Sorte III. Quartz en fragmens agglutinés, GRÈS, *cassure grenue.*

Variétés.
{
1 grès dur.
2 tendre.
3 du levant. *Grain très-fin.*
4 à filtrer. *Poreux.*
5 luisant.
6 veiné.
7 herborisé.
8 à gros grains.
}

» principal, en faisant le tableau dont il s'agit, a été de
» faciliter l'étude de la minéralogie. Le meilleur moyen de
» répandre les sciences, c'est de simplifier leurs élémens. Les
» divisions méthodiques concourent à ce but : quoiqu'il ne
» soit pas possible de mettre leurs caractères parfaitement
» d'accord avec ceux des productions de la nature ; cepen-
» dant elles sont utiles, commodes & même nécessaires. En
» donnant une explication détaillée de mon tableau, dans le
» premier volume de mes Leçons d'Histoire naturelle, qui
» est sous presse, j'exposerai les avantages & les défauts
» de ma distribution méthodique des minéraux. Je fais
» seulement observer ici que les minéraux sont distribués
» sur ce tableau par ordres, par classes, par sortes & par
» variétés. Les caractères distinctifs de chaque article de ces
» divisions méthodiques, sont écrits en lettres italiques.

» Il y a des noms en majuscules romaines & d'autres en
» majuscules italiques ; les premiers sont ceux que je
» crois les plus convenables pour les choses qu'ils doi-
» vent signifier ; les autres sont des synonymes dont l'usage

Sorte IV. Quartz en grains détachés, SABLES,
surface vitreuse.

Variétés.
{
1 anguleux.
2 arrondi.
3 mouvant.
4 fluide.

Sorte V. Quartz en concrétion,

Brêche sabloneuse & quartzeuse.

Genre II. Pierres demi - transparentes ,
cassure vitreuse, quelquefois écailleuse.

Sorte I. Agates.

*toutes couleurs, excepté le blanc laiteux,
le beau rouge, l'orangé & le vert.*

Variétés.
{
1 nuées.
2 ponctuées.
3 tachées.
4 veinées.
5 onix.
6 irisées.
7 herborisées.
8 mousseuses.

» seroit sujet à des inconvéniens, & que je ne rapporte
» que pour faire mieux entendre l'application des noms que
» j'ai préférés ».

Sorte **II.** Calcédoines ,

transparence laiteuse.

Variétés.
{
1 rougeâtres.
2 bleuâtres.
3 veinées.
4 onix.
5 irisées OPALES.
6 arrondies & solides. GIRA-SOLS.
7 arrondies & creuses ENHY-DRES.
8 en stalactites.
9 en sédiment.
10 hydrophanes.

Sorte **III.** Cornalines ,

beau rouge.

Variétés.
{
1 pâles.
2 ponctuées.
3 onix.
4 herborisées.
5 en stalactites.

Sorte **IV.** Sardoines ,

orangé.

Variétés.
{
1 pâles.
2 veinées.
3 onix.
4 herborisées.
5 noirâtres.

Sorte V. Pierres à fusil,

<blockquote>

grises, blondes, rousses, noirâtres.

</blockquote>

Variétés. { 1 tuberculeuses.
{ 2 par lits.

Sorte VI. Prases,

<blockquote>

vertes.

</blockquote>

Variétés. { 1 vertes.
{ 2 nuées.
{ 3 tachées.

Sorte VII. Jades,

<blockquote>

poli gras.

</blockquote>

Variétés. { 1 blanchâtres.
{ 2 olivâtres.
{ 3 verts.

Sorte VIII. Petrosilex,

<blockquote>

*transparence de cire, cassure écail-
leuse.*

</blockquote>

Variétés. { 1 blanc.
{ 2 rougeâtre.
{ 3 veiné.

Genre III. Pierres opaques,

cassure vitreuse, quelquefois écailleuse ou terne.

Sorte I. Pierre meuliere ;

<blockquote>

plus ou moins poreuse.

</blockquote>

Variétés, { 1 poreuse.
{ 2 pleine.

Sorte II. Cailloux,
     couches concentriques.

Variétés.
1 tachés.
2 veinés.
3 onix.
4 œillés.
5 herborisés.
6 réunis en brêche. POUDINGS.

Sorte III. Jaſpe,
     caſſure vitreuſe, ſouvent terne, ſans couches concentriques.

Variétés.
1 verts.
2 rouges.
3 jaunes.
4 bruns.
5 violets.
6 noirs.
7 gris.
8 blancs.
9 nués.
10 tachés.
11 veinés.
12 onix.
13 fleuris.
14 univerſels.
15 par fragmens réunis en brê-che.

Genre IV. Spath étincelant, *Feld-spath*.

Sorte I. Feld-ſpath criſtalliſé régulièrement.

Variétés.
1 en priſme oblique à 4 pans.
2 en priſme à 6 pans, avec des ſommets à 2 faces.
3 en priſme à 10 pans, avec des ſommets à 2 faces & 4 facettes.

Sorte II. Feld-ſpath criſtalliſé confuſément.

Variétés.
1 blanc.
2 gris de perle. Œil de poisson.
3 rouge.
4 rouge à paillettes brillantes. Avanturine naturelle.
5 vert.
6. bleu.
7 violet.
8. à reflets colorés en vert & en bleu. Pierre de Labrador.
9. à reflets diverſement colorés. Œil de chat.

Genre V. Criſtaux gemmes, *tranſparens & lamelleux, non électriques par chaleur ſans frottement.*

Sorte I. Rouges.

Variété.
1 Grenats, *criſtalliſés à 12, 24 ou 36 faces. Il y a auſſi des Grenats, jaunes, bruns, &c.*

S ij

2 Rubis-balais,

Variété.   couleur de rose, cristallisés en octaèdre.

Sorte II. Rouges & orangés.

Variétés.

3 Rubis spinelles, couleur de feu, cristallisés comme le rubis-balais.
4 vermeilles, cristallisées comme le grenat.
5 Hyacinthe-la-belle, cristallisée à 4 pans exagones, avec des sommets à 4 faces rhomboïdales.

Sorte III. Orangés.

6 Hyacinthes,

Variété.   cristallisées comme l'hyacinthe-la-belle.

Sorte IV. Jaunes.

Variétés.

7 Topases d'orient, cristallisées à 2 pyramides à 6 faces.
8 Topases de Saxe, cristallisées à 8 pans, avec des sommets à 13 faces.

Sorte V. Jaunes & verts.

9 Péridots, CHRYSOLITES, cris-

Variété.   tallisés en prisme à 6 pans, avec des pyramides à 6 faces.

Sorte VI. Verts.

Variété. 10 Emeraudes du Pérou, *cristallisées en prisme à 6 pans.*

Sorte VII. Verts & bleus.

Variété. 11 Aigue-marines, *cristallisées comme la Topase de Saxe.*

Sorte VIII. Bleus.

Variété. 12 Saphirs d'orient, *cristallisés comme la Topase d'orient.*

Sorte IX. Indigos.

Variété. 13 Saphirs indigos, *cristallisés comme la Topase & le Saphir d'orient.*

Sorte X. Rouges & violets (1).

Variétés. { 14 Grenats Syriens, *cristallisés comme le grenat.* 15 Rubis d'orient, *cristallisés comme la topase & le saphir d'orient.* }

—————————————

(1) Les pierres gemmes qui ont été formées sans matière colorante, sont blanches. *Note de M. Daubenton.*

Genre VI. Criſtaux gemmes Tourmalines,

compoſés de lames perpendiculaires à l'axe du criſtal, électriques par la ſeule chaleur ſans frottement.

Variétés.

1 Rubis de Bréſil,
rouge en priſme à 4 pans, avec des pyramides à 4 faces.

2 Topaſe du Bréſil,
jaune, criſtalliſée comme le rubis du Bréſil.

Genre VII. Tourmalines,

électriques par la chaleur ſeule ſans frottement, point de lames perpendiculaires à l'axe du criſtal.

Variétés.

1 Tourmalines de Ceylan,
tranſparentes, orangées, peu cannelées.

2 Tourmalines d'Eſpagne,
tranſparentes à une grande lumière, orangées, très-can-nelées.

3 Tourmalines du Tyrol,
fêlures tranſverſales dans le priſme.

4 Tourmalines de Madagaſcar,
Schorls de Madagascar,
opaques, noires.

5 Tourmalines lenticulaires.

6 Péridots de Ceylan,
jaunes & verts, très-cannelés.

7 Péridots du Bréſil,
jaunes & verts, très-canne-lés.

Variétés.
{ 8 Emeraudes du Bréfil, *vertes.*
{ 9 Saphir du Bréfil, *bleu* (1).

Genre VIII. Schorls,

non électriques par chaleur fans frottement, crif-taux opaques ou longues aiguilles vertes demi-tranfparentes.

Sorte I. Schorls criftallifés.

Variétés.
{ 1 en prifme oblique à 4 pans.
{ 2 en prifme à 6 pans. Pierre de Croix.
{ 3 en prifme à 6 pans, avec des fommets à 2 faces, ou des pyramides à 3 ou 4 faces.
{ 4 en prifme à 8 pans, avec des fommets à 2 faces.

Sorte II. En fragmens articulés.

Variétés.
{ 1 Schorl fpathique, *des ftries avec des reflets fpathiques.*
{ 2 en maffe, Pate de Schorl, *caffure à points brillans.*

Genre IX. Pierre d'azur,

opaque & bleue.

Variétés.
{ 1 bleue pourprée.
{ 2 bleue.

----

(1) Toutes ces tourmalines, excepté la tourmaline len-ticulaire, font criftallifées en prifme à 9 pans, avec des fommets à 3 ou 6 faces. *Note de M. Daubenton.*

S iv

SECONDE CLASSE.

Terres & Pierres qui n'étincèlent pas sous le briquet, & qui ne font point d'effervescence avec les acides.

Genre I. Argiles :

molles, elles sont ductiles ; sèches, elles se polissent sous le doigt.

Sorte I. Argiles absolument infusibles.

Variétés. { 1 pour les pots de verrerie.
{ 2 pour les pipes à fumer.

Sorte II. Argiles en partie fusibles.

Variétés. { 1 pour la porcelaine.
{ 2 pour la poterie d'Angleterre.
{ 3 pour la poterie de grès.

Sorte III. Argiles entièrement fusibles.

Variétés. { 1 pour la poterie commune.
{ 2 pour la fâiance.
{ 3 pour les carreaux.
{ 4 pour la tuile.
{ 5 pour la brique.

Genre II. Schites,

caſſure feuilletée & argileuſe.

Variétés. {
1 Pierre noire.
2 Schites communs.
3 Ardoiſe.
4 Pierre à polir.
5 Pierre verte.
6 Pierre à raſoir.
7 par fragmens réunis en bréche.

Genre III. Talc,

lames polies & luiſantes, ſans caſſure ſpathique.

Sorte I. Talc en grandes feuilles.

Variété.   Talc de Moſcovie.

Sorte II. En petites feuilles.

Variété.   Mica.

Genre IV. Stéatites,

douces au toucher comme le ſuif.

Sorte I. Stéatites par couches.

Variétés. {
1 Craie de Briançon fine.
2 Craie de Briançon groſſière.

Sorte II. Stéatites compactes.

Variétés. {
1 Pierre de lard.
2 Craie d'Eſpagne.

Sorte III. Pierres ollaires.

Variétés. {
1 Pierre de Côme.
2 Pierre ollaire feuilletée.

Genre V. Serpentines ,

le poli & les couleurs du marbre ,

Sorte I. Serpentines opaques.

Variétés. { 1 tachées.
2 veinées.

Sorte II. Serpentines demi-tranſparentes.

Variétés. { 1 grenues.
2 fibreuſes.

Genre VI. Amiante ,

filamens non-calcinables , feuillets plus légers que l'eau.

Sorte I. Amiante en filets doux.

Variétés. { 1 Amiante longue.
2 Amiante courte.

Sorte II. Amiante en filamens durs.

Variétés. { 1 Asbeſte mûr.
2 Asbeſte non mûr.

Sorte III. Amiante en feuillets.

Variétés. { 1 Cuir foſſible.
2 Liège foſſile.

Genre VII. Zéolite ,

en rayons divergens , ou ſoluble en gelée par les acides.

Sorte I. Zéolite criſtalliſée.

Sorte II. Zéolite compacte.

Variétés. { 1 blanche.
2 bleue.
3 rouge.

Genre VIII. Spath - fluor,

fragmens à faces triangulaires, toutes inclinées les unes sur les autres.

Sorte I. Spath-fluor en cristaux.

Variétés.
1 octaèdres.
2 octaèdres cunéiformes.
3 à 14 faces.
4 cubiques.

Sorte II. Spath-fluor en masses informes.

Genre IX. Spath pesant,

fragmens rhomboïdaux, faces latérales perpendiculaires sur les bases.

Sorte I. Spath pesant cristallisé,

Variétes.
1 en lames rhomboïdales.
2 en octaèdres à sommets aigus.
3 en octaèdres à sommets obtus.
4 en lames exagones à sommets aigus.
5 en lames exagones à sommets obtus.
6 en tables.
7 en crête de coq.

Sorte II. Spath pesant cristallisé confusément.

PIERRE DE BOLOGNE.

Genre X. Pierre pesante, *TUNGSTEN,*

semblable au spath - fluor par la forme de ses fragmens, mais beaucoup plus pesante ; elle jaunit dans les acides.

TROISIÈME CLASSE.

Terres & Pierres qui font effervescence avec les acides (1).

Genre I. Terres calcaires,
effervescence avec les acides.

Sorte I. Compactes.
> Variété.　Craie.

Sorte II. Spongieuses,
> Variété.　Moëlle de Pierre.

Sorte III. En poudre.
> Variété.　Farine fossile.

Sorte IV. En bouillie.
> Variété.　Lait de lune.

Sorte V. Figurées.
> Variété.　En congellation.

---

(1) Quoique ces substances soient regardées aujourd'hui par les chimistes comme des sels neutres formés par l'union de la chaux & de l'acide carbonique , nous croyons devoir les présenter ici à la suite des matières terreuses , pour faire connoître l'ensemble de la méthode de M. Daubenton. Les naturalistes qui n'emploient dans leurs distributions méthodiques , que des caractères extérieurs & frappans , doivent regarder ces substances comme de véritables terres ; on les retrouvera considérées sous un autre point de vue dans l'histoire des matières salines.

Genre II. Pierres calcaires,

mauvaises couleurs & mauvais poli.

Sorte I. A gros grains.

EXEMPLE.

La pierre d'Arcueil.

Sorte II. A grain fin.

EXEMPLE.

La pierre de Tonnerre.

Genre III. Marbres,

cassure grenue, belles couleurs, beau poli.

Sorte I. Marbres de six couleurs.

Variétés.
{ blanc, gris, vert, jaune, rouge & noir.

EXEMPLE.

Marbre de Wirtemberg.

Sorte II. Marbres de deux couleurs.

Variétés.
{ Suivant les 15 combinaisons, 2 à 2 des 6 couleurs.

EXEMPLE.

blanc & gris.

Marbre de Carrare.

Sorte III. Marbres de trois couleurs.

Variétés.
{ Suivant les 20 combinaisons, 3 à 3 des six couleurs.

EXEMPLE.

gris, jaune & noir.

Lumachelle.

Sorte IV. Marbres de quatre couleurs.

Variétés.
{ Suivant les 15 combinaisons,
4 à 4 des 6 couleurs.
EXEMPLE.
blanc, gris, jaune & rouge.
Brocatelle d'Espagne. }

Sorte V. Marbrés de cinq couleurs.

Variétés.
{ Suivant les 6 combinaisons 5 à 6
des 6 couleurs.
EXEMPLE.
blanc, gris, jaune, rouge & noir.
Brèche de la vieille Castille. }

Genre IV. Spath calcaire,

forme régulière, cassure spathique.

Sorte I. Spath calcaire en cristal.

Variétés.
{ 1 rhomboïdal obtus.
SPATH D'ISLANDE.
2 rhomboïdal lenticulaire.
3 rhomboïdal lenticulaire, avec
6 faces triangulaires.
4 rhomboïdal aigu.
5 à 12 faces pentagonales.
6 à 3 faces triangulaires.
7 en prisme à 6 pans.
8 à 6 pans rhomboïdaux & à
6 faces en losange.
9 à 12 faces triangulaires sca-
lènes. }

Variétés.
{ 10 à 12 faces à 4 ou 5 côtés,
& 6 facettes quadrilatères.
11 à 6 faces exagones, & 12 facettes à 4 côtés. }

Sorte II. Spath calcaire en ftries.

Variétés. { 1 à ftries parallèles.
2 à ftries divergentes. }

Genre V. Concrétions, *couches fucceffives.*

Sorte I. Concrétions par ftalactites.

Variétés. { 1 en colonnes.
2 en nappes.
3 façonnées en albâtre. }

Sorte II. Concrétions par incruftations.

Sorte III. Concrétions par fédimens.

Variétés. { 1 par fédimens horifontaux.
2 par fédimens arrondis. }

QUATRIÈME CLASSE.

Terres & Pierres mélangées.

Terres mélangées.

Genre I. Sablon & argile.

Sorte. Sablon des fondeurs.

Variété. Sablon de Fontenai-aux-Rofes.

Genre II. Sable & terre calcaire.

Genre III. Argile & terre calcaire.

Sorte. Marne.

Variétés.
{
1 Marne, bol d'Arménie.
2 Marne, terre sigillée.
3 Pierre à détacher.
4 Terre à foulon.
5 Terre à porcelaine.
6 Terre à pipe.
7 Terre à faïance.
8 Marne blanche.
9 Marne feuilletée.
10 Marne d'engrais.

Pierres mêlangées.

DE DEUX GENRES.

Quartz & Spath étincelant. Granitin.

Quartz & Schorl....... Granitelle.

Quartz & Stéatite....... Stéatite quartzeuse.

Quartz & Mica........ Quartz micacé.

Quartz transparent & Mica. Cristal micacé.

Quartz en grès & Pierre
gemme............. { 1 Grenat sur du grès.
                     2 Grenat dans du grès.

Quartz en grès & Mica... Grès micacé.

Quartz en grès & substance
calcaire............ { 1 Grès cristallisé.
                       2 Grès en stalactites.

Quartz

Quartz en fablon & Pierre
    opaque............. Brèche fablonneufe &
                      filicée.

Quartz en fablon & Schite. Schite étincelant. PIER-
                      RE DE CORNE, TRAP.

Quartz en fablon & Zéolite. Zéolite étincelante.

Spath étincelant & pâte de
    Schorl............ Ophite.

Pierre demi-tranfparente &
    Pierre opaque........ Agate jafpé , ou Jafpe
                      agaté.

Schorl & Mica......... Schorl fpathique micacé.
Schite & Mica......... Schite micacé.
Schite & Marbre....... Pierre de Florence.

                      1 Marbre vert d'Egypte.
                      2 Marbre vert de mer.
Serpentine & Marbre...{ 4 Marbre vert antique.
                      4 Marbre vert de Suze.
                      5 Marbre vert de Va-
                      ralte.

Spath pefant & matière
    calcaire............ Spath pefant alkalin.

DE TROIS GENRES.

Quartz en fablon , Schite
    & Mica............ Pierre à faux.

Quartz, Pierre gemme &
    Mica.............. Roche granatique.

Tome I.   T

Pâte quartzeuse, Spath étincelant en petits fragmens,
& Schorl.......... Porphyre.

Pâte quartzeuse, Spath étin-
celant en gros fragmens,
& Schorl.......... Serpentin. SERPENTINE
DURE.

Quartz, Schorl & Stéatite. Roche tuberculeuse.

Quartz, Spath étincelant,
& Schorl........... Granit.

DE QUATRE GENRES.

Quartz, Spath étincelant,
Schorl & Mica...... Granit.

D'UN NOMBRE PLUS OU
MOINS GRAND DE GEN-
RES RÉUNIS EN BRÊCHES. Brêches universelles.

DOUBLES BRÊCHES.

Variétés. { 1 Fragmens de Porphyre & pâte
de Porphyre.
2 Fragmens de Granit & pâte
de Schorl.

PRODUITS DES VOLCANS (*).

Genre I. Laves ou matières volcaniques, c'est-
à-dire formées par des Volcans.

Sorte I. Scories poreuses.

Variétés.
1 en masses informes.
2 en masses cordées.
3 en forme de stalactites.
4 en fragmens, LAPILLO.
5 en petits fragmens, POUZZOLANE.
6 en poussière, CENDRE DES VOLCANS.

Sorte II. Basalte,

*compacte & étincelant, cassure noirâtre-
cendrée, &c. avec des points brillans,
sans feuillets, comme ceux du Schiste
étincelant.*

Variétés.
1 en masses informes.
2 en boules.
3 en tables.
4 en prismes à 3, 4, 5, 6, 7, 8 ou 9 pans.
5 en prismes articulés.

______

(*) M. Daubenton place à la suite des minéraux les produits de volcans, sans les ranger dans aucun des quatre ordres qui constituent sa méthode. Comme on a coutume d'en étudier l'histoire avec celle des pierres, j'ai cru devoir les réunir à ces substances.

T ij

Sorte III. Verre.

Variétés.
{
1 en filets détachés,
FIEL DE VERRE.
2 en filets agglutinés,
PIERRE PONCE.
3 en masse compacte,
LAITIER DES VOLCANS.
PIERRE OBSIDIENNE.
}

Genre II. Matières volcanisées, c'est-à-dire, altérées par la chaleur des Volcans, *indices de cuisson, de calcination, de fonte ou de vitrification.*

Sorte I. Granit.

    II Grenat.

    III Hyacinthe.

    IV. Mica.

    V. Peridot.

    VI. Quartz.

    VII. Schorl.

    VIII. Spath étincelant.

    IX. Subſtances calcaires.

    X. Terres cuites, Tripoli.

PIERRES dont on ne connoît pas assez la nature pour les classer.

Jargon de Ceylan,

cristaux en prismes rectangles, avec des pyramides à 4 faces triangulaires.

Il paroît que l'on donne le nom de Jargon à plusieurs pierres dont la structure n'est pas encore connue.

Macles,

en prismes carrés ou cylindriques, dont la coupe transversale présente une croix bleue.

On a regardé la Macle comme un Schorl; mais cette opinion n'est pas prouvée.

Cristaux blancs,

en prismes comprimés à 10 pans, avec 2 sommets à 4 faces, dont l'un forme un angle rentrant, & l'autre un angle saillant.

Cristaux violets ou verts,

rhomboïdaux avec 2 facettes à la place de 2 arrêtes opposées.

On donne à ces cristaux blancs, violets & verts, le nom de Schorl, quoiqu'ils ne paroissent pas être de même nature que les Schorls.

T iij

CHAPITRE III.

De la classification des Terres & des Pierres, d'après leurs propriétés chimiques.

LES chimistes qui se sont occupés de l'examen des minéraux, ont pensé qu'il étoit important d'établir entr'eux des rapports ou des différences, d'après leur nature & leurs propriétés chimiques. Quoique leurs travaux n'aient point encore été assez multipliés sur les terres & sur les pierres, pour constituer des divisions très-exactes de ces corps, d'après l'ordre de leur composition, & d'après leur nature intime, il est cependant essentiel de savoir quel est l'état actuel des connoissances chimiques sur ces substances, & leur influence sur la manière de les classer.

Parmi tous les savans qui depuis Cronstedt ont adopté les propriétés chimiques pour classer les substances terreuses & pierreuses, MM. Bucquet, Bergman & Kirwan sont ceux qui s'en sont servis avec le plus d'avantages, & qui ont donné les systêmes les plus complets de lithologie considérée chimiquement. L'ordre suivi par ces trois chimistes n'étant pas le même, & chacun d'eux préfentant cependant des avantages marqués, nous croyons devoir faire connoître leurs fyftêmes, en indiquant en même-tems les objets qui manquent encore à leurs méthodes.

§. I. *De la divifion chimique des terres & des pierres, propofée par Bucquet.*

Bucquet, après avoir long-tems cherché à réunir les caractères donnés par les naturaliftes pour diftinguer les terres & les pierres, avec ceux que la chimie fournit fur ces matières, avoit enfin adopté un ordre compofé qu'il fe propofoit de fuivre dans fes cours, lorfque la mort l'enleva aux fciences. J'ai recueilli dans fes converfations, pendant la maladie lente à laquelle il a fuccombé, tous les détails relatifs à cette méthode lithologique ; & c'eft le fruit de fes entretiens éclairés, que j'ai déjà communiqué au public dans la première édition de cet Ouvrage. Je donnerai cette méthode, telle que je l'ai déjà expofée, & j'y ajouterai des notes devenues néceffaires par les travaux des favans qui fe font occupés de cet objet depuis 1779.

Suivant Bucquet, les terres & les pierres doivent être divifées en trois fections ; on comprend dans la première les terres & les pierres fimples ; dans la feconde, les terres & les pierres compofées ; & dans la troifième , les terres & les pierres mêlangées.

Les terres & pierres fimples bien pures, font infipides, sèches, dures, indiffolubles & infufibles. Si quelques-unes d'entr'elles paroiffent s'éloigner de ces caractères, & fur-tout avoir une forte de fufibilité, ce n'eft jamais qu'au mêlange de quelques matières étrangères, qu'elles la doivent, L'analyfe chimique ne peut féparer celles qui font bien pures, en plufieurs fubflances ; mais le nombre de ces pierres eft bien moins étendu que ne le croyoit Bucquet.

Les terres & pierres compofées doivent être regardées comme des combinaifons de différentes terres fimples avec des fubflances falines & des métaux. Ces combinaifons ont été faites dans le grand laboratoire de la nature par l'eau ou par le feu ; leurs caractères chimiques font d'être très-fufibles, de donner des verres différens par l'action du feu, & de pouvoir être féparées en plufieurs fubflances fimples, par l'action des diffolvans, & fur-tout des acides.

Les terres & pierres mêlangées fe reconnoiffent à l'œil ; elles paroiffent formées par l'affemblage irrégulier des différentes pierres ou terres fimples & compofées. On conçoit que pour en faire l'analyfe, il faut en féparer les matières diverfes mêlées irrégulièrement, & exami-

ner féparément les unes & les autres de ces fubftances. Alors les expériences chimiques peuvent
indiquer leur nature d'une manière certaine.

SECTION I.

Terres & Pierres simples.

On les divife en quatre Ordres.

ORDRE I. *Pierres vitreufes.*

Elles font d'une dureté extrême, d'une tranfparence parfaite; leur caffure eft vitreufe; elles
font feu avec le briquet; la chaleur n'en altère
ni la tranfparence, ni la dureté.

Ce premier ordre contient deux genres, le
criftal de roche & les pierres précieufes vitreufes.

Genre I. CRISTAL DE ROCHE.

Le Criftal de roche préfente tous les caractères des pierres vitreufes dans le degré le plus
marqué. Il fe diftingue du genre fuivant par fa
caffure femblable à celle du verre.

On peut divifer fes différentes fortes,

1°. Quant à la forme.

Sorte.

1. Criftaux ifolés, hexaèdres, avec deux
pyramides hexaèdres; ils opèrent une
réfraction double, fuivant M. l'abbé
Rochon.

Sortes.

2. Criſtaux hexaèdres réunis, à une ou à deux pointes.

3. Criſtaux tétraèdres, dodécaèdres, applatis, &c. Ce ſont toujours des hexaèdres dont les faces ſont variées & irrégulières.

4. Criſtal de roche en maſſe, de Madagaſcar ; il n'opère qu'une réfraction ſimple.

2°. Quant à la couleur.

5. Criſtal de roche rougeâtre.
6. Criſtaux enfumés.
7. Criſtaux noirs.
8. Criſtaux jaunes.
9. Criſtaux bleus.
10. Criſtaux verts.

3°. Quant aux accidens.

11. Criſtal de roche creux.
12. Avec de l'eau.
13. Criſtaux emboités.
14. Criſtaux roulés, cailloux du Rhin.
15. Criſtaux encroûtés de chaux métalliques.
16. Criſtaux en géodes.
17. Criſtaux contenant de l'amiante.

Sortes.

18. Criftaux contenant du fchorl.

19. Criftaux encroûtés de pyrites.

Leur formation par l'eau eft prouvée,

1°. Par leur tranfparence.

2°. Par la forme des petits criftaux.

3°. Par deux criftaux enfermés.

4°. Par les matières altérables au feu qu'ils contiennent.

On les taille pour en faire des vafes & des bijoux.

Genre II. *PIERRES PRÉCIEUSES VITREUSES.*

Les pierres précieufes que nous plaçons ici, ont tous les caractères du criftal de roche, & fur-tout fa parfaite inaltérabilité au feu. Quoique cela femble intervertir l'ordre naturel, & quoique Bergman affure avoir trouvé dans ces pierres plufieurs matières combinées, leur dureté, leur tranfparence, la manière dont elles fe comportent au feu, les rapprochent du criftal de roche. Elles en diffèrent cependant par une dureté plus confidérable, une couleur plus vive & plus nette, & par une caffure lamelleufe. La différence qui exifte entre toutes les pierres précieufes, fur-tout relativement à leur manière d'être altérées par le feu, a engagé Bucquet à les féparer les unes des autres, & à les rapprocher des ordres des pierres avec lefquels chacune d'elles paroît avoir le plus de rapport.

Ces quatre pierres précieufes que nous diftinguons des autres par le nom de vitreufes, font:
Sortes.

1. La topaze orientale.
2. L'hyacinthe.
3. Le faphir oriental.
4. L'améthifte.

M. Daubenton a toujours regardé cette dernière comme un criftal de quartz.

ORDRE II. *Pierres quartzeufes.*

Elles ont moins de dureté & de tranfparence que les premières; leur caffure eft vitreufe; elles font feu avec le briquet. La chaleur leur fait perdre leur dureté & leur tranfparence, & les réduit en une terre blanche & opaque (1); nous rangeons quatre genres de pierres dans cet ordre.

____

(1) C'eft en raifon de cette altérabilité par le feu, que Bucquet avoit cru devoir diftinguer le quartz du criftal de roche, & en faire un genre particulier. Il avoit auffi remarqué que cette pierre trempée dans l'eau, après avoir été rougie au feu plufieurs fois de fuite, donnoit à ce fluide un caractère acide. Les expériences ultérieures apprendront fi cette diftinction eft bien fondée.

Genre I. *QUARTZ.*

Il réunit tous ces caractères.

Sortes.

1. Quartz tranſparent, criſtalliſé en pyramides hexagones, ſans priſmes bien
marqués, ou avec des priſmes très-
courts.

2. Quartz tranſparent en maſſe.

3. Quartz opaque, ou laiteux.

4. Quartz gras.

5. Quartz carié.

6. Quartz coloré en vert, en bleu, en
violet; priſme d'améthyſte.

7. Quartz jaune à caſſure lamelleuſe;

Topaſe { de Saxe.
{ du Breſil.

Ces topaſes ont tous les caractères du quartz.

Genre II. *CAILLOU, AGATE.*

Les cailloux & les agates forment de petites
maſſes roulées, le plus ſouvent opaques, quelquefois demi-tranſparentes, creuſes ou ſolides,
diverſement colorées & diſpoſées par lits dans
la craie, commë les cailloux, ou dans l'argile,
comme les agates. Leur caſſure eſt quelquefois écailleuſe.

Sortes.

1. Caillou gris.

2. Caillou jaune.

3. Caillou rouge.

4. Caillou corné, pierre à fufil.

5. Caillou brun d'Egypte.

6. Caillou tranfparent nuancé, agate d'Allemagne.

7. Agate rouge, cornaline.

8 Agate rouge pâle, carnéole.

9. Agate brune ou jaune, fardoine.

10. Agate-onyx difpofée par couches concentriques.

11. Agate Camée difpofée par couches horifontales; l'une & l'autre de ces difpofitions dépend du fens dans lequel on les fcie.

12. Agates figurées. { Dendrites; agates herborifées (1). Antropomorphites. Zoomorphites. Uranomorphites.

13. Agate perfillée, marquée de petits points verdâtres, fouvent dus à des mouffes.

14. Agate de quatre couleurs; agate élémentaire.

____

(1) M. Daubenton a démontré dans un mémoire qu'il a lu à l'académie, que les pierres herborifées contiennent des mouffes très-fines, ou des petits grains de mine de fer noir.

Sortes.

15. Agate grife. Chalcédoine grife.

16. Agate blanche, laiteuse, chalcé-doine.
{
par couches ;
en ftalactites ;
roulée, cacholong.
}

17. Agate blanche à reflets chatoyans.
{
chatoyante des la-pidaires.
Œil de chat.
Œil du monde, ou hydrophane.
Opale.
Girafol.
}

18. Agate brune à points brillans & dorés, avanturine.

19. Agate orientale.

20. Agate renfermant de l'eau, Enhydre.

La formation du quartz, des agates & des cailloux, eft due à l'eau, comme le prouvent

1°. Leur forme.

2°. Leurs couches.

3°. Leurs maffes.

4°. L'eau qu'elles contiennent.

5°. Les matières organiques qui y font mêlées, comme dans les agates mouffeufes ou perfillées.

L'hiftoire des géodes prouve encore cette formation ; ce font des boëtes pierreufes, rem-plies de criftaux ; on y trouve du filex & du quartz difpofés par couches concentriques.

Genre III. *MATIÈRES ORGANIQUES
SILICIFIÉES ET AGATIFIÉES.*

La forme organique encore reconnoiſſable,
jointe aux caractères des pierres quartzeuſes,
les diſtinguent des trois autres genres de cet
ordre (1).

Sortes.

1. Bois pétrifié, encore fibreux & ſuſceptible de poli.

2. Bois dont l'eſpèce eſt reconnoiſſable à
cauſe de ſon tiſſu. — Sapin.

3. Ourſins & madrépores ſilicifiés.

4. Coquilles agatifiées.

5. Carpotiles ; on les a fauſſement regardées comme des fruits pétrifiés ; ce ſont
de petits *ludus helmontii* ſilicifiés.

6. Entrochites.

7. Pierre frumentaire ſiliceuſe.
Elle fait feu avec le briquet, nulle efferveſcence avec les acides ; elle paroît
formée de cornes d'Ammon caſſées
perpendiculairement ſur leurs volutes.

---

(1) Il ſeroit peut-être beaucoup plus dans l'ordre naturel, de faire une claſſe particulière des ſubſtances animales & végétales altérées par leur ſéjour dans la terre. Cette
claſſe pourroit porter le nom de foſſiles, & devroit être
miſe à la ſuite du règne organique.

Il y a deux opinions fur la pétrification. Les uns croient que les matières organifées ont été entièrement changées en pierre. D'autres penfent que les vides laiffés dans les terres molles par les fubftances animales, ou les intervalles du tiffu fibreux des végétaux, ont été remplis par la matière terreufe qui s'y eft dépofée peu à peu; il n'y a rien de bien certain fur la caufe de ce phénomène. On obferve que les matières végétales deviennent prefque toujours quartzeufes, tandis que les matières animales deviennent le plus fouvent calcaires, rarement quartzeufes, & que prefque jamais les végétaux ne paffent avec leur tiffu à l'état calcaire (1). Cette obfervation fuffit pour faire concevoir qu'il n'y a point de pétrification proprement dite, ou de changement des fubftances organiques en pierre, puifque 1°. les coquilles & les madrépores ne font que perdre leur mucilage ou gluten animal par la putréfaction, & font réduits à leur

---

(1) Depuis la découverte du gaz acide fluorifique, qui a la propriété de dépofer de la terre quartzeufe, quelques naturaliftes ont penfé que la pétrification étoit due à un phénomène analogue; mais cette opinion ne doit être regardée que comme une hypothèfe, jufqu'à ce qu'on ait démontré l'exiftence d'un acide tenant en diffolution de la terre quartzeufe dans l'intérieur du globe.

Tome I.   V

fquelette calcaire qui exiſtoit tout entier pendant la vie de leurs habitans ; 2°. les bois prétendus pétrifiés ne ſont que des dépôts de la
terre vitrifiable dans les moules laiſſés par les
végétaux putréſiés ; à meſure que chaque fibrille
ſe pourrit, la terre quartzeuſe eſt dépoſée par
l'eau dans la cavité qui retient la forme du
tiſſu organique, & il ne reſte rien de la matière
végétale dans ces bois pétrifiés.

Genre IV. *JASPE.*

Le jaſpe a tous les caractères des pierres
quartzeuſes. Il n'eſt pas fuſible, il perd ſon
aggrégation au féu. C'eſt une pierre très-dure,
ſuſceptible d'un beau poli, opaque, variée de
différentes couleurs. Sa caſſure eſt vitreuſe &
terne. On le trouve rarement rangé par couches ; le plus ſouvent il forme des maſſes conſidérables ou des veines dans les rochers. Il ſe
rencontre auſſi en petites maſſes roulées. La
plupart des échantillons de jaſpe ſont mélan-
gés de quartz & de chalcédoine. Quelques-uns
contiennent du ſpath calcaire.

Les ſortes de jaſpe ont été très-multipliées
par les naturaliſtes. On peut les réduire aux
ſuivantes :

Sorte.

1. Jaſpe blanc.

Sortes.

2. Jaspe gris.

3. Jaspe jaune.

4. Jaspe rouge.

5. Jaspe brun.

6. Jaspe vert.

7. Jaspe veiné.

8. Jaspe taché.

9. Jaspe vert, avec des points rouges. Jaspe sanguin.

10. Jaspe fleuri.

On fait des bijoux, & sur-tout des coupes & des cachets avec le jaspe. Plusieurs gravures antiques sont faites sur des pierres de cette nature.

Genre V. G R È S.

Le grès est opaque, d'une cassure grenue, beaucoup moins dur que le quartz & le caillou, il est en masses énormes, plus ou moins dures, d'un grain plus & moins fin & serré.

Sortes.

1. Grès cristallisé en rhombes; M. de Lassone a démontré que leur forme n'est due qu'à la craie qui leur est unie (1).

2. Grès en choux-fleurs, en boules, &c.

3. Grès en stalagmites.

---

(1) *Mémoires de l'académie*, année 1777.

Sortes.

4. Grès blanc.
5. Grès gris.
6. Grès rouge.
7. Grès noir ou brun.
8. Grès veiné.
9. Grès figuré ou herborisé.
10. Grès dont l'aggrégation est détruite, sable.

Le sable présente les variétés suivantes.

Variétés.

1. Sable mouvant.
2. Sable anguleux.
3. Sable arrondi par l'eau.
4. Sable pur & blanc.
5. Sable micacé, *glarea*.
6. Sable jaunâtre & argileux, sable des Fondeurs.
7. Sable ferrugineux, jaune.
8. Sable ferrugineux, noir.
9. Sable bleu, cuivreux.
10. Sable d'étain violet.
11. Sable aurifère.

ORDRE III. *Terres & Pierres argileuses.*

Elles sont grasses, liantes, adhérentes à la langue, feuilletées, souvent colorées, disposées en grandes masses & par couches.

Leur aggrégation eſt moins forte que celle des pierres quartzeuſes ; elles ont plus de force de combinaiſon ; auſſi les trouve-t-on ſouvent altérées. La chaleur leur donne de la retraite, & une telle dureté, qu'elles imitent les pierres quartzeuſes, & deviennent ſuſceptibles de faire comme elles feu avec le briquet. L'eau les réduit en pâte, les diviſe, les purifie ; elles s'y uniſſent & la retiennent ſi fort, qu'on ne peut leur en enlever les dernières portions.

Une partie de leur ſubſtance ſe combine avec les acides. Quelques chimiſtes ont penſé que l'argile n'étoit que la terre ſilicée altérée par l'acide vitriolique ; mais cette opinion n'a point encore des preuves directes.

Pluſieurs naturaliſtes ont cru que les terres vitrifiables expoſées pendant long-tems aux agens extérieurs, l'eau, l'air, la chaleur, ſe diviſoient peu à peu, ſe réduiſoient en molécules fines & douces au toucher, devenoient ſuſceptibles de s'unir à l'eau, & paſſoient enfin à l'état d'argiles. Cette théorie fondée ſur quelques obſervations exactes, paroît mériter plus de confiance que la première ; mais ni l'une ni l'autre ne ſont encore entièrement démontrées.

C'eſt ſur les deux propriétés de faire une pâte ductile avec l'eau, & de ſe durcir par la chaleur, que ſont fondés les arts de la tuilerie, de

V iij

la briqueterie, de la poterie, de la faïancerie
& de la porcelaine, dont les détails appartiennent à l'histoire de ces terres.

Les naturalistes ont décrit un très-grand nombre d'espèces de ces pierres ; ils ont confondu
avec elles beaucoup de fausses argiles, ainsi que
des pierres composées, comme la serpentine,
la zéolite, le trapp, &c.

On ne doit donner le nom d'argile qu'aux
terres qui durcissent au feu, peuvent se délayer
dans l'eau, & forment de l'alun avec l'acide
sulfurique.

Macquer, qui en a examiné un grand nombre (1), n'en a pas trouvé d'absolument pures:
c'est au mélange de différentes substances combustibles & métalliques, que sont dues la couleur & la fusibilité de plusieurs d'entr'elles.

Bucquet en distinguoit quatre genres.

Genre I. *ARGILES MOLLES ET DUCTILES.*

On peut lès pêtrir lorsqu'elles sortent des
carrières, elles se dessèchent à l'air.

Sortes.

    1. Argile blanche, terre à pipe.
    2. Argile sableuse.

---

(1) *Académie des Sciences*, 1758.

Sortes.

3. Argile liante, noirâtre, pour les poteries blanches.

4. Argile avec mica, kaolin, en partie
fufible, pour la porcelaine.

5. Argile métallique, fufible; terre figil-
lée, bol d'Arménie.

6. Argile pyriteufe, fufible, bleue, verte,
marbrée, pour les poteries communes.

Genre II. *Argiles sèches friables, Tripolis.*

Toutes les argiles que Bucquet rangeoit
parmi les tripolis, font sèches dans l'intérieur
de la terre. Toutes font formées par lits ou couches fucceffives fouvent très-minces. Toutes
s'ufent fous les doigts, & fe réduifent en pouffière, elles abforbent l'eau avec avidité; elles
happent à la langue.

Sortes.

1. Argile sèche, grife, feuilletée; argile
à foulon.

2. Tripoli rouge. Quelques perfonnes le
regardent comme un produit de volcan.

3. Tripóli gris.

4. Tripoli noir.

5. Pierre pourrie, d'un gris olivâtre.

Genre III. *SCHISTE*.

Les fchiftes font des pierres feuilletées qui s'enlèvent par lames ; elles font très-mêlangées & fufibles ; elles forment de grands blocs placés plus ou moins obliquement dans l'intérieur du globe. Prefque toutes leurs carrières offrent à leur furface & dans leurs premiers bancs des impreffions de plantes de la claffe des joncs, des fougères, &c. de coquilles, de poiffons, d'infectes, &c.

Sortes.

1. Schifte noir, tendre, ampelite.
2. Schifte fiffile, ardoife.
3. Schifte noir, dur, ardoife de table.
4. Schifte rouge, brun, &c.
5. Schifte avec impreffions végétales & animales.
6. Schifte très-dur, pierre naxienne, pierre à rafoir.

Genre IV. *FELD-SPATH*.

Il eft formé par lames rhomboïdales ; fa caffure eft fpathique, il donne des étincelles avec le briquet ; on l'a appelé à caufe de cela, *fpath étincelant*. Il eft plus dur que les fchiftes, & il eft fufible. Bucquet le regardoit comme une pierre argileufe colorée par du fer. M. Monnet dit qu'il eſt compoſé de quartz, d'argile, de magnéſie, & d'un peu de terre calcaire. La différence des opinions ſur la nature du feld-ſpath, vient de ce qu'il n'eſt pas bien connu. Un examen ultérieur fixera mieux ſa place (1).

Sortes.

1. Feld-ſpath priſmatique (2).
2. Feld-ſpath blanc.
3. Feld-ſpath rouge.
4. Feld-ſpath vert.
5. Feld-ſpath bleu.

Ordre IV. *Fauſſes Argiles.*

Elles n'ont des argiles que le tiſſu feuilleté, l'aſpect gras ; quelques-unes durciſſent au feu.

---

(1) Le père Pini, naturaliſte italien, eſt le premier qui ait fait connoître le feld-ſpath criſtalliſé. Depuis lui on en a trouvé dans beaucoup d'endroits en France ; il y en a de très-réguliers à Roanne en Forez. J'ai décrit en détail celui qui ſe trouve dans les granits d'Alençon, & qui eſt un des plus beaux & des plus réguliers que je connoiſſe. *Voyez mes Mémoires de Chimie.*

(2) M. Daubenton l'a placé parmi les pierres ſcintil-lantes. Trois caractères le diſtinguent de toute autre eſpèce de pierres ; ſon tiſſu eſt ſpathique, il eſt chatoyant & fait feu avec le briquet. D'après ces caractères, ce genre doit contenir plus de ſortes que Bucquet ne lui en attribuoit. M. Daubenton y réunit l'œil de poiſſon, l'avanturine, la pierre de Labrador, &c. *Voyez ſon tableau.*

Elles en diffèrent, en ce qu'elles ne font pas de pâte avec l'eau, en ce que la plupart fondent au feu. Elles donnent avec l'acide vitriolique un fel en aiguilles, qui ne s'altère point à l'air, qui eft diffoluble dans quatre à cinq parties d'eau, & qui ne fe bourfouffle point fur le feu ; en un mot, qui n'eft point de l'alun. Ces caractères ont été donnés par Bucquet, qui avoit examiné plufieurs de ces pierres : au refte, comme elles ne font encore que très - peu connues, on peut les ranger à côté des argiles (1).

Genre I. *PIERRES OLLAIRES DURES.*

Leur tiffu eft peu feuilleté, leur afpect eft gras ; elles ne prennent qu'un mauvais poli.

Sortes.

1. Pierre ollaire grife de Suède.
2. Pierre ollaire verdâtre, Colubrine de Suède.
3. Pierre ollaire jaunâtre, pierre de lard de la Chine.

---

(1) M. l'abbé Mongèz, dans fon introduction à la Scia-graphie de Bergman, obferve que ces pierres feroient peut-être mieux appelées *pierres magnéfiennes* ; je fuis très - porté à admettre cette nomenclature, mais je crois qu'il faut encore des travaux plus multipliés fur ces fubf-tances pierreufes, pour que ce nom foit irrévocablement fixé.

Sortes.

4. Pierre ollaire verte brillante, Jade. La pierre néphrétique, & celle d'Otaiti, étoient, fuivant Bucquet, des variétés de jade. Nous obferverons que le jade eft très-dur, & fait feu avec le briquet. C'eft fans doute d'après Pott, que Bucquet le plaçoit parmi les pierres ollaires.

5. Pierre ollaire verte fale, pierre colubrine.

6. Serpentine. Pierre d'une couleur verte foncée, & comme noirâtre, femée de taches ou de veines noires, comme la peau des ferpens. Nous l'avons mife à la fuite des pierres ollaires, à caufe de fon afpect; cependant elle paroît être compofée.

Genre II. *Pierres ollaires tendres, stéatites ou smectites.*

Elles font plus favoneufes que les premières. Elles fe laiffent couper très-facilement; elles mouffent avec l'eau, quelques-unes ont une reffemblance extérieure frappante avec le favon.

Sorte.

1. Stéatite blanche, compacte; craie de Briançon.

Sortes.

2. Craie de Briançon brillante. Talc de Venise chez les droguistes.

3. Stéatite blanche, de Norwège.

4. Stéatite marbrée rouge, de Norwège.

5. Stéatite rougeâtre, de Norwège.

6. Stéatite verte, compacte, de Norwège.

7. Stéatite verte & rouge, de Norwège.

8. Stéatite verte, feuilletée; colubrine tendre de Norwège.

9. Stéatite noire; pierre des Tailleurs.

10. Stéatite grise & brillante. Plombagine Molybdène, & très-improprement mine de plomb. On réduit la plombagine commune en poudre; on en forme une pâte liquide avec une diſſolution de colle de poiſſon; on coule cette pâte dans des petits cylindres de bois creux, que l'on taille par une extrêmité, pour en faire des crayons (1).

―――――――――――――――――

(1) Depuis la mort de Bucquet, & la première impreſſion de cet Ouvrage, MM. Schéele, Gahn & Hielm ont fait de belles recherches ſur la plombagine; ils ont découvert que cette ſubſtance eſt une eſpèce de ſoufre formé, ſuivant eux, par la combinaiſon de l'acide carbonique avec le phlogiſtique. Nous en ferons l'hiſtoire après celle du ſoufre. Les mêmes chimiſtes, & ſur-tout M. Schéele, ont bien diſtingué la molybdène de la plom-

Genre III. *Talc.*

Il eſt formé de lames polies & luiſantes,
d'une tranſparence gélatineuſe, qui ſont appliquées les unes ſur les autres, comme des feuillets. Il paroît que ces lames ſont quelquefois
criſtalliſées en hexagones, ou tranches de priſmes à 6 faces. Il ſe fond à un feu violent en
un verre coloré.

Sortes.

1. Talc en grandes paillettes tranſparentes ; verre de Moſcovie.
2. Talc en très-petites paillettes argen-
tées ; argent de chat.
3. Talc en très-petites paillettes dorées ;
or de chat. Ces deux ſortes ſont employées pour ſécher l'écriture, ſous le
nom de poudre d'or ou d'argent.
4. Talc roulé en galets.
5. Talc en paillettes noires.
6. Talc en paillettes mêlées, brillantes.

---

baginé, que les naturaliſtes avoient toujours confondues
enſemble. La molybdène eſt regardée par M. Schéele
comme un compoſé de ſoufre & d'un acide particulier,
qu'il appelle *molybdénique*; (*voyez l'hiſtoire du ſoufre.*)
C'eſt avec la plombagine que l'on fait les crayons.

Genre IV. *AMIANTE , ASBESTE.*

Ce genre de pierres eſt formé de fibres ou de filets, poſés parallèlement les uns à côté des autres, ou entrelacés à la manière d'un tiſſu; ces filets ſont roides ou flexibles; ils diffèrent par la groſſeur, la longueur, la couleur. Les anciens les filoient, & en faiſoient une toile nommée *lin incombuſtible*, dans laquelle ils brûloient les morts, & recueilloient leurs cendres, &c.

L'amiante ſe fond facilement à un feu violent, en un verre coloré & opaque.

Sortes.

1. Aſbeſte dur & gris, à filets parallèles; aſbeſte ligneux.

2. Aſbeſte dur & vert, à filets parallèles.

3. Aſbeſte dur & vert, à fibres en faiſceaux.

4. Aſbeſte à fibres étoilées.

5. Aſbeſte à fibres molles.

6. Amiante dure, à fibres parallèles & verdâtres.

7. Amiante dure, à fibres parallèles & blanches.

8. Amiante en faiſceaux blancs brillans.

9. Amiante en faiſceaux durs, jaunâtres; amiante non mûre.

10. Amiante blanche, flexible; amiante mûre.

Sortes.

11. Amiante grife.
12. Chair de montagne.
13. Cuir de montagne.
14. Liège de montagne.

SECTION II.

Terres & Pierres composées.

L'œil ne peut pas les diftinguer de celles de la première fection. Quant à leur caractère de compofition, elles font formées d'une matière homogène, prefque toujours colorée, fouvent opaque, quelquefois tranfparente; la plupart font criftallifées régulièrement. Leur forme, léur couleur fervent à diftinguer les genres. Toutes font très-fufibles, & donnént des verres de différente nature. Leur caffure eft tantôt vitreufe, tantôt écailleufe. Ce font des fubftances dans lefquelles la nature a combiné enfemble des terres, des fels & des métaux.

Bucquet divifoit ces pierres en deux ordres; il comprenoit dans le premier les terres & les pierres compofées par l'eau, auxquelles il donnoit les caractères propres aux produits de cet élément. Il rangeoit dans cet ordre deux genres, favoir les ochres & la zéolite. Il plaçoit dans le fecond le fchorl, les macles, le trap , la pierre d'azur , les pierres précieuses fufibles , les criftaux de volcans, les verres de volcans , les ponces ; il regardoit ces huit genres de pierres comme formées par l'action du feu. Nous nous fommes fait un devoir de faire connoître les idées que ce chimifte célèbre s'étoit formées fur la nature & la divifion des pierres ; mais, comme le caractère diftinctif de ces deux ordres n'eft pas encore fondé fur des preuves nombreufes & concluantes , comme Bucquet lui-même ne les avoit propofés que fous le titre d'apperçus , nous ferons ici l'hiftoire des genres les uns après les autres, fans fuivre cette divifion.

Genre I. *O C H R E S.*

Les ochres fe délayent moins dans l'eau que les argiles ; elles font friables , & faliffent les doigts ; elles font colorées par des matières métalliques , & prefque toujours par le fer. Lorfqu'on les pouffe au feu , leur couleur prend de l'intenfité ; elles fe fondent à une chaleur violente. On les emploie dans la peinture.

Sortes.

    1. Ochre jaune , ochre de rüe.
    2. Ochre rouge , fanguine , crayon rouge.
    3. Ochre verte , terre de Vérone.
    4. Ochre brune , terre d'Ombre.

Genre

Genre II. *ZÉOLITE.*

La zéolite, décrite pour la première fois par M. Cronstedt, est une pierre formée d'aiguilles, qui partent en divergeant d'un centre commun. Elle ne fait point feu avec le briquet, ni effervescence avec les acides ; exposée au feu, elle se boursouffle & donne un verre blanc opaque, semblable à de l'émail. Si on la distille dans une cornue, on en obtient beaucoup d'eau. Le résidu contient, suivant M. Bergman, de la terre silicée, de la terre alumineuse & de la terre calcaire. Bucquet, qui en a fait l'analyse, dit y avoir trouvé très-peu de terre silicée, & une terre particulière, qui n'est ni alumineuse ni calcaire, qui forme avec l'acide sulfurique un sel cristallisable en petites paillettes brillantes, semblables à l'acide boracique, & qu'il a cru devoir appeler terre zéoliteuse : ces deux terres sont cristallisées ensemble à l'aide de l'eau, qui en fait plus du huitième, puisque Bucquet a retiré un gros & demi d'eau, d'une once de zéolite blanche de l'île de Feroë (1). La propriété de faire une gelée avec les différens acides, ne lui est pas parti-

______

(1) Voyez *les Mémoires des Savans étrangers*, *tome IX*, *page* 576.

Tome I. X

culière, puisqu'elle se trouve dans la pierre d'azur, l'étain, plusieurs mines de fer (1), &c. On ne connoît pas son origine & sa formation; on la rencontre abondamment dans les produits de volcans. Elle est très-abondante dans l'île de Feroë. Nous en connoissons cinq sortes.

Sortes.

1. Zéolite blanche, en faisceaux transparens.

2. Zéolite blanche, en faisceaux compactes.

3. Zéolite rouge.

4. Zéolite verte.

5. Zéolite bleue.

La rouge, la verte & la bleue n'ont pas été examinées.

Genre III. *SCHORL.*

Le schorl est une pierre foncée en couleur, violette, noire ou verte, rarement blanche,

---

(1) M. Pelletier, pharmacien, élève de M. d'Arcet, a donné dans le Journal de Physique (*année* 1782, *tome XX, page* 420) un Mémoire sur l'analyse de la zéolite de Feroë. Des expériences très-exactes lui ont démontré que 100 grains de cette pierre contiennent 20 grains d'alumine, 8 grains de chaux, 50 grains de terre silicée, & 22 grains d'eau. *Consultez ce Mémoire.*

affez fragile, & qui fait feu avec le briquet. Il fe fond facilement en un verre noir & opaque; il contient, fuivant Bucquet, de l'alumine & du fer combinés. On a trouvé dans l'intérieur des fchorls des bulles femblables à celles que l'on obferve dans les laitiers des verreries.

On ne connoît pas bien fon origine. Quelques perfonnes le regardent comme un produit des volcans, parce qu'on le rencontre fréquemment dans les lieux qui ont été brûlés; mais on le trouve auffi parmi des matières travaillées par les eaux.

Sortes.

1. Schorl violet, criftallifé.
2. Schorl violet, en maffes fibreufes.
3. Schorl noir, prifmatique à quatre, fix, huit ou neuf pans; avec des pyramides à deux, trois ou quatre faces, ainfi que le fchorl violet.
4. Schorl noir en maffes.
5. Schorl vert en maffes lamelleufes.
6. Schorl blanc, bleuâtre.
7. Schorl électrique, d'un jaune rougeâtre, Tourmaline.

Genre IV. *MACLES.*

Nous entendons par ce nom des pierres

prifmatiques, opaques, d'une couleur fale, d'une forme fouvent régulière, que leur analyfe, faite par Bucquet, rapproche des fchorls, & qui font un compofé d'alumine & de fer.

Sortes.

1. Macle tétraëdre, dont la coupe porte la figure de croix. Elle fe trouve dans une efpèce de fchite, dur & bleu foncé de Bretagne; elle y eft très-adhérente; cette pierre eft très - fragile; lorfqu'on la caffe, on apperçoit fur fa coupe tranfverfale, deux lignes bleuâtres qui fe coupent dans le milieu & forment une croix. Quelquefois le milieu du prifme paroît rempli d'une matière femblable à la gangue.

2. Pierres de croix, prifmes hexaëdres, articulés & croifés dans leur milieu comme des branches d'une croix; on les trouve dans des feuilles de mica jaune; les deux branches ne fe croifent prefque jamais à angle droit.

Genre V. *TRAP.*

Le trap eft une pierre dure, d'un grain fin, d'une caffure feuilletée & angulaire comme les marches d'un efcalier; il eft d'une couleur verte foncée tirant fur le noir, fouvent ochracée; il eſt très - peſant, fait feu avec le briquet; il ſe fond en un verre noirâtre, il eſt toujours recouvert d'une eſpèce d'écorce moins dure que ſa propre ſubſtance; il eſt formé d'alumine & de fer, qui, ſuivant Bucquet, y eſt dans la proportion de vingt-cinq livres par quintal, de ſorte qu'il pourroit être rangé parmi les mines de fer. M. Daubenton le regarde comme un ſchite contenant du quartz en ſablon. Nous ne connoiſſons qu'une ſorte de trap que nous venons de décrire.

Genre VI. *PIERRE D'AZUR, LAPIS LAZULI.*

Sa couleur, la fineſſe de ſon grain, l'analyſe qui a démontré du fer dans cette pierre, la font ranger à la ſuite des précédentes; il y en a trois ſortes.

Sortes.

1. Pierre d'azur orientale.
2. Pierre d'azur d'un bleu pâle & ſouvent purpurin.
3. Pierre d'Arménie, nuancée de blanc & de bleu pâle.

C'eſt avec cette pierre que l'on prépare le beau bleu d'azur, qui eſt employé dans la peinture, & dont la couleur eſt une des plus fixes & des moins altérables que l'on connoiſſe.

X iij

Genre VII. *CRISTAUX GEMMES FUSIBLES.*

Les différences chimiques qui fe rencontrent entre les diverfes efpèces de pierres précieufes ou de pierres gemmes, avoient engagé Bucquet à les féparer les unes des autres, & à rapporter chacune aux fections & aux ordres auxquels elles paroiffent appartenir : celles que nous plaçons ici font manifeftement compofées. Bergman y a trouvé plufieurs fubftances, telles que de la terre filicée, de l'alumine, de la chaux & du fer; toutes ces pierres font fufibles & compofées de lames ; leur fracture eft lamelleufe.

Sortes.

    1. Aigue marine.
    2. Eméraude.
    3. Chryfolite.
    4. Rubis.
    5. Vermeille.
    6. Grenat.

Genre VIII. *CRISTAUX DE VOLCANS.*

Bucquet réuniffoit dans ce genre toutes les pierres régulières, tranfparentes, colorées & femblables aux criftaux gemmes; mais qui ne paroiffent point en avoir la dureté & le brillant. On les trouve dans des cavités formées par la réunion de petites particules brillantes, de même nature, agglutinées. Elles se rencontrent dans le voisinage des volcans. Nous en admettons trois sortes.

Sortes.

1. Chrysolite de volcan; cristaux polyèdres, d'un verre doré.

2. Hyacinthe de volcan, cristaux polyèdres, d'un jaune orangé.

3. Grenats de volcan; ils ressemblent beaucoup aux grenats isolés, mais ils sont irréguliers, & semés dans des pierres brillantes, ou espèces de laves, avec les deux précédentes.

Genre IX. *PIERRES-PONCES.*

La plupart des pierres-ponces paroissent être un assemblage de filets vitreux, entortillés à-peu-près comme des fils sur un peloton. C'est une véritable combinaison de différentes substances fondues par le feu des volcans.

On peut distinguer quatre sortes de pierres-ponces, dont chacune présente un grand nombre de variétés.

Sortes.

1. Pierre-ponce fibreuse blanche.

2. Pierre-ponce fibreuse colorée.

X iv

Sortes.

> 3. Pierre-ponce cellulaire & légère.
> 4. Pierre-ponce cellulaire & compacte.

Genre X. *VERRE DE VOLÇANS.*

Les verres fondus & rejetés par les volcans, font formés par des matières terreufes & falines, colorées par du fer ou quelqu'autre fubftance métallique ; ce font de véritables combinaifons chimiques naturelles, faites par la voie sèche.

Sortes.

> 1. Verre verdâtre cellulaire.
> 2. Verre noirâtre cellulaire ou en filets agglutinés.
> 3. Verre noir très-beau & tranfparent, agate d'Iflande, pierre obfidienne des anciens.

SECTION III.

Pierres & Terres mélangées.

Le caractère des pierres de cette fection eft facile à faifir. La feule infpection fait reconnoître le mélange des différentes matières dont elles font formées, fur-tout lorfqu'on les compare avec celles des deux fections précédentes. Nous avons déjà remarqué plus haut que, pour en faire l'analyfe, il eft indifpenfable de féparer par le marteau les diverfes fubftances qui les compofent; alors on y trouve des pierres fimples liées avec des pierres compofées. Si l'on expofe ces pierres entières à l'action du feu, elles fe fondent toutes plus ou moins facilement en un verre de différentes couleurs, fuivant le mélange plus ou moins parfait, & la nature des matières qui conftituent ce mélange.

Il paroît qu'elles ont été formées par le rapprochement des diverfes fubftances qu'on y rencontre, & que ce rapprochememt a été fait ou par l'eau ou par le feu. Telle eft la raifon qui a engagé Bucquet à divifer cette troifième fection en deux ordres, comme la précédente; le premier ordre comprend les pierres mêlangées par l'eau, & le fecond, les pierres mêlangées par le feu. Cette divifion étant fondée fur beaucoup plus de faits que celle de la feconde fection, nous l'admettrons avec plus de confiance.

ORDRE I. *Terres & pierres mélangées par l'eau.*

Genre I. *PETRO-SILEX*, ou *PIERRE DE ROCHE*.

Les naturaliftes entendent par ce nom, une pierre d'une dureté moyenne entre celle des

pierres tendres & du filex. M. Daubenton l'a
placée parmi les pierres vitreufes, parce qu'elle
donne des étincelles par le choc du briquet,
& parce que fa caffure eft vitreufe, quelquefois un peu écailleufe. Le petro - filex a une
demi-tranfparence femblable à celle de la cire ;
il eft terne & fans aucun brillant, il a même
un peu l'afpect du fuif ; fon grain eft fin &
très-ferré ; on le trouve en très-grandes maffes,
il offre fouvent des couches de différentes
nuances appliquées les unes fur les autres.
Bucquet lui donnoit pour caractère chimique
de fe fondre au feu en un verre opaque ; fon
mélange n'eft pas, à beaucoup près, auffi apparent que celui des genres fuivans ; il femble
tenir des caractères des pierres compofées (1),

____

(1) Il eft néceffaire d'obferver que ces caractères tirés
de l'action du feu fur les pierres, font fondés fur des expériences faites avec Bucquet par M. le duc de la Ro-
chefoucauld , dans un excellent fourneau de fufion ,
conftruit exprès dans le laboratoire que cet amateur
diftingué deftine à des recherches fur tous les objets
les plus propres à avancer la chimie. J'ai examiné la plus
grande partie des réfultats de ce travail , dont le public
favant aura fans doute quelque jour communication ; il
confirmera la belle fuite d'expériences faites par M. d'Arcet , & y ajoutera plufieurs faits qui ferviront de preuves
aux caractères chimiques qui avoient été propofés par
Bucquet , pour claffer les pierres.

voilà pourquoi nous le plaçons à la tête de la troisième section; il sert, pour ainsi dire, de passage entre ces deux divisions.

La forme de ses couches, les matières qu'il contient souvent, & sur-tout les masses qu'il offre dans l'intérieur de la terre, annoncent qu'il doit sa naissance au travail de l'eau.

Sortes.

1. Pétro-silex gris.
2. Pétro-silex rougeâtre.
3. Pétro-silex verdâtre.
4. Pétro-silex brun.
5. Pétro-silex noir.
6. Pétro-silex taché.
7. Pétro-silex véiné.

Genre II. *POUDING.*

Le pouding est un mêlange de cailloux liés par un ciment de différente nature. Ce ciment est ou de la nature du grès, ou argileux, ou ochracé; il est quelquefois dur & semblable au silex.

Sa formation n'est point équivoque, elle est due à l'eau; on le trouve constamment sur les rivages de la mer, ou dans des lieux qui ont été recouverts par les eaux, & qu'elles ont abandonnés depuis quelque tems.

Sortes.

1. Pouding fableux.
2. Pouding ochracé.
3. Pouding argileux.
4. Pouding filiceux.
5. Pouding agaté , fufceptible du plus beau poli.

Genre III. *Granit.*

Le granit eft formé de trois matières pier-reufes en fragmens plus ou moins gros, liés les uns aux autres. Ces trois fubftances font du quartz , du feld-fpath & du mica.

Il fait feu avec le briquet, à caufe du quartz & du feld-fpath qu'il contient ; fa caffure eft irrégulière & à gros grains ; il eft fufible , mais dans différens degrés , fuivant la quantité ref-pective des trois matières qui le forment. Il eft fufceptible de prendre un poli plus ou moins vif, fuivant la fineffe de fon grain & la dureté de fes principes ; quelques fortes s'altèrent & fe dégradent à l'air. Ce dernier phénomène a fait diftinguer les granits antiques des granits modernes. On a beaucoup multiplié les fortes de granit. Nous les réduifons aux fuivantes (1).

-----

(1) Les naturaliftes modernes ont beaucoup étudié l'hif-toire du granit : M. de Sauffure a donné des détails neufs

Sortes.

1. Granit blanc.
2. Granit gris.
3. Granit rouge.
4. Granit brun.
5. Granit vert.
6. Granit noir.
7. Granit terne & friable ; il a été altéré par l'air.

Genre IV. *PORPHYRE*.

Le porphyre est une pierre parsemée de taches sur un fond rouge ou d'une autre couleur ; il fait beaucoup de feu avec le briquet.

Il diffère du granit par sa dureté plus grande, & parce qu'il est susceptible de prendre un poli beaucoup plus vif ; il paroît formé de feldspath & de schorl réunis par un ciment quartzeux.

La pâte qui forme le fond du porphyre, est d'un grain très-fin & très-serré. Les différens

____

& importans sur cet objet dans son voyage des Alpes. Tous les granits ne sont pas formés exactement du mélange de ces trois pierres. Il en est qui, au lieu de mica, contiennent du schorl ; d'autres renferment du schorl & du mica en même tems. La pierre mélangée de quartz & de feld-spath seulement, constitue le *granitin* ; celle qui est formée par le mélange de quartz & de schorl, s'appelle *granitelle*. Voyez pour les détails, *le voyage de M. de Saussure dans les Alpes.*

fragmens qui y font femés , font en général beaucoup plus petits que ceux du granit. Cette pierre eft fufible & donne un verre coloré ; on peut réduire toutes les fortes de porphyre aux fept fuivantes.

Sortes.

    1. Porphyre rouge à grandes taches.

    2. Porphyre rouge à petites taches.

    3. Porphyre vert à grandes taches.

    4. Porphyre vert à petites taches.

    5. Porphyre noir à grandes taches.

    6. Porphyre noir à petites taches.

    7. Porphyre groffier d'un rouge fale , prefque fans taches , écaille de mer ; il approche de la nature du grès.

Genre V. *OPHITE OU SERPENTIN.*

Pline donnoit le nom d'*ophites* à des pierres tachées , comme la peau des ferpens. Bucquet les regardoit comme des fortes de porphyre ; mais plus dures , plus antiques & d'un mélange beaucoup plus intime. On leur a donné le nom de ferpentin ou ferpentine dure. En comparant cette pierre au porphyre , on reconnoît que le ferpentin eft formé comme ce dernier d'une pâte quartzeufe, de feld-fpath & de fchorl ; mais que le feld-fpath y eft femé en gros fragmens rhom- boïdaux, tandis qu'il eft très-petit dans le por- phyre.

Le serpentin fait feu avec le briquet, sa cassure est fine & demi-écailleuse; il se fond au feu.

Voici les principales sortes de serpentin que nous avons eu occasion de voir.

Sortes.

1. Ophite d'un vert foncé, avec de grandes taches blanches.

2. Ophite d'un vert foncé, avec des taches oblongues d'un vert pâle.

3. Ophite semblable à la précédente, dont les taches sont très-petites, peu apparentes; plusieurs peuples sauvages la taillent en coins; on lui a donné le nom de *pierre de foudre*.

4. Ophite brune, à taches irrégulières & oblongues, d'un blanc rosé.

L'origine des ophites est fort obscure. On ne sait pas bien si elles sont dues à l'action de l'eau ou à celle du feu; comme elles ont de l'analogie avec le porphyre, nous les avons placées à la suite de cette pierre.

Ordre II. *Terres & Pierres mélangées par le feu.*

Suite des produits volcaniques.

On ne peut douter de l'origine des substances qui composent cet ordre, puisqu'on ne les trouve jamais qu'aux environs des volcans, ou que dans des lieux qui ont été autrefois brûlés. D'ailleurs elles offrent tous les caractères des produits du feu. En joignant les genres que cet ordre renferme, à ceux qui ont été décrits parmi les pierres compofées, on aura une fuite complette de tous les produits volcaniques.

Nous ne comprenons pas fous ce nom toutes les matières qui fe trouvent dans les environs des volcans, & qui ne font point altérées par le feu, comme la plupart des pierres que nous avons déjà décrites, fur-tout le granit, les argiles, &c. ainfi que plufieurs fubftances falines, calcinées, fondues, fublimées, vitrifiées; elles ne préfentent rien de particulier, & ce feroit s'expofer à des redites inutiles, que de placer ici leur hiftoire. Nous ferons mention ailleurs de leur exiftence dans le voifinage des volcans, & de leurs altérations par les feux fouterreins.

Genre I. *CENDRES DE VOLCAN.*

On a donné le nom impropre de cendres de volcan à des matières terreufes, pulvérulentes de diverfes couleurs qui fe rencontrent aux environs des volcans. Il paroît qu'elles doivent leur origine, ou à des fubftances mêlées & rejetées par les volcans, ou à des laves

altérées

altérées par le contact de l'air & de l'eau. Bucquet les regardoit comme des combinaisons d'argile & de fer. Elles font fouvent attirables à l'aimant. Nous en connoiffons deux fortes.

Sortes.

1. Rapillo, matière pulvérulente, d'un gris noirâtre, qui fe trouve aux environs des craters.

Le rapillo contient des grenats & des fchorls dont la forme eft reconnoiffable, & dont les angles ont été ramollis & encroûtés, à ce qu'il paroît, par une matière en fufion.

2. Pouzzolane : cette fubftance qui a reçu fon nom de la ville de Pouzzole, où elle a été employée très-anciennement, eft une terre argileufe chargée de fer, & de différentes couleurs, fuivant l'état de ce métal. Il y a de la pouzzolane grife, de la jaune, de la rouge, de la brune, de la noire ; elle fe fond en un émail noir ; elle eft très-utile pour faire une efpèce de mortier, qui a la propriété de durcir dans l'eau. M. Faujas de Saint-Fond en a trouvé dans le Vivarais. Il penfe que ces terres font formées par l'altération & le détritus des laves poreufes & même des

Sortes.

bafaltes. Cet obfervateur a détaillé,
dans fes Recherches fur la pouzzolane, les procédés pour conftruire
dans l'eau & à l'air, avec cette fubftance.

Genre II. *LAVES.*

On donne ce nom à des matières fondues,
& demi-vitrifiées par les volcans. Elles font le
plus fouvent rejetées fur les côtés des montagnes dont l'intérieur eft embrafé. Ces matières
forment des fleuves brûlans, qui coulent quelquefois à une très-grande étendue, & qui ra-
vagent & détruifent tous les lieux fur lefquels
ils paffent. Leur chaleur & leur volume font fi
confidérables, qu'elles ne fe refroidiffent que
très-lentement, & qu'au bout de plufieurs années. En fe refroidiffant, elles fe fendent & fe
féparent en maffes, qui quelquefois préfentent
des formes régulières; telle paroît être l'origine
des bafaltes. Les cabinets offrent un grand nombre de variétés de ces pierres. Elles font en
général compofées d'une pâte d'un gris plus ou
moins foncé, d'un grain & d'une dureté très-
variés, dans laquelle font femés des criftaux ou
des fragmens irréguliers de fchorl, de grenat,
de verre, de zéolite, &c. ce qui conftitue un

véritable mélange. Il est impossible de fixer les caractères généraux des laves, puisqu'elles diffèrent toutes par leur grain, leur cohérence, leur dureté, leur couleur, leur mélange, &c. En général elles sont toutes très-fusibles, & donnent une sorte d'émail noirâtre, semblable au verre des volcans. M. Cadet y a trouvé de l'alumine, du fer, du cuivre & de la silice. M. Bergman les croit composées des terres silicée, alumineuse, calcaire & de fer. Plusieurs laves, sur-tout les compactes, ont la propriété d'agir sur l'aiguille aimantée.

Sortes.

1. Lave tendre, de diverses couleurs, avec des cristaux de schorl noir.

2. Lave tendre, de diverses couleurs, avec des cristaux de schorl vert.

3. Lave tendre, de diverses couleurs, avec des cristaux de schorl blanc.

4. Lave rougeâtre, avec des cristaux noirâtres.

5. Lave jaunâtre & saline.

6. Lave tendre, avec des cristaux de grenat.

7. Lave chatoyante & poreuse.

8. Lave poreuse, grise ; pierre de Volvic.

9. Lave tendre, noirâtre, avec des cristaux blancs.

Sortes.

10. Lave grife, un peu compacte, femée de criftaux dodécaëdres opaques, ou de grenats altérés par le feu.

11. Lave antique, très - compacte, d'un gris noirâtre, femée de taches plus foncées.

Genre III. *BASALTE.*

Rien n'eft moins exact dans les livres des naturaliftes, que ce qu'ils ont écrit fur le bafalte. Plufieurs d'entr'eux ont confondu fous ce nom les fchorls, les grenats avec les véritables bafaltes. On ne trouve nulle part une bonne définition de ce mot. Les uns les ont regardés comme des produits de volcans; les autres ont cru qu'ils étoient formés par l'eau. Nous croyons, d'après les belles obfervations de MM. Defmarets & Faujas de Saint-Fond, devoir adopter la première opinion.

On peut donner pour caractère diftinctif des bafaltes une forme régulière, une opacité parfaite, une dureté confidérable, & telle qu'ils font feu avec le briquet ; une couleur grife cendrée, tirant un peu fur le noir, & un mêlange manifefte de fchorl ou de petits fragmens vitrifiés ordinairement plus colorés que la pâte. Les bafaltes font fufibles.

Il y a dans ce genre des pierres d'un volume énorme, & rassemblées en masses très-considérables, dont la formation paroît remonter à la plus haute antiquité. 1°. Tels sont ceux qui forment la chaussée des Géans dans le comté d'Antrim en Irlande, 2°. le rocher de Pereneire, près Saint-Sandoux en Auvergne, très-bien décrit par M. Desmarets. Il y en a d'autres régulièrement cristallisées en petits prismes à 3, à 4, ou à 5 faces, &c. rien n'est plus varié que leur forme, leur grandeur & leur disposition.

En général, ces pierres sont rangées symmétriquement les unes à côté des autres. Leur analyse n'a point encore été faite assez exactement, pour qu'on puisse rien dire de certain sur leur nature. Il semble qu'ils ne soient que des laves cristallisées en apparence, en raison des fentes formées dans toutes sortes de sens pendant leur refroidissement. Les variétés singulières qu'ils présentent & leur arrangement semblent donner beaucoup de force à cette opinion ; il paroît aussi que l'eau s'est insinuée dans ces fentes, y a déposé encore différentes terres, & a altéré les surfaces correspondantes des basaltes ; telle est, à ce qu'il paroît, l'origine des croûtes jaunes ou brunes qui semblent les envelopper.

Y iij

Sortes.

1. Bafalte en prifmes polygones très-allongés, & fans pyramide régulière.

2. Bafalte en prifmes courts & tronqués, à trois, quatre, cinq ou fept faces.

3. Bafalte en prifmes courts polygones, terminés par une concavité fupérieure & par une convexité inférieure ; bafaltes articulés.

4 Petits bafaltes quadrangulaires, triangulaires, &c. formés par les fractures des grands, & grouppés avec eux (1).

Genre IV. *Scories de laves.*

La matière fondue qui conftitue les laves, eft un mélange formé de plufieurs fubftances hétérogènes, de denfité & de pefanteur différentes. Son refroidiffement lent donne lieu à la féparation de ces fubftances, fuivant l'ordre de leur pefanteur : telle eft l'origine de la formation des fcories de laves. Ce font des corps fouvent fpongieux, qui n'ont pas éprouvé une fufion auffi complette que la lave, & qui fe font

---

(1) Voyez *pour l'hiftoire de ces pierres, & pour tous les produits des volcans, l'excellent ouvrage de* M. *Faujas de Saint-Fond, intitulé* Minéralogie des volcans, *1 vol. in-8.* Cuchet, *1784.*

élevés au-dessus d'elle par leur légèreté. Au reste elles paroiffent être de la même nature, & ne différer que par un mélange moins parfait. On y trouve des criftaux de fchorl & de grenats, comme dans les laves.

Sortes.

1. Scories volcaniques péfantes, d'un tiffu compacte.

2. Scories volcaniques noires & cellulaires.

3. Scories volcaniques noires & fpongieufes.

4. Scories volcaniques noires, contournées en corde.

5. Scories volcaniques jaunes & ochracées.

6. Scories volcaniques rougeâtres.

Ces deux dernières ont été manifeftement altérées par le contact de l'air, de l'eau & des vapeurs acides.

Telle étoit la manière dont Bucquet avoit cru devoir claffer les terres & les pierres en 1777 & 1778. La chimie minéralogique a fait de très-grands progrès depuis cette époque. On s'eft occupé de l'analyfe des pierres dans presque tous les laboratoires. MM. Bayen, d'Arcet, Monnet, de Morveau, Sage, Mongèz, Pelletier, en France ; MM. Schéele & Bergman en Suède ; Achard, Bindheim & Hupfch à Berlin; de Sauffure, en Suiffe ; Woulfe, Withering & Kirwan, en Angleterre, ont examiné un grand nombre de pierres & de terres, & il eft réfulté de ces analyfes multipliées, que la claffification de ces corps a dû éprouver de grandes révolutions; auffi deux de ces chimiftes ont-ils cru devoir publier des fyftêmes de minéralogie fondés fur la nature des principes des minéraux ; mais ils ont fuivi une toute autre route que Bucquet, dont le but étoit d'affocier les caractères extérieurs avec les propriétés chimiques. MM. Bergman & Kirwan n'ont eu aucun égard aux qualités phyfiques pour claffer les terres & les pierres; la nature, la quantité & la proportion de leurs principes conftituans les ont déterminés dans leurs diftributions méthodiques. Leur fyftême, quoique très-utile pour l'avancement des connoiffances chimiques, ne peut point fervir à faire diftinguer les pierres par leur afpect & leurs caractères fenfibles ; il étoit donc effentiel de faire précéder l'examen de ces fyftêmes lithologiques par une méthode naturelle, comme nous l'avons fait, dans l'intention que l'un de ces moyens pût éclairer l'autre , & qu'ils fuffent tous les deux également avantageux , pour guider la marche de ceux qui fe livrent à l'étude des minéraux.

§. II. *De la diftribution chimique des terres & des pierres , fuivant Bergman* (1).

Après avoir fait voir que les caractères extérieurs & fuperficiels ne peuvent pas fuffire pour bien diftinguer les minéraux les uns des autres , quoique bien choifis , ils puiffent être d'un grand fecours, Bergman établit fes principales divifions de claffes & de genres fur la compofition & les caractères intérieurs de ces corps. Le principe le plus abondant ou le plus actif d'un minéral , eft ce qui le guide dans fes diftributions. Il partage tous les minéraux ou tous les foffiles en quatre claffes ; favoir , les fels , les terres , les bitumes & les métaux. Nous ne ferons mention ici que des terres.

Bergman reconnoît cinq terres fimples & différentes les unes des autres ; favoir , la terre

---

(1) Ce paragraphe eft extrait de l'Ouvrage de Bergman , publié en françois par M. Mongèz , fous le titre de *Manuel du minéralogifte* , ou *Sciagraphie du règne minéral* , *in-8. Paris , Cuchet* , 1784.

pefante, la chaux, la magnéfie, l'argile & la terre filiceufe (1).

Il examine d'abord chacune de ces terres pures, quoiqu'on ne les trouve jamais telles dans la nature ; il remarque que ces cinq terres combinées enfemble peuvent donner vingt efpèces ; favoir, dix doubles, fix triples, trois quadruples & une feule formée de la réunion de toutes les cinq. Mais comme il range parmi les terres celles de leurs combinaifons avec les acides qui ne peuvent pas fe diffoudre dans mille fois leur poids d'eau bouillante, leurs efpèces font plus multipliées. D'ailleurs deux compofés terreux femblables par leurs principes de compofition, peuvent différer beaucoup par la proportion de ces principes, & conftituer ainfi des corps réellement diftinéts. Telles font les bafes des diftinétions d'efpèces admifes par Bergman, & par fon commentateur M. l'abbé

____

(1) Parmi ces cinq terres, trois ont des propriétés falines marquées ; ce font la terre pefante ou baryte, la magnéfie & la chaux ; c'eft pour cela que nous en ferons l'hiftoire dans la feconde partie de cet Ouvrage. Bergman dont l'intention a été de divifer les pierres d'après leurs principes, a dû les regarder comme des terres, parce qu'elles font fouvent unies avec les autres. Au refte, beaucoup de fubftances que cet illuftre chimifte a rangées parmi les pierres, font des fels dans notre méthode.

Mongèz, qui a beaucoup ajouté aux travaux du chimiste suédois. Voici, d'après cette méthode, les espèces qui appartiennent à chacune des cinq terres primitives.

Terre pesante (1).

Espèce I. Terre pesante pure, elle n'existe point dans la nature ; on l'obtient en décomposant le spath pesant, comme nous le verrons plus bas.

Espèce II. Terre pesante aérée. Combinaison de la terre pesante avec l'acide aérien ; on n'a pas encore trouvé ce composé dans la nature. Bergman pense qu'on pourra le rencontrer diffous dans les eaux (2).

Espèce III. Terre pesante vitriolée ; spath pesant ; combinaison de la terre pesante avec

______

(1) Nous suivrons dans ces détails, les dénominations données par Bergman ; il sera aisé de rapporter les noms anciens, soit pour les bases terreuses, soit pour les acides qui leur sont unis, aux dénominations nouvelles & méthodiques que nous donnerons à ces corps dans l'histoire des matières salines. Voyez la fin de ce Volume & le second.

(2) On a trouvé ce composé naturel en Angleterre, depuis la mort de Bergman. Voyez l'extrait de la Minéralogie de M. Kirwan, page 358.

l'acide vitriolique. Cette substance se trouve abondamment dans les mines. La pierre de Bologne en est une variété.

Espèce IV. Terre pesante vitriolée, pénétrée de pétrole, mêlée de sélénite, d'alun & de terre siliceuse ; pierre hépatique de Cronstedt. Cette substance est spathique brillante, jaune, brune ou noire ; son odeur est très-forte ; elle ne fait point d'effervescence avec les acides. Un quintal de ce composé naturel contient, d'après l'analyse de Bergman, 33 parties de terre siliceuse, 29 de terre pesante pure, 5 d'argile, outre la chaux, l'eau & l'acide vitriolique (1).

Chaux.

Espèce I. Chaux pure ou chaux vive ; Bergman n'en connoissoit pas l'existence dans la nature.

Espèce II. Chaux aérée ; craie ou terre calcaire, combinaison de la chaux avec l'acide aérien ; elle est rarement pure ; elle contient souvent du sel marin de magnésie, du sel marin calcaire, de l'argile, de la terre siliceuse ou du fer. Elle constitue dans la terre ou à sa sur-

______

(1) Ces substances rangées parmi les terres par Bergman, appartiennent aux matières salines, d'après nos divisions chimiques.

face, le lait de lune, les congellations, les pierres calcaires, les marbres, les spaths calcaires, les concrétions ou stalactites, &c.

Espèce III. Chaux aérée bitumineuse, ou imprégnée de pétrole ; pierre de porc : on la trouve en France à Villers - Cotterets, à Plombières, à Ingrande en Anjou, à Rattwik en Dalécarlie, à Kinekulle dans la Westrogothie, à Krasnaselo en Ingermanie, en Portugal, en Suède, &c. Elle répand une odeur fétide quand on la frotte ou quand on la chauffe ; quelquefois cette odeur ressemble à celle d'urine de chat ; aussi quelques auteurs ont-ils appelé cette pierre *lapis felinus*. Elle fait effervescence avec les acides, elle décrépite, perd son odeur & sa couleur au feu ; distillée en grande quantité, elle donne, 1°. une liqueur fétide qui verdit le syrop de violettes, & fait effervescence avec les acides ; 2°. une huile noire très odorante, semblable à celle du charbon de terre ; 3°. de l'alkali volatil concret. Le résidu contient un peu de sel marin ; cette substance doit ses propriétés au bitume qui y est mêlé.

Espèce IV. Chaux fluorée ; fluor minéral, ou spath vitreux. Combinaison de la chaux avec l'acide spathique ou fluorique, mêlée d'argile, de terre siliceuse & d'un peu d'acide marin.

Espèce V. Chaux saturée d'un acide particulier, peut-être métallique; pierre pesante, *Tungsten* des suédois. Cette pierre est la plus pesante de toutes. On l'a trouvée en petits grains jaunes ou rouges dans les mines de Bastnaès, près Ritterhutte en Westmanie; elle est spathique, brillante & blanchâtre à Marienberg & à Altenberg en Saxe. On la confond souvent avec la mine d'étain blanche. Elle résiste au feu & ne se vitrifie qu'à sa surface; elle n'est point dissoluble dans l'eau bouillante; l'acide vitriolique en sépare la chaux; sa dissolution dans l'alkali volatil précipitée par l'acide nitreux, fournit une poudre blanche, qui est l'acide particulier découvert par Schéele. Pour la reconnoître & la distinguer de toutes les autres pierres connues, il faut la réduire en poudre & verser dessus de l'acide nitreux ou de l'acide marin. Ce mélange chauffé légèrement devient d'un beau jaune. (*Voyez le Journal de Physique*, *1783*, *tome XXII.*)

Espèce VI. Chaux aérée souillée (1) par un

---

(1) Le mot souillé *inquinatus*, est employé par Bergman pour désigner un simple mélange de deux ou plusieurs terres, sans véritable combinaison. Aussi nous y substituerons quelquefois le mot mêlé.

peu de magnéfie muriatique, ou fel marin de magnéfie.

Efpèce VII. Chaux aérée fouillée par l'argile; fauffe marne.

Efpèce VIII. Chaux aérée fouillée par la terre filiceufe. On trouve des pierres de taille & des marbres qui font feu avec le briquet en raifon des fragmens de filex ou de quartz qui y font mêlés.

Efpèce IX. Chaux aérée fouillée par la terre argileufe & filiceufe; marne parfaite.

Efpèce X. Chaux aérée fouillée par le fer & la manganèfe; fauffe mine de fer blanche, pulvérulente noire, ou dure, rouge ou blanchâtre. Les mines d'Hallefors offrent ces variétés (1).

Magnéfie.

Efpèce I. Magnéfie pure; elle eft toujours un produit de l'art.

Efpèce II. Magnéfie aérée; elle eft diffoute dans les eaux chargées d'acide aérien.

Efpèce III. Magnéfie aérée mêlée de terre filiceufe. Elle eft fcintillante & effervefcente.

Efpèce IV. Magnéfie intimement combinée

____

(1) Toutes ces efpèces font des fubftances falines dont nous ferons mention dans l'hiftoire des fels.

avec la terre filiceufe & l'argile ; ftéatite, craie de Briançon , pierre de lard , pierres ollaires , ferpentines , pierre néphrétique.

Efpèce V. Magnéfie unie à une portion confidérable de terre filiceufe & à une moindre de calcaire & d'argileufe, & fouillée de chaux de fer. Afbefte, liège de montagne ; cuir de montagne ; amiante. Bergman a trouvé dans un quintal d'amiante 64 parties de terre filiceufe, 18 parties & $\frac{3}{5}$ de magnéfie, 6 parties & $\frac{9}{10}$ de chaux, 6 parties de terre pefante vitriolée, 3 parties & $\frac{3}{10}$ d'argile , une partie & $\frac{1}{5}$ de chaux de fer ; un quintal d'afbefte lui a donné 67 de terre filiceufe, 16 & $\frac{4}{5}$ de magnéfie, 6 d'argile, 6 de chaux, & 4 $\frac{1}{5}$ de chaux de fer.

Efpèce VI. Magnéfie mêlée de terre argileufe, filiceufe & de pyrite, efpèce de mine d'alun décrite & analyfée par M. Monnet. (*Syft. de Minéralogie , genre 9 , page 161.*)

Efpèce VII. Magnéfie mêlée de terre argileufe, filiceufe , de pyrite & de pétrole. Schifte alumineux magnéfien.

Argile.

Efpèce I. Argile pure ; on la précipite de l'alun par l'alkali volatil aéré.

Efpèce

Espèce II. Argile mêlée de terre siliceuse. Terre à porcelaine ; Kaolin des chinois. Argile solide de Saint-Iriez en Limousin, du Japon, de Saxe. Argile pulvérulente de Westmanie, de Boserap, de la Chine. Ces terres sont souvent mêlées de mica. Les argiles pour les poteries & les fayances sont plus grossières, mais de nature semblable.

Espèce III. Argile mêlée de terre siliceuse & de fer. Bols ou terres bolaires, grises, jaunes, rouges, brunes & noires. On les lave pour en faire des terres sigillées. Les argiles communes & colorées en vert, en bleu & en rouge, sont de cette espèce.

Espèce IV. Argile mêlée de terre siliceuse & calcaire. Marne argileuse ; terre à pipe, agaric minéral ou fossile.

Espèce V. Argile mêlée de terre siliceuse & magnésienne. Terre de Lemnos ; terres à foulon ; pierre savonneuse, smectite. Bergman a retiré de la terre de Lemnos, de l'argile d'Hampshire, & de la terre à foulon d'Angleterre, beaucoup de terre siliceuse, environ $\frac{1}{5}$ d'argile & autant de chaux aérée, & $\frac{1}{20}$ de magnésie aérée & autant d'oxide de fer. Il donne à ces terres le nom générique de *lithomarga*.

Espèce VI. Argile souillée de soufre & d'alkali végétal ; Mine d'alun de a Tolfa & de la Solfatare. Bergman la regarde comme un produit volcanique.

Espèce VII. Argile mêlée de terre siliceuse, de pyrite & de pétrole; schiste alumineux: on le trouve en Italie, dans le pays de Liège, en Suède, dans le Jemteland. Les crayons noirs, celui de Bechel près de Séez en Normandie, les ampelithes sont de cette espèce; les tripolis appartiennent au schiste alumineux plus ou moins chauffé. Tels sont ceux de Poligné en Normandie & de Ménat en Auvergne.

M. Mongèz réunit à cette espèce les schistes qui contiennent l'argile en grande quantité, & plus ou moins de terre siliceuse & de bitume. La plupart sont encore mêlés de terre calcaire & font effervescence avec les acides. La proportion de ces principes varie beaucoup dans les différens schistes. Il en est qui sont si bitumineux, qu'ils brulent avec flamme; d'autres sont remplis de pyrites & s'effleurissent à l'air; quelques-uns sont très-durs & font feu avec le briquet. M. Mongèz en admet cinq variétés. 1°. Le schiste dur argileux, ou l'ardoise de table; 2°. le schiste tendre argileux, ou ardoise de toît; 3°. le schiste tendre siliceux, ou pierre à polir les métaux; 4°. le schiste dur siliceux, pierre à rasoir, pierre à faux ; 5°. le schiste dur calcaire , qui fait une mauvaise chaux , comme celui d'Allevard en Dauphiné.

Espèce VIII. Argile combinée à la moitié moins de son poids de terre siliceuse , à un peu de chaux aérée & d'oxide de fer ; cristaux gemmes. Les belles recherches de Bergman sur les pierres gemmes , dont l'excessive dureté & l'inaltérabilité apparente sembloient se refuser à l'analyse chimique , ont été confirmées par les travaux de MM. Margraf , Gerhard & Achard. Voici le résultat de l'analyse de Bergman sur les cinq cristaux gemmes , qui sont des variétés de l'espèce dont nous nous occupons.

	argile.	t. silic.	chaux.	fer.	
Emeraude orient. contient	60	24	8	6	
Saphir oriental..........	58	35	5	2	
Topaze de Saxe.........	46	39	8	6	par 100.
Hyacinthe orientale......	40	25	20	13	
Rubis oriental..........	40	39	9	10	

Les moyens que ce célèbre chimiste a mis en usage pour reconnoître les principes de ces pierres , sont très-ingénieux , & cependant très-simples. (*Voyez le Journal de Physique,* 1779, *tome XIV , pag.* 268 ; *tome XXI , p.* 56 & *101.*)

Espèce IX. Argile combinée à la terre siliceuse faisant la moitié & plus du poids total, à très-peu de chaux aérée & de fer. Grenat, schorl, tourmaline ; la proportion du fer varie dans ces pierres. *Voyez l'analyse de la tourmaline du Tyrol, par M. Muller, Journal de Physique, tom. XV, pag. 182, ann. 1780.*

Espèce X. Argile unie légèrement à la terre siliceuse faisant la moitié du poids, & quelquefois davantage, & à un peu de chaux; Zéolite. M. Mongèz regarde la pierre d'azur, *lapis lazuli*, comme une zéolite. M. Margraf a trouvé un peu de gyps tout formé dans le *lapis*.

Espèce XI. Argile unie à beaucoup de terre siliceuse & à un peu de magnésie; talc, mica. On n'a pas encore reconnu exactement la proportion des principes qui constituent cette pierre.

Genre V. *TERRE SILICEUSE.*

Espèce I. Terre siliceuse pure. On la prépare en fondant du quartz blanc avec quatre parties d'alkali fixe, en dissolvant le tout dans l'eau distillée, & en précipitant la terre par un acide. On lave & on dessèche bien cette terre.

Espèce II. Terre siliceuse unie à l'argileuse &
à la calcaire en très-petite quantité. Cristal
de roche avec ses variétés ; quartz & ses
variétés ; grès & ses variétés.

Espèce III. Terre siliceuse unie à l'argileuse.
Calcédoine hydrophane ou *oculus mundi* ;
celle-ci contient plus d'argile que de terre
siliceuse, suivant M. Gerhard de Berlin.
Opale ; M. Mongèz regarde comme autant
de variétés de cette pierre, l'œil de chat,
l'œil de poisson, le girasol ; il ajoute à ces
trois sortes de pierres l'agate & ses variétés,
le cacholong, la cornaline, la sardoine, la
pierre à fusil, le jade. Leur analyse n'a point
encore été faite avec beaucoup d'exactitude.

Espèce IV. Terre siliceuse unie à l'argile très-
martiale, jaspe. M. Mongèz ajoute le sinople
comme variété du jaspe.

Espèce V. Terre siliceuse rendue pesante par
la terre martiale, faux jaspe. M. Mongèz
appelle cette pierre quartz métallique ; il en
distingue de noir coloré par le fer, & de
rouge coloré par le cuivre.

Espèce VI. Terre siliceuse unie à l'argileuse &
à un peu de chaux ; petrosilex. Cette pierre
fait quelquefois feu avec le briquet, & effervescence avec les acides ; elle fond à un
grand feu.

Z iij

Efpèce **VII.** Terre filiceufe unie à de l'argile & à un peu de magnéfie; feld-fpath. Il change de couleur au feu, & il s'y fond. Il ne fe décompofe point à l'air; il fait feu avec le briquet, & fe brife à chaque coup.

Efpèce **VIII.** Terre filiceufe unie à la magnéfie, à la chaux aérée & fluorée, à de l'oxide de cuivre & de fer; Prafe, Chryfoprafe. C'eft d'après l'analyfe faite par M. Achard, que Bergman annonce la compofition de cette pierre.

I. APPENDICE.

Bergman traite dans un premier appendice des fubftances minérales réunies ou mêlangées mécaniquement les unes aux autres, de forte que leurs mêlanges peuvent être reconnus à l'œil. Nous ne ferons mention ici que des terres mêlées entr'elles. Telles font les pierres qu'on appelle roches, *faxa*. M. Mongèz, qui a beaucoup ajouté au travail de Bergman fur cet objet, diftingue ces pierres ou roches en deux genres; 1°. il confidère celles dont les parties ne font point réunies par un ciment, mais adhèrent fimplement entr'elles par juxtapofition; ces pierres font formées par différens fragmens agglutinés; il en diftingue de trois fortes, le granit, le gneis des faxons, &

la roche de corne ; 2°. il examine dans le second genre, les pierres mêlangées dont les parties font incruftées dans un ciment commun, comme cela a lieu dans quatre fortes, le porphyre, l'ophite ou ferpentin, la brèche & le pouding. Nous expoferons ici les variétés de ces pierres admifes par ce naturalifte.

I. GRANIT. Il eft formé de quartz, de feldfpath, de mica, de fchorl & de ftéatite mêlés en différentes proportions, deux à deux, trois à trois, quatre à quatre ; le quartz en fait toujours la bafe.

Var. I. Granit de deux fubftances. Granitin.

(A) Quartz & feld-fpath.

(B) Quartz & fchorl.

(C) Quartz & mica.

(D) Quartz & ftéatite.

Var. II. Granit de trois fubftances.

(A) Quartz, feld-fpath & mica ; c'eft le plus commun, le plus abondant & le plus varié.

(B) Quartz, mica & fchorl.

(C) Quartz, fchorl & ftéatite.

Var. III. Granit de quatre fubftances.

(A) Quartz, feld-fpath, fchorl & mica. Il eft commun en France.

(B) Quartz, feld-fpath, fchorl & ftéatite.

Z iv

II. GNEIS. Le gneis eſt un mélange de quartz grenu & de mica plus ou moins abondant avec beaucoup d'argile ou de ſtéatite qui en fait la baſe. Cette pierre eſt feuilletée comme le ſchiſte ; elle s'altère & ſe délite facilement à l'air en raiſon de l'humidité que l'argile abſorbe ; les Alpes dauphinoiſes contiennent beaucoup de variétés de gneis.

III. ROCHE DE CORNE. C'eſt une pierre compacte compoſée de parties très-fines, qui a l'aſpect terreux, & dans laquelle on diſtingue des points brillans de mica. Elle a l'odeur d'argile, lorſqu'on la mouille ou qu'on la frappe. Elle durcit au feu comme les argiles ; elle ſe fond en une ſcorie noirâtre ou en un verre noir à un grand feu. Ses couleurs ſont fort variées. M. Mongèz regarde le *trapp* des ſuédois comme une variété de la roche de corne.

IV. PORPHYRE. Il paroît être formé par une pâte dure & fine de la nature du jaſpe rouge, qui enveloppe des grains informes ou criſtallins de quartz, de feld-ſpath blanc ou rougeâtre, & quelquefois de ſchorl vert ou noir.

V. OPHITE. L'ophite ou ſerpentin dur eſt une eſpèce de porphyre dont la pâte eſt verte & les taches d'un blanc verdâtre. Celles-ci communément ſont allongées dans l'ophite, tandis qu'elles ſont quarrées ou rhomboïdales dans le porphyre. La pierre de foudre est une variété de cette pierre.

VI. BRECHE, du mot italien *briccia*, miette, fragment. C'est une pierre mélangée d'une origine fort postérieure aux précédentes, formée par le détritus des montagnes primitives, & par des fragmens informes & usés de silex, &c. réunis dans un ciment commun. M. Mongèz confond les poudings avec les brêches; il donne à ces derniers un nom mixte qui indique la nature de leurs fragmens & de leur ciment. Il distingue huit variétés , la brèche calcareo-calcaire, qui est la brèche proprement dite & la Lumachelle; la brèche silico-siliceuse, ou le pouding (1); la brèche à ciment calcaire & à fragmens calcaires & siliceux; la brèche à ciment siliceux & à fragmens calcaires & siliceux; la brèche arenario-siliceuse, telle que le grison de Chartres; la brèche à ciment & à fragmens de jaspe; la brèche à ciment & à fragmens de porphyre, & la brèche volcanique.

II. APPENDICE.

Produits volcaniques.

M. Mongèz divise les produits volcaniques,

______

(1) Suivant cette nomenclature, le premier nom de la

d'après Bergman, en ceux qui ont été formés par le feu, & ceux qui doivent leur origine à l'eau. Ces derniers ne font que des matières terreufes diffoutes ou fufpendues dans l'eau, qui les a dépofées dans le voifinage & parmi les produits des volcans ; telles font les incruf-tations calcaires & filiceufes, ainfi que les zéo-lites qu'on rencontre fréquemment dans les fubftances volcanifées.

M. Mongèz diftingue les véritables produits volcaniques en trois ordres ; 1°. les fubftances terreufes peu altérées par le feu, telles que les matières calcaires, les argiles, les grenats, les hyacinthes, les fchorls & le mica ; 2°. les fubf-tances terreufes calcinées & brûlées, comme les cendres volcaniques, ou le rapillo & la pouzzolane, les tufs ou tufa, le peperino des italiens, la pierre-ponce, la terre blanche qui recouvre la folfatare ; 3°. les fubftances terreu-fes fondues, ou les laves dont il admet plu-fieurs efpèces ; la lave fpongieufe, la compacte, la lave en ftalactites, les verres des volcans. Il ajoute à ces divifions les produits volcani-ques terreux, d'origine incertaine ; il range particulièrement dans cet ordre les grenats, les

---

brèche exprime la nature de fon ciment, & le fecond celle de fes fragmens.

fcorls des volcans, & fur-tout les bafaltes qu'il croit être des maffes de trapp amollies par les vapeurs humides des volcans, & defféchées lentement après la ceffation de ces vapeurs.

§. III. *Claffification chimique des terres & des pierres, par M. Kirwan.*

M. Kirwan, célèbre chimifte de Londres, a publié en 1784, un Ouvrage de minéralogie, dans lequel il claffe tous les minéraux, d'après leurs propriétés ou leurs combinaifons chimiques. Il range les terres & les pierres dans la première partie; après avoir donné pour caractères de ces fubftances, l'infipidité, la féchereffe, la fragilité, l'incombuftibilité, & l'indiffolubilité dans moins de mille fois leur poids d'eau. Il diftingue, comme Bergman, cinq genres de terres fimples, la terre calcaire, la terre pefante ou baryte, la magnéfie ou terre muriatique, la terre argileufe & la terre filiceufe. C'eft fous ces cinq genres qu'il range, d'après l'analyfe chimique, toutes les terres & pierres connues.

Genre Calcaire.

Il en admet douze efpèces.
'Efpèce I. Terre calcaire, fans combinaifon avec

aucun acide; chaux native des volcans. Falconer, *fur les eaux de Bath, t. I, p. 156 & 157*. Monnet, *Minéralog. p. 515*.

Efpèce II. Terre calcaire combinée avec l'acide aérien. Les variétés rangées fous deux féries, font le fpath calcaire tranfparent, le fpath opaque, les ftalactites, les tufs ou pores, les incruftations, les pétrifications, l'agaric minéral ou guhr, la craie, la pierre à chaux, & les marbres; Bayen, *Journal de Phyf. t. II, p. 496*.

Efpèce III. Terre calcaire combinée avec l'acide vitriolique, gyps, félénite ou plâtre (1); il en admet deux féries, les tranfparens & les opaques.

Efpèce IV. Terre calcaire combinée avec l'acide fpathique, fpath-fluors, petuntzé de Margraf; férie I, fpath-fluors tranfparens; férie II, fpath-fluors opaques.

Efpèce V. Terre calcaire combinée avec l'acide tungftenique. Tungften ou pierre pefante. Woulfe, *Tranf. philof. an. 1779, p. 26*; Schéele, *Mém. de Suède, 1781*.

---

(1) On voit que M. Kirwan range beaucoup de fels terreux parmi les pierres, quoique la folubilité de la plupart & de celui-ci en particulier, foit moitié plus grande que celle de la plus diffoluble des pierres.

Efpèce VI. Terre calcaire aérée, mêlée avec une quantité notable de magnéfie. Var. I. Spath compofé, décrit par M. Woulfe, *Tranf. philof. an. 1779, p. 29.* Var. II. Pierre de Creutzwald, anal. fée par M. Bayen (1), *Journ. de Phyf. t. XIII, p. 59.*

Efpèce VII. Terre calcaire aérée mêlée avec une quantité notable de glaife. Var. I. Marne calcaire. Var. II. Travestino, margodes, marne pierreufe. Ferber, *Voyage d'Italie, p. 117, 119.*

Efpèce VIII. Terre calcaire aérée mêlée avec une quantité notable de terre pefante ; marne barytique du Derbyshire.

Efpèce IX. Terre calcaire aérée, mêlée avec une portion notable de terre filiceufe. Var. I. Spath étoilé. Var. II. Grès calcaire, moîlon, pierre de liais. Monnet, *Minéralogie, p. 116.*

Efpèce X. Terre calcaire aérée, mêlée avec une petite quantité de pétrole. Pierre puante, *lapis fuillus.*

---

(1) Il feroit fuperflu d'indiquer ici les proportions des différens principes de ces pierres, parce que nous en parlerons dans l'hiftoire chimique des fels. Nous ne ferons mention de ces proportions, que dans les efpèces des deux derniers genres de M. Kirwan, que nous regardons comme de véritables terres.

Efpèce XI. Terre calcaire aérée, mêlée avec une quantité notable de pyrites; pierre de Saint-Ambroix, analyfée par M. le baron de Servières. *Journ. de Phyf. t. XXI, p. 394.*

Efpèce XII. Terre calcaire mêlée avec une portion notable de fer. Var. I. Terre calcaire aérée avec du fer. Rinman, *Mém. de Stock. 1754.* Var. II. Tungftène avec du fer. Cronftedt, *Mém. de Stock. 1751.*

M. Kirwan ajoute à ces douze efpèces du genre calcaire, fix autres efpèces de pierres compofées, dans lefquelles le genre calcaire prédomine; 1°. les efpèces fimples calcaires, mêlées enfemble, comme la félénite & la craie, le fpath vitreux & la tungftène; 2°. les compofés des efpèces calcaires & barytiques; telle eft une pierre jaune du Derbyshire, formée de craie avec des noyaux de fpath pefant; 3°. les compofés d'efpèces calcaires & magnéfiennes; le marbre blanc mêlé de ftéatite, le pietra telchina, le verde antico; 4°. les compofés des efpèces calcaires & argileufes, de craie & fchifte, tels que le vert campan des Pyrénées, le campan rouge, le marbre de Florence, la griotte, l'amandola, le cipolin de Rome (*Voy.* Bayen, *Journ. de Phyf. t. XI, p. 499, 801; & t. XII, p. 51, 56, 57*); de craie & de mica, comme le marbre cipolin d'Autun, les macigno, pietra bigia, columbina ou turchina des italiens; 5°. les composés calcaires & siliceux, marbres étincelans, marbre avec la lave; 6°. enfin, les composés de terre calcaire avec deux ou plusieurs genres, comme le porphyre calcaire, & la pierre à chaux mêlée de mica.

Genre Barytique.

Il en reconnoît six espèces.

Espèce I. Terre pesante combinée avec l'acide aérien. Pierre trouvée par le docteur Withering à Moor-alston dans le Cumberland.

Espèce II. Baryte combinée avec l'acide vitriolique. Spath pesant.

Espèce III. Baryte combinée avec l'acide spathique; celle-ci n'existe point dans la nature, elle est un produit de l'art.

Espèce IV. Baryte combinée avec l'acide tungsténique; il en est de celle-ci comme de la précédente.

Espèce V. Baryte aérée, mêlée avec une quantité notable de silex & de fer. Bindheim.

Espèce VI. Spath pesant mêlé de silex, d'huile minérale & des sels terreux. Pierre hépatique, blanche, grise, jaune, brune ou noire.

Genre Muriatique ou Magnésien.

M. Kirwan en compte huit espèces, en rangeant dans ce genre les terres ou pierres dans lesquelles la magnéfie prédomine, & celles qui préfentent les caractères du genre magnéfien, quoiqu'elles contiennent plus de filéx que de magnéfie.

Efpèce I. Magnéfie combinée avec l'acide aérien, & mêlée avec d'autres terres. Var. I. Mêlée avec le filex ; *fpuma maris*, terre à pipe de Turquie, terre à chalumeau du Canada. Var. II. Mêlée avec la terre calcaire & le fer ; terre olivâtre & bleuâtre, près de Thionville. Var. III. Mêlée avec la glaife, le talc & le fer ; terre jaune verdâtre de Siléfie.

Efpèce II. Magnéfie combinée avec l'acide aérien, avec plus de quatre parties de filex & un peu moins d'argile. Var. I. Stéatite. Var. II. Pierre ollaire.

Efpèce III. Magnéfie aérée, combinée avec du filex, de la terre calcaire, & une petite portion d'argile & de fer. Var. I. Afbefte fibreux. Var. II. Afbefte coriace, liège de montagne.

Efpèce IV. Magnéfie aérée, combinée avec du filex, de la terre calcaire aérée, de la baryte, de l'argile & du fer. Amiante.

Efpèce V. Magnéfie pure, combinée avec plus que fon poids de filex, le tiers d'argile, près d'un d'un tiers d'eau, & un ou deux dixièmes de fer. Serpentine , pierre néphrétique, gabro des italiens.

Espèce VI. Magnésie pure , combinée avec deux fois son poids de silex, & moins que son poids d'argile. Talc de Venise, talc de Moscovie.

Espèce VII. Magnésie combinée avec l'acide spathique. Elle n'a point été trouvée dans la nature.

Espèce VIII. Magnésie combinée avec l'acide tungsténique. On ne la connoît point dans la nature.

M. Kirwan ajoute à ces huit espèces, cinq autres composées, dans lesquelles la magnésie prédomine. 1°. Les composés de plusieurs espèces magnésiennes entr'elles; stéatite & talc, craie de Briançon; serpentine avec la stéatite ou l'asbeste. 2°. Les composés d'espèces magnésiennes & d'espèces calcaires ; serpentine rouge ou jaune, avec des taches de spath calcaire blanc, *potzovera* ; la noire est le *nero di prato*, & la verte , le *verde di suza* des italiens. 3°. Les composés magnésiens & barytiques mêlés ensemble ; serpentines avec des taches ou veines de spath pesant. 4°. Les composés magnésiens & argileux mêlés , stéatites mêlées d'argile, de mica ou de schiste. 5°. Les composés d'espèces magnéfiennes & filiceufes, ferpentine veinée de quartz, de feld-fpath ou de fchorl.

GENRE ARGILEUX.

M. Kirwan diftingue quatorze efpèces dans ce genre.

Efpèce I. Argile faturée d'acide aérien; lait de lune, d'après l'analyfe de M. Schreber.

Efpèce II. Argile combinée avec l'acide aérien & mêlée de filex &'d'eau; glaife, terre à pipe, à porcelaine, &c.

Efpèce III. Argile faturée avec l'acide vitriolique; alun embrion, en écailles comme le mica. Baumé.

Efpèce IV. Argile faturée avec l'acide marin; alun embryon marin.

Efpèce V. Argile combinée avec environ une partie & demie de filex, prefqu'une partie de magnéfie, & une demi-partie de fer déphlogistiqué; mica.

Efpèces VI, VII, VIII, IX. Argile combinée avec la terre filiceufe, la magnéfie, la terre calcaire, le fer, ou un bitume; ardoife, fchifte bleu, fchifte pyriteux, fchifte bitumineux, fchifte argileux.

Efpèce X. Argile combinée avec un peu de filex, de magnéfie, de terre calcaire, & prefque son poids de chaux de fer ; pierre de corne, *Horn-Blende*.

Espèce XI. Argile combinée avec quatre fois son poids de silex, moitié de terre calcaire, & un peu plus de son poids de fer ; crapaudine.

Espèce XII. Argile unie à deux, à huit fois son poids de silex, moitié de chaux, une ou deux fois son poids d'eau ; zéolite.

Espèce XIII. Argile unie à quatre fois son poids de silex, & un tiers de fer ; pierre de poix, lave.

Espèce XIV. Argile mêlée avec une portion notable de chaux rouge de fer, & quelquefois de la stéatite ; craie rouge.

M. Kirwan ajoute six espèces composées, dans lesquelles le genre argileux prédomine.

Genre Siliceux.

Il admet vingt-six espèces du genre siliceux.

Espèce I. Terre siliceuse presque pure, quartz, cristal, sable.

Espèce II. Terre siliceuse avec $\frac{1}{4}$ d'argile, & $\frac{1}{40}$ de terre calcaire ; silex, pierre à fusil. *V.* Wiegleb, *Act. nat. Curiof. t. VI, p. 408.*

Espèce III. Terre siliceuse avec $\frac{1}{4}$ à $\frac{1}{3}$ d'argile, $\frac{1}{12}$ à $\frac{1}{15}$ de terre calcaire, pétrosilex.

Espèce IV. Terre siliceuse avec $\frac{1}{3}$ d'argile, $\frac{5}{6}$ ou $\frac{1}{7}$ de chaux de fer. Jaspe.

Espèce V. Terre siliceuse fine mêlée en diverses proportions avec d'autres terres & du fer; agate, opale, calcédoine, onyx, cornaline, sardoine. Pierres précieuses du second ordre.

Espèce VI. Terre siliceuse avec partie égale & jusqu'à trois fois son poids d'argile, un sixième jusqu'à partie égale de terre calcaire, & $\frac{1}{18}$ jusqu'à partie égale de fer; rubis, topaze, hyacinthe, émeraude, saphir. Pierres précieuses du premier ordre.

Espèce VII. Améthiste. Sa composition n'est pas connue.

Espèce VIII. Terre siliceuse avec $\frac{1}{55}$ de terre calcaire, moins de magnésie, très-peu de fer, de cuivre & d'acide spathique; chrysoprase.

Espèce IX. Terre siliceuse avec du spath fluor bleu & un peu de gyps; lapis lazuli. M. Margraf y a trouvé de la craie, du gyps, du silex & du fer. M. Rinman y a découvert l'acide spathique.

Espèce X. Jade. M. Kirwan soupçonne qu'il est formé de silex, de magnésie & de fer.

Espèce XI. Terre siliceuse avec de l'argile, de la terre pesante & de la magnésie; feld-spath, petuntzé, pierre de Labrador; 100 parties de feld-spath blanc en contiennent 67 de filex, 14 d'argile, 11 de terre pesante, & 8 de magnésie.

Espèce XII. Zéolite siliceuse. On la trouve à Mœssiberg; elle diffère de la véritable zéolite, en ce qu'elle fait feu avec l'acier, ce qui annonce la présence du filex.

Espèce XIII. Terre siliceuse avec plus du tiers de son poids d'argile, & $\frac{1}{9}$ de craie sans fer; grenat blanc du Vésuve; 100 parties en contiennent, suivant Bergman, 55 de filex, 39 d'argile & 6 de craie.

Espèce XIV. Terre siliceuse avec l'argile, la craie & un dixième de fer; grenat. Bergman dit que 100 parties de cette pierre sont formées de 48 parties de filex, 30 d'argile, 11 de terre calcaire, & 10 de fer.

Espèce XV. Terre siliceuse avec beaucoup d'argile, $\frac{1}{10}$ à-peu-près de craie, un peu de fer & de magnésie; schorl.

Espèce XVI. Schorl en barre, *stangen-shoerl* des allemands, trouvé par M. Fichtel, dans les montagnes Carpathiènes. Il existe dans la pierre calcaire, il est prismatique & fait une légère effervescence avec les acides. M. Bindheim a retiré de 100 parties de ce schorl, 61 de filex, 21 de craie, 6 d'argile, 5 de magnésie, 1 de fer & 3 d'eau.

Efpèce XVII. Tourmaline. Voici, d'après Bergman, la proportion des principes des tourmalines du Tyrol, de Ceylan & du Bréfil.

		argile.	filex.	t. calc.	fer.
Il y a fur cent par-ties de	Tourmalines du Tyrol.	42	40	12	6
	de Ceylan.	39	37	15	9
	du Bréfil.	50	34	11	5

Efpèce XVIII. Bafalte, trapp ; 100 parties contiennent, fuivant Bergman, 52 de terre filiceufe, 15 d'argile, 8 de terre calcaire, 2 de magnéfie & 15 de fer.

Efpèce XIX. *Rowly Ragg* ; Pierre grife, grenue, qui devient attirable & fe fond au feu, qui fe couvre d'une croûte ochreufe à l'air ; 100 parties, fuivant Withering, contiennent 47,5 de terre filiceufe, 32,5 d'argile, 20 de fer.

Efpèce XX. Silex, argile, fer & terre calcaire fondus enfemble par le feu des volcans.

1°. Laves cellulaires improprement appelées pierres-ponces ; elles n'ont éprouvé que le moindre degré de fufion. Bergman y a trouvé $\frac{45}{100}$ à $\frac{50}{100}$ de filex, $\frac{15}{100}$ à $\frac{20}{100}$ de fer, $\frac{4}{100}$ ou $\frac{5}{100}$ de terre calcaire pure, & le refte d'argile.

2°. Laves compactes, elles ont fubi le fecond degré de fufion, & n'ont que quelques cavités ; elles rendent du fon, quand on les frappe.

3°. Laves vitreuses, ou fondues complette-
ment en verre noir, vert, bleu, &c. M. de
Sauffure a imité les laves, en fondant plus ou
moins les roches de corne, la marne & les
schistes. (*Voyage dans les Alpes, p. 127.*)

Espèce XXI. Terre siliceuse unie à environ un
dixième de magnésie & très - peu de terre
calcaire. Pierre ponce.

Espèce XXII. Terre siliceuse unie avec moins
que son poids de magnésie & de fer; spath
magnésien martial, pisolite trouvée à Sainte-
Marie, par M. Maret.

Espèce XXIII. Terre siliceuse mêlée avec le
tiers de son poids de terre calcaire aérée;
pierre de Turquie; elle durcit avec l'huile.

Espèce XXIV. Terre siliceuse mêlée avec un
peu de terre calcaire & de fer; pierre à
aiguiser.

Espèce XXV. Quartz consolidé avec moins que
son poids de terre calcaire ou d'argile, &
un peu de fer; grès qui se réduit en sable
par le choc. Var. I. Grès avec un ciment
calcaire, de Fontainebleau; il fait effervescence avec les acides. Var. II. avec un ciment argileux; il ne fait pas effervescence;
on s'en sert pour bâtir, pour aiguiser, pour
filtrer l'eau, &c.

Espèce XXVI. Terre siliceuse consolidée par

la chaux de fer demi-phlogistiquée ; pierre étincelante, brune ou noire, qui devient rouge & s'exfolie à l'air ; le fer à demi-déphlogistiqué, agglutine les terres ; celui qui est très-calciné, n'a pas le même pouvoir agglutinatif. Ce fait a été démontré par MM. Edouard King & Kadd.

M. Kirwan joint à ces 26 espèces du genre siliceux, 6 autres espèces dans lesquelles cette terre prédomine ; les variétés qu'il rapporte sous ces 6 espèces, sont des composés que l'on trouve fréquemment dans les montagnes d'anciennes formations ; c'est sur-tout d'après les observations faites par M. de Saussure dans les Alpes, que le chimiste anglois établit l'ordre de ce supplément au genre siliceux. On trouve parmi ces variétés, les différens granits, poudings, granitelles, granitins, le porphyre, le gneiss, la variolite, &c.

CHAPITRE IV.

De l'analyse chimique des Terres & des Pierres.

QUOIQU'ON se soit beaucoup plus occupé depuis quelques années de l'examen chimique des terres & des pierres, qu'on ne l'avoit jamais fait, il faut convenir qu'on est bien loin d'avoir encore sur cet objet des connoissances assez multipliées & assez exactes, pour donner une division méthodique de ces substances. Telle est la raison pour laquelle les méthodes chimiques proposées jusqu'à présent, sont si différentes les unes des autres, & telle est aussi celle qui nous a engagés à faire connoître en même-tems celles de trois chimistes célèbres qui se sont succédés en assez peu de tems.

Ce qu'on a gagné aux travaux entrepris de toutes parts sur les terres & sur les pierres, c'est de trouver les moyens propres à en reconnoître la nature & les principes. La méthode analytique de ces substances est assez compliquée, & je ne me propose d'en donner que les généralités dans ce chapitre ; en effet, excepté l'action du feu, de l'air & de l'eau, qui peut être facilement appréciée par ceux qui commencent l'étude de la chimie, & qui n'ont encore lu que la première partie de cet Ouvrage, dans laquelle les propriétés de ces corps ont été expofées, les matières falines que l'on emploie avec tant d'avantages pour féparer & reconnoître les différens principes conftituans des terres & des pierres, leur étant abfolument inconnues jufqu'ici ; ce feroit rifquer de n'être point entendu, & s'écarter en même tems de l'ordre fi néceffaire dans l'étude des fciences phyfiques, que de parler ici de l'ufage de ces diffolvans pour l'analyfe des pierres. Je renverrai donc les détails relatifs à la décompofition chimique exacte des fubftances terreufes par les acides & par les alkalis, à une autre partie de cet Ouvrage (1), & je n'en expoferai ici que les principes généraux.

Lorfqu'on veut connoître la nature chimique d'une terre ou d'une pierre, on doit commencer par en examiner avec foin les propriétés phyfiques, la forme, la dureté, la pefanteur, la couleur, &c. On en fépare enfuite les corps étrangers qui y font prefque toujours mêlangés

----

(1) Voyez le Traité *de l'analyfe des eaux*, à la fin de cet Ouvrage.

en plus ou moins grande quantité, & on fait
en forte de l'avoir pure & fans mélange par le
triage, le lavage, &c. Une pierre doit être
réduite en poudre, & pour ainfi dire à l'état
de terre, pour être convenablement effayée.
L'action du feu eft une des premières tentatives
que l'on fait ordinairement fur ces fubftances.
On les expofe, à la dofe de quelques onces,
dans des creufets d'argile bien cuite, ou de
porcelaine, au feu d'un fourneau qui tire bien,
tel que celui de Macquer, & mieux encore à
celui des fours de poterie, de porcelaine, ou
de verrerie. Il faut obferver à l'égard des creufets que l'on emploie pour cette opération, que
la terre argileufe qui en fait la bafe, entre fouvent pour beaucoup dans l'altération que la
fubftance pierreufe éprouve de la part de la
chaleur ; mais il n'y a point de moyen d'éviter
cet inconvénient, qui d'ailleurs devient prefque
nul, lorfqu'on compare enfemble les changemens produits dans beaucoup de pierres. On
a imaginé depuis quelques années de fe fervir
du chalumeau à fouder, pour traiter les matières minérales au feu, & l'on doit réunir ce
fecond moyen au premier, dans l'examen chimique d'une terre ou d'une pierre. On les expofe au feu, foit feules, foit mêlées entr'elles
ou avec quelques fubftances falines, que l'on

connoîtra par la fuite (1); enfin, on peut auffi
les traiter avec la machine propre à verfer l'air
vital fur les charbons, dont j'ai donné la defcription dans mes Mémoires de Chimie, & qui
excite affez fortement l'action du feu, pour pouvoir être comparée au foyer des lentilles de
verre, telle que celle de l'académie. Ces expériences préfentent, ou une fufion plus ou
moins avancée, ou un changement de couleur,
de confiftance, de forme, &c. que l'on décrit
avec le plus grand foin. Il faut encore répéter
cet effai dans des cornues de terre auxquelles
on adapte un récipient & même un appareil
pneumato-chimique (2), afin de recueillir l'eau
& les fluides aériformes, s'il s'en dégage. Ces
produits ne font à la vérité fournis que par les
matières falino-terreufes regardées comme des
pierres par les naturaliftes ; mais comme celles-
ci font fouvent mêlées avec de véritables terres, il eft néceffaire de faire mention ici de ce
moyen général de les examiner. L'action du feu

---

(1) Voyez le Mém. fur le chalumeau, par Bergman,
& les notes de M. Mongèz, *Manuel du Minéralogifte,
ou Sciagraphie; Cuchet*, 1784.
(2) Voyez la defcription de ces appareils, à l'article
Gaz du Dictionnaire dé Chimie, dans l'Ouvrage fur les
différens airs, de M. Sigaud de la Fond, &c. &c.

indique si la pierre est silicée, alumineuse ou mélangée; mais comme la plupart sont de cette dernière espèce, & peuvent contenir plusieurs & même cinq à six substances différentes les unes des autres, & dans des proportions variées, il faut avoir recours à d'autres procédés pour en déterminer la composition. Ces procédés consistent à les traiter par plusieurs dissolvans acides & alkalins dont l'application successive enlève & sépare les uns des autres chacun de leurs principes constituans.

L'action de l'air & de l'eau en vapeurs sur les substances terreuses & pierreuses, peut jetter aussi quelque jour sur leur nature & leurs principes. Les unes n'éprouvent aucune altération par ces agens ; d'autres se divisent, changent peu à peu de forme, de couleur, de consistance; ces phénomènes ont lieu sur-tout dans les pierres très-composées, & qui contiennent beaucoup de fer; enfin, leur lixiviation par l'eau froide & chaude, y démontre la présence des matières salines, quoiqu'assez peu solubles, qui y sont très-souvent contenues.

C'est par ces différens moyens, que les chimistes modernes sont parvenus à déterminer la nature & la proportion des principes d'un assez grand nombre de terres & de pierres. Je n'ai fait qu'en indiquer ici l'administration

la plus générale , & l'on trouvera dans l'hiftoire des matières falines , tous les détails relatifs à cet objet, qu'il eft beaucoup plus difficile de remplir convenablement , qu'on ne
doit & qu'on ne peut l'expofer ici.

SECONDE SECTION.

SUBSTANCES SALINES.

CHAPITRE PREMIER.

Des substances salines en général, de leurs caractères, de leur nature & de leur classification.

LES matières salines dont le nombre est très-considérable, ont des caractères particuliers qui les distinguent de celles que nous avons examinées jusqu'à présent. Les chimistes n'ont encore établi les caractères salins, que d'après quelques propriétés qui laissent de l'incertitude sur la vraie nature de ces matières. Les propriétés qu'ils ont indiquées ont beaucoup trop étendu la classe des sels, parce qu'elles conviennent à un grand nombre de corps. La saveur & la dissolubilité dans l'eau, qu'on a toujours données comme les caractères des substances salines, se rencontrent dans beaucoup de corps non salins, comme dans tous les mucilages doux & dans les matières animales ; d'un autre côté, ces deux propriétés font très-foibles dans plusieurs substances salines. Les naturalistes n'ont pas donné une définition plus exacte des sels ; la forme cristalline & la transparence que plusieurs d'entr'eux leur ont assignées, appartiennent à beaucoup d'autres matières, & surtout aux terres, & d'ailleurs manquent absolument dans quelques sels. C'est donc avec beaucoup de vérité, que Macquer dit qu'on ne connoît pas les vraies limites qui séparent les matières salines d'avec celles qui ne le font point.

Cependant, comme il est nécessaire de prendre un parti fur cet objet, & de fixer ses idées fur les propriétés de ces matières, nous croyons devoir les examiner en général, avant de passer à l'histoire particulière de chaque sel.

Nous reconnoissons pour substances salines, toutes celles qui ont plusieurs des quatre propriétés suivantes ; 1°. une grande tendance à la combinaison ou une affinité de composition très-forte ; 2°. une saveur plus ou moins vive ; 3°. une dissolubilité plus ou moins marquée ; 4°. une incombustibilité parfaite. Avant d'examiner chacune de ces propriétés, il faut observer que plus un corps en réunira, & plus il fera salin, & que la qualité saline fera toujours d'autant plus évidente & marquée, que ces propriétés

feront

feront plus énergiques. Il ne faudroit cependant pas conclure de ce que ces propriétés paroiffent prefque nulles dans certaines matières, que ces matières ne font point falines. On rifqueroit fouvent de fe tromper en admettant ce principe, car il peut fe faire que deux fels qui n'ont les propriétés falines que très-foiblement, les aient encore plus foibles après leur combinaifon. Dans ce cas, il faut avoir recours à l'analyfe chimique, qui en féparant ces deux corps, mettra leurs qualités falines plus à découvert.

§. I. *De la tendance à la combinaifon, confidérée comme caractère des fubftances falines.*

La plupart des fels ont une tendance pour fe combiner à beaucoup de fubftances différentes. C'eft même parmi ces fubftances que l'on trouve les corps les plus actifs, capables de s'unir à un grand nombre d'autres corps, & de former le plus de combinaifons. C'eft auffi de ces matières que les chimiftes de tous les tems ont fait le plus d'ufage; ce font quelques-unes d'en-tr'elles qu'ils ont décorées du nom de diffolvans & de menftrues; mais cette tendance à la combinaifon, n'eft pas à beaucoup près la même chofe dans tous les fels. Les uns en jouiffent dans un degré fi énergique, qu'ils rongent &

détruifent ou diffolvent tout ce qu'ils touchent,
& que les pierres vitrifiables & quartzeufes elles-
mêmes n'échappent point à leur action; tels font
plufieurs des fels purs appelés acides & alkalis.
D'autres, fans avoir une force de combinaifon auffi vive, ne laiffent pas de s'unir à plufieurs corps; enfin il en eft chez lefquels cette
force n'eft que très-peu de chofe, & qui femblent n'en avoir prefque pas davantage que les
matières terreufes; mais ce peu de tendance à
la combinaifon, ne dépend le plus fouvent dans
ces derniers, que de ce qu'elle eft déjà en
grande partie fatisfaite, comme on peut l'obferver dans beaucoup de fels neutres. On ne
fera donc point étonné, d'après cette propriété
des fels, de ne les rencontrer prefque jamais
purs & ifolés dans l'intérieur de la terre.

§. II. *De la faveur confidérée comme caractère
des fubftances falines.*

La faveur a été jufqu'aujourd'hui regardée
comme tellement propre aux fubftances falines, que plufieurs philofophes ont cru que ces
fubftances étoient les feules fapides, & le principe de toutes les faveurs. Quoique cette opinion ne foit pas entièrement démontrée, puifque beaucoup de corps qui ne font nullement

falins comme les métaux, ont une faveur marquée ; quoique l'on puiſſe lui oppoſer quelques
matières ſalines qui n'ont preſqu'aucune faveur,
on ne peut cependant diſconvenir que c'eſt dans
pluſieurs de ces ſubſtances que l'on trouve les
corps les plus ſapides ; auſſi a-t-on donné cette
propriété comme un des grands caractères des
matières ſalines. La faveur de ces matières varie, comme leurs autres propriétés, dans les
différentes eſpèces de ſels. Pour bien entendre
d'où elle dépend, & ſur-tout quelle eſt la cauſe
de la diverſité de ſon énergie, il eſt eſſentiel
d'établir ce que c'eſt que cette qualité & en quoi
elle conſiſte. On entend communément par ſaveur, une impreſſion faite ſur l'organe du goût
par le corps ſapide, d'après laquelle on juge
de la qualité utile ou nuiſible de ce corps, &
l'on ſe détermine à le garder ou à le rejetter.
C'eſt donc une action particulière du corps ſapide ſur les nerfs de la langue & du palais des
animaux, qui les avertit que tel être peut leur
être avantageux, ou que le contact de tel autre
leur ſera nuiſible. Mais cette propriété des corps
ne peut-elle être ſenſible que ſur les nerfs de
la langue, & l'action dans laquelle conſiſte la
faveur, ne peut-elle pas ſe paſſer également ſur
tous les organes des animaux, dont le tiſſu eſt
formé en partie par des nerfs ? Ceux qui con-

B b ij

noiſſent les phénomènes de l'économie animale, ne peuvent nier que l'action qui conſtitue
la ſaveur, doit avoir ſon effet ſur tous les autres nerfs, & qu'elle doit être toujours proportionnée à la ſenſibilité des ſujets & des organes
ſur leſquels elle ſe porte. D'après cette manière de concevoir la ſaveur, on eſt naturellement conduit à croire, 1°. que ſon impreſſion
ſera preſque nulle ſur les parties du corps qui
contiennent peu de nerfs, ou dont les nerfs
ſont peu ſenſibles, parce qu'ils ne ſont point à
découvert, comme ſur la peau dont le tiſſu ré-
ticulaire & l'épiderme couvrent, enveloppent les
nerfs, & en émouſſent la ſenſibilité; il faudra
donc que la ſaveur d'un ſel ſoit très-forte pour
que ſon action puiſſe être ſenſible ſur la peau;
2°. que cette impreſſion ſe fera avec plus d'é-
nergie ſur les organes, dont les nerfs ſeront
plus gros, plus nombreux, d'une forme propre
à recevoir un contact étendu & un mouvement
violent de la part des ſels, & dont l'épiderme
ſera très-mince & laiſſera les nerfs preſque à nud.
La ſurface ſupérieure de la langue, la voûte du
palais, & en général tout l'intérieur de la bouche, ſont ſuſceptibles de percevoir la ſaveur
d'un très-grand nombre de corps qui ne font
aucune impreſſion ſur l'organe beaucoup moins
ſenſible de la peau; 3°. que des corps qui n'ont

point de faveur & point d'action fur la peau, pourront cependant en avoir une pour des organes plus délicats & dont les nerfs feront plus fenfibles, comme le font l'eftomac & les inteftins.

Ces confidérations une fois admifes, nous diftinguerons trois claffes de faveurs & de corps fapides auxquelles on pourra rapporter celles de toutes les matières falines que nous examinerons. La première claffe comprend les fels dont la faveur eft la plus forte & dont l'action fe porte vivement fur la peau. L'impreffion que cette action y excite eft fi forte, qu'elle fait éprouver une douleur très-vive, & que fi elle continue à agir pendant quelque tems, elle détruit & déforganife entièrement le tiffu de la peau. Cette faveur eft la caufticité, & les fels qui en jouiffent fe nomment des cauftiques. La feconde claffe comprend ceux dont la faveur eft moyenne, & ne fe manifefte que fur les nerfs du goût. On a coutume de diftinguer ces faveurs moyennes par différens noms qui caractérifent chacune d'elles, comme l'amertume, l'aftriction, l'acidité, l'âcreté, la faveur urineufe, &c. Dans la troifième claffe, nous rangeons les fubftances falines dont la faveur n'eft fenfible que dans l'eftomac & les inteftins; nous trouverons peu de fels de cette nature.

Il eft important de faire quelques remarques

fur le rapport de ces différentes claffes de faveurs ; il faut obferver d'abord qu'il y a beaucoup de degrés & de nuances dans chacune
d'elles, relativement à leur plus ou leur moins
d'énergie ; ainfi il y a des cauftiques beaucoup
plus forts les uns que les autres ; il y en a qui
rongent & détruifent fur-le-champ les parties
organiques, tandis que d'autres demandent
beaucoup de tems pour les déforganifer. Il en
eft de même des fels amers, aftringens ou uri-
neux, & de ceux dont la faveur n'agit que fur
les nerfs de l'eftomac. En fecond lieu, en réfléchiffant fur les nuances de ces diverfes faveurs, on eft naturellement porté à croire qu'elles ne font que différens degrés les unes des
autres, & que depuis le fel le plus cauftique,
jufqu'à celui qui n'agit que fur la membrane
molle & fenfible de l'eftomac, c'eft toujours la
même propriété très-énergique & extrême dans
l'un, & très-affoiblie & à peine perceptible dans
l'autre. Cette réflexion femble indiquer que
toutes ces faveurs dépendent abfolument de
la même caufe & partent du même principe.

Pour rechercher quelle eft la caufe de la
faveur, nous ne pouvons mieux faire que de
confidérer celle qui eft la plus forte de toutes,
afin de pouvoir en faifir les phénomènes, & en
concevoir l'action. C'eft donc de la cauftjcité

que nous devons nous occuper. Cette propriété
a de tout temps été l'objet des conjectures des
chimiſtes. Lemery obſervant d'une part que les
corps très-chauds étoient très cauſtiques, & que
d'une autre les ſels qui ont cette propriété ont
la plupart été chauffés fortement pour l'acquérir, attribua la cauſticité aux particules de feu
nichées dans les corps. M. Baumé a adopté entièrement cette opinion. Meyer, apothicaire
d'Oſnabruck, a fait des recherches ſuivies ſur
les ſels cauſtiques, & a imaginé un ſyſtême brillant, auquel pluſieurs chimiſtes ont été fort at-
tachés, mais qui a perdu aujourd'hui toute la
confiance qu'il s'étoit d'abord acquiſe. Ce ſavant
attribuoit la cauſticité à un principe qu'il regardoit comme compoſé du feu & d'un acide particulier ; il le nommoit *cauſticum* ou *acidum
pingue*, d'après les anciens chimiſtes. Il en ſuivit
la marche & les combinaiſons, comme Stahl
l'a fait pour le phlogiſtique ; mais ce ſyſtême
a le même défaut que celui de Stahl, c'eſt que
Meyer n'a pas mieux démontré la préſence de
ſon cauſticum, que Stahl n'a prouvé celle du
phlogiſtique. Le docteur Black, en faiſant des
recherches ſur les mêmes matières que Meyer,
a porté le plus grand coup à ſa doctrine, en dé-
montrant à la rigueur, que la cauſticité de la
chaux & des alkalis, loin d'être due à l'addi-

tion d'un principe *acide gras* , comme le penfoit Meyer , provient au contraire de la fouf-
traction d'un fel dont il fera queftion plus bas
fous le nom d'acide carbonique.

Macquer eft fans contredit le chimifte qui
s'eft occupé avec le plus de fuccès de la caufe
de la caufticité ; la doctrine qu'il a expofée fur
cet objet dans fon Dictionnaire de Chimie ,
eft fi claire & appuyée de faits fi concluans ,
qu'il eft impoffible de ne point embraffer fon
opinion. Après avoir remarqué que les corps
caufliques détruifent & corrodent nos organes ,
en fe combinant avec les principes qui les conftituent , il obferve qu'à mefure que cette combinaifon a lieu , le cauftique perd peu à peu fa
force , & que celle-ci devient abfolument nulle ,
lorfque le corps très-fapide a diffous toute la
matière animale qu'il pouvoit diffoudre : c'eft
ainfi que la pierre à cautère ou l'alkali fixe pur,
lapis caufticus , ronge & corrode la peau fur
laquelle on l'applique , & perd fa force corro-
five & diffolvante , lorfqu'il a ceffé d'agir fur
cet organe. C'eft bien réellement par une force
chimique que ce fel agit , puifqu'il exerce fon action fur la peau infenfible des cadavres , comme
M. Poulletier l'a démontré par des expériences
exactes , & en général fur toutes les fubftances
animales qu'il diffout. C'eft donc de la tendance

à la combinaifon que dépend la caufticité, & l'énergie de cette force agiffant fur nos organes, n'eft que le réfultat de la combinaifon du cauftique avec la matière conftituante de ces mêmes organes ; de même un corps cauftique perd fa vertu en fe combinant dans nos laboratoires avec une fubftance quelconque à laquelle il tend fortement à s'unir, & en un mot, la caufticité eft toujours en raifon de la tendance à la combinaifon ; d'après cela, le fel le moins fapide ne doit cette propriété qu'à ce qu'il eft déjà faturé d'une matière quelconque, & en le féparant de cette forte d'alliage, on lui donne une faveur plus ou moins forte, fuivant que cette féparation eft plus ou moins exacte. Tous les phénomènes qui conftituent l'hiftoire des matières falines, viennent à l'appui de cette affertion, comme on le verra plus bas.

§. III. *De la diffolubilité confidérée comme caractère des matières falines.*

La diffolubilité dans l'eau a été donnée par tous les chimiftes, comme un des grands caractères des matières falines ; cependant il en eft de cette propriété comme de la faveur & de la tendance à la combinaifon ; elle préfente les mêmes variétés que celles-ci. Elle eft fi confidérable & fi forte dans quelques fels, qu'on ne peut leur enlever les dernières portions d'eau qu'ils contiennent, que par des procédés très-longs & très-recherchés. D'autres ne jouiffent de la diffolubilité, que dans des degrés moyens & que l'on peut calculer avec beaucoup d'exactitude, comme on l'a fait pour la plupart des fels neutres. Enfin il eft quelques matières falines, dans lefquelles on ne trouve qu'une folubilité fi foible & fi peu marquée, qu'elles femblent s'éloigner abfolument des premières, & qu'elles paroiffent appartenir à la claffe des fubftances terreufes ou pierreufes. Auffi tous les fels qui font dans ce cas, ont-ils été regardés comme des terres ou comme des pierres par la plupart des naturaliftes. Les limites entre ces deux claffes de corps minéraux, font fort difficiles à bien déterminer; & les chimiftes n'ont point encore pris de parti fixe à cet égard. M. Kirwan paroît adopter dans fa minéralogie l'opinion de Bergman, qui penfe qu'on doit regarder comme terres toutes les fubftances qui exigent plus de mille parties d'eau pour être tenues en diffolution, & qu'il faut ranger parmi les matières falines, toutes celles qui peuvent être diffoutes dans une quantité d'eau moindre jufqu'à mille parties. Si cette propofition eft reçue par tous les chimiftes, comme je crois

qu'elle mérite de l'être, on évitera ces diver-
sités d'opinions & de langage qui les ont partagés jusqu'ici, & qui ne font propres qu'à rendre la science plus difficile & plus obscure pour
ceux qui en commencent l'étude.

Le rapport que j'ai indiqué entre la saveur &
la dissolubilité des sels, est absolument le même
que celui qui existe entre la première de ces
propriétés, & la tendance à la combinaison;
& l'on concevra aisément la cause de ces rapports, en observant que la dissolubilité dans
l'eau est une véritable union chimique du sel
avec ce fluide; elle doit donc suivre absolument les mêmes loix que la tendance à la combinaison & la saveur; & en effet, plus un sel
a de saveur & de qualité dissolvante, & plus
il se dissout dans l'eau. Cette loi est invariable
pour toutes les matières salines, & elle tient
à leur nature même ou à leur essence.

§. IV. *De l'incombustibilité considérée comme
caractère des substances salines.*

Il est plus difficile de saisir ce quatrième
caractère des matières salines, que les trois
premiers. Aucun chimiste n'a encore considéré
ces substances sous ce point de vue; plusieurs
même ont cru que quelques sels, entr'autres le

nitre, jouissoient d'une véritable combustibilité.

Pour bien concevoir qu'on s'est trompé sur ce point, & que toutes les matières salines minérales sont parfaitement incombustibles, il faudroit être beaucoup plus avancé dans l'histoire des propriétés de ces substances. Cependant, comme nous croyons que ce caractère est un des plus marqués & des plus essentiels à connoître dans les sels, il est bon de présenter ici un court extrait de la doctrine que nous proposons sur cet objet, & qui sera très-éclaircie & mise absolument hors de doute, dans les détails que nous donnerons sur les substances salines en particulier.

Il est démontré par les belles expériences de M. Lavoisier, que plusieurs matières combustibles forment par leur combustion, des acides d'une nature particulière, suivant chacune d'elles. La combustion n'est autre chose, comme nous l'avons expliqué plus haut, qu'une combinaison de la base de l'air vital ou oxigène, avec les corps combustibles. Tout corps qui a brûlé complétement, c'est-à-dire, qui s'est combiné avec l'oxigène en quantité suffisante pour en être saturé, rentre dans la classe des corps incombustibles, ou, ce qui est la même chose, sa tendance à se combiner avec l'oxigène est satisfaite, & il n'est plus susceptible de s'y unir de nouveau & d'en abforber davantage. Ces principes étant une fois démontrés, fi, d'une part, on trouve que plufieurs fels font les réfi-dus de différentes matières combuftibles brû-lées ; & fi, d'une autre part, une claffe entière de ces fels paroît contenir l'oxigène , & pré-fente les caractères des fubftances qui ont éprouvé la combuftion, on conçoit comment ils ne pour-ront plus être combuftibles. Ces affertions font fondées fur un grand nombre de faits, comme on le verra plus bas ; elles prouvent que les fels font des êtres compofés, & la plupart for-més par l'union de certains corps combufti-bles avec l'oxigène. Il eft très-facile d'entendre, d'après cela, comment ce caractère d'incom-buftibilité pourroit être regardé comme le plus certain & le plus conftant des matières falines. Quant à la démonftration de ces importantes vérités, nous efpérons qu'elle fera complète pour la claffe des fels acides, par les détails qui conftitueront l'hiftoire particulière de ces fubftances.

Il exifte cependant une claffe de fels qui pa-roiffent évidemment compofés, & qui ne con-tiennent point d'oxigène ; tels font les alkalis en général : mais ou ils font des compofés de matières incombuftibles par elles-mêmes, ou s'ils contiennent quelque matière combuftible,

comme on le verra dans l'ammoniaque ou alkali volatil , elle y eft unie à une fubftance
évidemment incombuftible , & qui empêche
abfolument cette propriété d'être fenfible dans
la première matière.

§. V. *De la nature & dé la compofition des matières falines en général.*

Stahl qui s'eft beaucoup occupé de la nature des fels , avoit penfé qu'ils étoient en général formés d'eau & de terre. Il avoit raffem-
blé tout ce que les faits chimiques pouvoient
fournir pour éclairer cette grande théorie ; mais
depuis qu'à cette brillante époque de la chimie,
il en a fuccédé une plus brillante encore par la
multiplicité des expériences , & par la grandeur
des découvertes fur l'influence de l'air dans tous
les phénomènes de la chimie , la théorie des
matières falines de Stahl que l'on trouve fi
clairement expofée dans les ouvrages de Macquer, ne fuffit plus pour bien concevoir la nature & la compofition des fels. On ne fe con-
tente plus de ces analogies éloignées qui raf-
fembloient les faits les plus difparates , & qui
ne laiffoient appercevoir que des lueurs trom-
peufes ; enfin , l'on aime mieux convenir
qu'on ignore , que d'avancer des théories ha-

fardées, tôt ou tard démenties par l'expérience.

Quoique la nature chimique des matières salines ne soit pas encore entièrement connue, & que les faits s'opposent à ce qu'on admette un seul principe salin pour la base & l'origine de tous les autres sels, comme plusieurs savans du premier ordre l'avoient pensé; on a cependant un peu plus de lumières qu'autrefois sur les principes qui entrent dans la compofition de ces subftances si multipliées & si singulières. On sait qu'elles contiennent pour la plupart une très-grande quantité d'oxigène, & que ce fluide y eft fixé à une matière combuftible d'une nature diverse, fuivant les différens sels. Cette compofition eft très-bien démontrée pour plufieurs acides, & une forte analogie indique qu'il en eft de même pour la plupart de cette claffe de sels. L'eau, fans être un des principes immédiats des sels, s'y trouve fouvent unie, & y adhère par une attraction très-forte. Quant à la matière du feu confidérée comme phlogiftique, que de très-grands chimiftes ont admife dans les sels, il y a trop d'incertitude aujourd'hui fur la nature & fur l'exiftence de cette matière, pour qu'on puiffe adopter encore une opinion à cet égard. Il n'en eft pas de même du calorique, qui paroît former un des principes des sels, ou plutôt exifter dans la plupart en plus grande quantité que dans d'autres ; telle eſt la cauſe générale de la fluidité, de la fuſibilité, & de la volatilité d'un grand nombre de matières ſalines.

Aucune expérience poſitive ne démontre la préſence d'une terre dans la plupart des ſels; on ſait ſeulement que tous ceux que la nature préſente ſont mêlés à une quantité plus ou moins grande de diverſes ſubſtances terreuſes ; mais celles-ci ne leur appartiennent point, elles n'entrent point, à proprement parler, dans leur compoſition, & elles n'y ſont pour ainſi dire qu'acceſſoires. On ne connoît donc aujourd'hui comme principes des matières ſalines en général, que pluſieurs corps combuſtibles, l'oxigène, quelques matières incombuſtibles, & le calorique. On ſait que la plupart des acides ſont des réſidus de corps brûlés, & qu'ils peuvent contenir des proportions différentes de corps combuſtibles & d'oxigène ; de ſorte qu'ils ſont dans des états fort différens, ſuivant la quantité de ces matières conſtituantes. Tout ce qu'on a dit de plus ſur la compoſition des ſels en général dans les traités de chimie, ne renferme que des hypothèſes plus ou moins ingénieuſes, mais auſſi plus ou moins éloignées de la vérité.

§. VI.

§. VI. *De la distribution ou de la division méthodique des matières salines minérales.*

Les sels qui appartiennent au règne minéral, sont en très-grand nombre. Plusieurs sont des produits de la nature, qui les forme par l'action du feu, de l'eau, de l'air, & par la destruction des matières organiques. La plus grande partie de ceux dont on se sert en chimie, doivent leur formation à l'art, ou au moins n'ont point encore été trouvés parmi les produits de la nature. Pour traiter méthodiquement l'histoire de ces substances, nous croyons devoir les diviser en ordres, en genres & en sortes, comme nous l'avons fait pour les terres & les pierres. Nous comprenons toutes les matières salines minérales dans deux ordres.

Le premier contient les substances salines, nommées *simples*, & que nous connoîtrons sous le nom de sels primitifs, parce qu'ils servent à la formation des suivans.

Le second ordre renferme les sels secondaires, composés ou neutres; ils sont formés par la combinaison des premiers, les uns avec les autres, & ils sont en conséquence beaucoup moins simples qu'eux.

Chacun de ces ordres sera divisé en plusieurs genres, & ceux-ci en sortes

Nous connoiſſons aujourd'hui dans le règne minéral, neuf genres & quatre-vingt-ſix ſortes de ſels ſimples ou compoſés, différens les uns des autres, & que nous allons examiner ſucceſſive-ment (1).

CHAPITRE II.

Des trois ſubſtances ſalino-terreuſes (2).

ORDRE I. *Sels ſimples ou primitifs.*

Nous donnons le nom de ſels ſimples ou primitifs à ceux que l'on appeloit autrefois, & que quelques chimiſtes appellent encore ſels ſimples. Comme il eſt démontré, par des ex-périences exactes, que la plupart d'entr'eux ſont manifeſtement compoſés, nous obſerverons que le titre de ſels ſimples ne leur convient qu'en

---

(1) Il y a trois ſubſtances ſalino-terreuſes, 3 alkalis, 10 acides minéraux ; ceux-ci unis à l'alumine, aux trois baſes ſalino-terreuſes & aux trois alkalis, conſtituent 70 ſels neutres ou compoſés.

(2) Ce titre du chapitre eſt la dénomination générale du premier genre du premier ordre des matières ſalines ſim-ples ou primitives.

les comparant à ceux du second ordre. Le nom de sels primitifs paroît les désigner avec plus d'exactitude, parce qu'ils constituent par leurs combinaisons, les sels neutres ou composés, que nous appelons secondaires. Nous divisons cet ordre en trois genres, qui sont les substances salino-terreuses, les alkalis & les acides ; l'examen des premières nous occupera dans ce chapitre, & nous placerons dans les deux suivans, l'histoire des alkalis & des acides.

Genre I. *SUBSTANCES SALINO-TERREUSES.*

Nous désignons sous ce nom trois substances, qui ont été regardées jusqu'ici comme des matières terreuses, mais dont les caractères les rapprochent manifestement des sels (1). Le mêlange des propriétés salines assez marquées qu'elles présentent conjointement avec les caractères propres aux matières terreuses, moins saillans en général que les premières, nous a engagés à placer ces substances avant les sels ; à les faire servir, pour ainsi dire, de chaînon

______

(1) Nous en avons déjà parlé dans la lithologie ; mais nous ne les avons alors considérées que comme faisant partie des connoissances d'histoire naturelle.

entre ces derniers & les terres, dont elles diffèrent d'ailleurs par une tendance à la combinaifon beaucoup plus forte, comme on le verra
par l'examen de leurs propriétés.

Il eft important d'obferver que dans l'examen
de ces matières falino-terreufes, ainfi que dans
celui des fels primitifs, nous les fuppofons pures & ifolées, quoiqu'elles ne le foient jamais
dans la nature, & fans parler encore des moyens
de les obtenir telles, afin de ne point compli-
quer l'ordre élémentaire que nous nous propofons de fuivre. L'hiftoire des fels neutres offrira
dans l'article de leur décompofition, les moyens
que la chimie fournit de féparer ces fubftances, ainfi que les fels fimples ou primitifs, &
de les avoir purs.

Ce premier genre contient trois fortes de
corps falino-terreux.

Sorte I. BARYTE.

La baryte a été d'abord nommée *terre pefante* par MM. Gahn & Schéele, chimiftes fuédois, qui en ont reconnu l'exiftence dans le
fpath pefant. Bergman & M. Kirwan ont déjà
employé le mot latin de *barytes*. Sa pefanteur
fpécifique va au-delà de 4,000, fuivant M. Kirwan. Cette terre n'exifte jamais pure, mais toujours combinée. Elle a été découverte & regar-

dée comme une subſtance particulière par les chimiſtes déjà cités. MM. Margraf & Monnet l'avoient cru de la nature de la terre abſorbante ou calcaire. Cependant ce dernier chimiſte y avoit reconnu quelques caractères différens, & il étoit porté à la regarder comme une terre différente de la chaux. Ses propriétés n'ont encore été que peu examinées, au moins comme matière iſolée & pure : on a plus étudié ſes combinaiſons, & c'eſt ſur-tout par les ſels qu'elle forme avec les acides & par ſes affinités très-ſingulières, qu'elle diffère des autres ſubſtances analogues.

La baryte pure, obtenue par les moyens qui ſeront détaillés plus bas, eſt ſous forme pulvérulente, d'une extrême fineſſe & d'une aſſez grande blancheur; je n'y ai point trouvé de ſaveur décidée ſur la langue.

On ne ſait point encore ſi elle eſt altérable par la lumière.

Le feu ordinaire de nos fourneaux ne la fait point entrer en fuſion; elle donne au creuſet d'argile dans lequel on la chauffe, une couleur bleue ou verdâtre, & elle prend elle-même une légère teinte de cette couleur. Cette propriété paroît dépendre de ſa réaction ſur l'argile. M. d'Arcet dit qu'elle ſe fond dans un creuſet d'argile ou de fer à un feu très-violent.

Exposée à l'air, elle y augmente de poids & se combine, quoique très-lentement, avec l'acide carbonique contenu dans l'atmosphère ; on ne connoît pas ce qu'elle peut éprouver de la part de l'air vital. On ne connoît point l'action de l'oxigène & de l'azote sur cette terre saline ; peut-être contient-elle de l'azote, comme un de ses principes constituans.

Elle se dissout dans l'eau ; mais avec assez de difficulté, puisqu'il faut 900 parties de ce fluide pour une partie de baryte. L'eau qui en est chargée, donne une couleur verte foible à la teinture des fleurs de violette (1), & surtout à celle de mauves ou de raves. Cette dissolution exposée à l'air, se couvre d'une pellicule légère, qui se reproduit à mesure qu'on l'enlève. Cet effet est dû à l'acide carbonique de l'atmosphère ; il est le même que pour l'eau de chaux, quoiqu'il soit beaucoup moins marqué. La même dissolution évaporée dans des

----

(1) Nous désignons par teinture de violettes, une dissolution de partie colorante de ces fleurs dans l'eau. On doit préférer cette teinture récente au sirop de violettes, qui n'a pas à beaucoup près la même sensibilité. Au reste, ce sirop peut être employé dans tous les cas où les matières salines que l'on veut examiner, ont une certaine énergie ; aussi en parlerons-nous souvent au lieu de la teinture.

vaisseaux fermés, laisse pour résidu la baryte, & l'on juge par le poids de ce résidu de la dissolubilité de cette substance. On conçoit d'après cela, qu'il faut se servir d'eau distillée dans cette expérience, comme dans toutes celles de cette nature.

La baryte n'a qu'une action foible, soit par la voie sèche, soit par la voie humide, sur la silice & sur l'alumine (1); elle peut cependant faciliter la fusion de ces terres, & elle prend une couleur verte ou bleuâtre, quand on l'a chauffée avec la seconde.

La baryte est la substance salino - terreuse que l'on a trouvée jusqu'aujourd'hui le moins

---

(1) Il est essentiel d'observer ici que pour faire connoître avec ordre l'action réciproque des corps les uns sur les autres, je ne parle de la combinaison de deux corps, que lorsque je les ai fait connoître tous les deux; ainsi, je n'ai dû faire mention dans l'histoire de la baryte, que de la manière dont elle est altérée par la lumière, le calorique, l'oxigène, l'azote, l'eau, la silice & l'alumine; parce que je n'ai encore examiné que ces corps avant elle. A mesure que nous avancerons dans l'examen des matières naturelles, nous connoîtrons successivement toutes les combinaisons. Cet ordre a le double avantage d'être très-méthodique, & d'indiquer autant ce qu'il y a de connu en chimie, que ce qui reste à faire pour en étendre les progrès.

abondamment dans la nature. Il eſt vraiſemblable qu'elle eſt plus abondante qu'on ne l'a
cru. On ne la connoiſſoit autrefois que dans le
ſulfate barytique ou le ſpath peſant; on l'a trouvée, il y a quelque tems, en Angleterre, combinée avec l'acide carbonique, & criſtalliſée
comme un ſpath tranſparent. Nous décrirons
ce ſel plus bas. Quelques chimiſtes modernes croyent que c'eſt une chaux ou un oxide
métallique; ſa peſanteur, celle des compoſés
dans leſquels elle entre, le précipité qu'elle
donne quand on mêle ſa diſſolution par les acides avec les pruſſiates alkalins, l'ont fait ſoupçonner telle depuis long-tems pár Bergman.
On aſſure que M. Gahn, diſciple de ce célèbre chimiſte, eſt parvenu à obtenir la baryte
ſous la forme de métal; mais ce fait mérite
d'être confirmé. On ne connoît donc point encore ſa nature intime, parce qu'on n'eſt pas parvenu à en ſéparer les principes, ni à imiter ſa
compoſition. J'y ſoupçonne, comme je l'ai déjà
indiqué plus haut, la préſence de l'azote ou
baſe de la mofète.

La baryte pure n'eſt d'aucun uſage, ſes diſſolutions dans l'eau & dans les acides ſont employées comme réactifs, ainſi que nous l'expoſerons en détail quand nous les examinerons.

Sorte II. MAGNÉSIE.

La magnésie que l'on retire du sel d'Epsom, ou sulfate de magnésie, & que l'on trouve dans les eaux-mères des salines des salpêtriers, dans un grand nombre de pierres, &c. n'existe jamais pure dans la nature, mais toujours combinée avec les acides. Black est le premier chimiste qui l'a bien distinguée de la chaux.

Cette substance, obtenue par les moyens que nous connoîtrons plus bas, est sous la forme d'une poudre blanche, très-fine, & assez semblable à la farine pour l'aspect & le tact ; sa pesanteur est d'environ 2,33, suivant Kirwan. Elle n'a pas de saveur sensible sur la langue, mais elle en a une sur l'estomac, puisqu'elle est légèrement purgative. Elle verdit foiblement la teinture de violettes, de mauve, & fait tourner au bleu la couleur de tournesol. On ne connoît pas l'action de la lumière sur la magnésie; elle paroît n'être que très-foible.

Exposée à un feu violent, cette substance ne se fond point, suivant les expériences de M. d'Arcet. Macquer a observé qu'elle reste aussi sans altération au foyer de la lentille du jardin de l'infante. M. de Morveau a eu le même résultat, en chauffant la magnésie pendant deux heures au feu le plus violent du fourneau de

Macquer. M. Butini, citoyen de Genève, qui a publié de très-bonnes recherches sur la magnésie, a observé que cette substance chauffée fortement, prend une sorte de retraite, & que ses particules se condensent assez pour pouvoir ensuite attaquer & corroder la surface du fer. On assure qu'un petit cube d'une pâte faite avec de la magnésie & de l'eau, exposé par M. Parker au foyer de sa lentille, s'est retiré brusquement sur lui-même, & a diminué dans toutes ses dimensions. Cette propriété sembleroit rapprocher la magnésie de l'alumine, avec laquelle on la trouve souvent combinée par la nature, comme je l'ai indiqué dans l'histoire des stéatites, des asbestes, des serpentines, &c.

La magnésie chauffée dans une cornue, ne perd que l'eau qu'elle contient ; mais elle acquiert dans ces expériences une propriété phosphorique assez marquée, comme l'a observé M. Tingry, apothicaire de Genève. Exposée à l'air, elle ne s'altère qu'au bout d'un tems très-long. M. Butini a tenu dans une chambre sèche dix grains de magnésie calcinée, sur une tasse de porcelaine, recouverte d'un papier ; près de deux ans après, son poids n'étoit augmenté que d'un huitième de grain. Il paroît qu'elle se combine peu à peu avec l'acide carbonique répandu dans l'atmosphère.

Elle n'eſt que très-peu diſſoluble dans l'eau, & d'une manière preſqu'inappréciable, puiſque quatre onces deux gros d'eau pure, laiſſés pendant trois mois dans une bouteille, avec un gros de magnéſie calcinée, & bouillis avec cette ſubſtance, n'ont donné à M. Butini, par l'évaporation, qu'un enduit eſtimé à un quart de grain.

M. Kirwan dit qu'il faut environ 7692 fois ſon poids d'eau pour la diſſoudre dans la température ordinaire de l'atmoſphère ; c'eſt-à-dire, lorſque l'air eſt à 10 degrés du thermomètre de Réaumur. Malgré ce peu de diſſolubilité, la magnéſie forme une eſpèce de pâte avec l'eau ; cette pâte, à la vérité, n'eſt point ductile, elle ſe briſe facilement, & l'eau s'en ſépare promptement, ſoit par l'action du feu, ſoit par le contact de l'air ſec. La diſſolution de magnéſie n'a point de ſaveur ſenſible ; elle n'altère que très-peu la couleur du ſirop de violettes.

On ne connoît pas encore très-bien l'action de la magnéſie ſur les terres pures ; on ſait cependant que cette ſubſtance ne ſe vitrifie pas avec la terre ſilicée, ni avec l'alumine ſéparément, mais qu'en la chauffant avec l'une & l'autre, elle eſt ſuſceptible de ſe fondre.

On n'a point examiné ſon action ſur la baryte.

La nature intime de la magnéfie, n'eft pas plus connue que celle de cette dernière. Aucune expérience ne démontre qu'elle eft une modification d'une autre fubftance terreufe ou faline, comme l'ont penfé quelques chimiftes, puifqu'on n'a jamais pù féparer la magnéfie en différens principes, ni former cette fubftance par la fynthèfe; elle doit donc être regardée comme une matière fimple dans l'état actuel de la chimie.

La magnéfie pure appelée cauftique par Black, eft employée en médecine comme abforbante & purgative. Elle doit être préférée à la magnéfie ordinaire dans les cas d'aigreurs, parce que l'acide carbonique que cette dernière contient, fe dégage par l'action de l'acide des premières voies, & produit des vents & tous les accidens qu'ils entraînent à leur fuite; elle conferve long-tems la viande, & elle rétablit même la bile putréfiée. Bergman lui attribue encore la propriété de rendre folubles dans l'eau le camphre, l'opium, les réfines & les gommes réfines, & de former des teintures très-recommandables, quoique la magnéfie cauftique ne fe diffolve que très-peu dans l'eau. On ne connoît pas ces préparations en France.

Sorte III. Chaux.

La chaux nommée vive dans les arts, est une substance blanche qui a plus de cohérence que les deux précédentes ; elle est ordinairement sous la forme de pierre d'un blanc gris. Sa saveur est chaude, âcre & urineuse ; elle est assez forte pour enflammer le tissu de la peau. Sa pesanteur spécifique est d'environ 2,3 , sa forme pulvérulente & friable : on la trouve aux environs des volcans, comme M. Monnet l'a vue dans les montagnes de l'Auvergne.

La chaux verdit le sirop de violettes, & la couleur qu'elle lui donne est bien plus intense que celle qu'il reçoit de la baryte & de la magnésie ; cette couleur est même en grande partie détruite, & passe promptement au jaune sale.

La chaux exposée à un grand feu, comme celui d'une verrerie, reste sans altération, & elle n'est pas fusible par elle-même. Le verre ardent de M. Parker a paru cependant y exciter un commencement de fusion, quoiqu'elle fût placée sur un charbon ; lorsqu'on la chauffe dans un creuset d'argile, elle se fond quelquefois sur ses bords, mais c'est en raison de la terre du creuset sur laquelle elle agit.

Exposée à l'air, la chaux se gonfle, se fendille, & se réduit en poudre ; elle acquiert beaucoup de volume, on l'appelle alors chaux éteinte à l'air. Ces phénomènes sont d'autant plus prompts & plus marqués, que l'air est plus humide. Il s'excite de la chaleur pendant cette extinction sèche ; la chaux se divise & se dilate avec assez d'effort pour écarter les parois des vases de bois, & sur-tout des tonneaux dans lesquels on la renferme. Si on observe cette substance après son extinction à l'air, on la trouve sous la forme d'une poussière très-blanche & très-fine ; on y reconnoît une augmentation de poids très-remarquable, & une saveur beaucoup moins forte. C'est principalement à l'eau contenue dans l'atmosphère, & à la force avec laquelle la chaux tend à s'y unir, que sont dus ces phénomènes ; aussi en chauffant de la chaux éteinte à l'air dans une cornue, jusqu'à la faire bien rougir, on en retire de l'eau, & la chaux est dans le même état qu'avant son extinction.

L'eau a une action très-forte sur la chaux vive. Lorsqu'on verse ce fluide en petite quantité sur cette substance, elle l'absorbe promptement ; elle paroît aussi sèche qu'auparavant, bientôt elle s'éclate, se brise en fragmens ; la chaleur qui s'excite alors est assez forte pour produire un sifflement remarquable ; l'eau est réduite en vapeurs, & exhale une odeur particulière; cette vapeur verdit le papier teint avec la mauve. La chaux se divise beaucoup & tombe entièrement en poussière. Alors la chaleur, le mouvement & la fumée diminuent peu à peu & cessent tout-à-fait. Si l'on fait cette extinction pendant la nuit & dans l'obscurité, on observe que la surface de la chaux est lumineuse dans beaucoup de points. Tous ces phénomènes dépendent de l'activité avec laquelle cette substance salino-terreuse s'unit à l'eau; mais pour qu'ils aient lieu, il faut n'employer que très-peu de ce fluide, & n'en mettre qu'autant que la chaux peut en absorber en se séchant promptement; il paroît que la chaleur qui se dégage de ces deux corps pendant cette union rapide, change leur état, & que la chaux éteinte & pulvérulente qui en résulte, contient l'eau sèche, solide ou glacée; cet état sec de l'eau qui a lieu dans beaucoup de combinaisons qui se font avec chaleur, & qui produisent des composés solides dont la chaleur spécifique est moins considérable qu'auparavant, n'a pas assez fixé l'attention des chimistes; ou, pour mieux dire, ils ne l'ont remarqué que depuis quelque tems. Lorsque la chaux a absorbé dans cette expérience toute l'eau à laquelle elle peut s'unir pour rester sèche, on l'appelle chaux éteinte à fec ; elle ne s'échauffe plus avec l'eau , & ne fait que s'y diffoudre fans mouvement bien fenfible. Si l'on mêle avec cette fubftance , la quantité d'eau néceffaire pour la délayer , on forme le lait de chaux , & on donne à cette liqueur une tranfparence parfaite , en y ajoutant une affez grande quantité d'eau pour diffoudre complètement la matière falino-terreufe. **M.** Kirwan dit qu'il faut environ 680 fois fon poids d'eau pour la tenir en diffolution , à la température de 60 degrés.

Cette diffolution qu'on connoît fous le nom d'eau de chaux , eft claire & limpide ; fon poids eft peu fenfiblement au-deffus de l'eau commune ; elle a une faveur âcre & urineufe ; elle verdit fortement le firop de violettes , & elle en altère même la couleur. Lorfqu'on l'évapore dans des vaiffeaux fermés , on en retire de l'eau très-pure , & il refte au fond des vaiffeaux de la chaux vive ; mais il faut la faire bien rougir pour en féparer les dernières portions d'eau qui y adhèrent avec beaucoup de force ; alors elle s'échauffe avec ce fluide , comme avant d'avoir été diffoute.

L'eau de chaux expofée à l'air , fe couvre d'une pellicule sèche qui prend peu à peu de l'épaiffeur & de la folidité ; fi l'on enlève cette pellicule , il s'en reforme une feconde , & cette

diffolution

diſſolution en fournit juſqu'à ce que toute l'eau ſoit évaporée. Ces pellicules ont reçu le nom impropre de crême de chaux ; on croyoit autrefois que cette matière étoit un ſel particulier formé par l'union de la terre calcaire la plus atténuée & de l'eau , & on a beaucoup écrit ſur le prétendu ſel de la chaux ; mais il eſt bien reconnu aujourd'hui , d'après les expériences du célébre Black , que la crême de chaux a des propriétés ſalines moins actives que celles de la chaux , & que c'eſt une eſpèce particulière de ſel neutre compoſé de chaux & d'un acide particulier contenu dans l'atmoſphère ; auſſi la crême de chaux ne peut-elle pas ſe former ſans le contact de l'air. Nous examinerons par la ſuite ce ſel ſous le nom de carbonate de chaux ou craie. On ne connoît pas l'action de l'oxigène & de l'azote ſur la chaux ; il paroît que cette baſe abſorbe & fixe une partie du gaz azotique, au moins il eſt vraiſemblable qu'elle en contient la baſe.

La chaux ſe combine par la voie humide & par la voie ſèche avec la terre ſilicée. Lorſqu'on mêle du ſable avec de la chaux nouvellement éteinte, ou bien avec de la chaux vive arroſée d'un peu d'eau , dans le moment du mêlange ces deux corps prennent de la conſiſtance & forment ce qu'on appelle du mortier ; l'état & la quantité de la chaux plus ou moins vive, son extinction préliminaire avec plus ou moins d'eau, ou bien son extinction faite dans le moment du mélange, la nature du sable plus ou moins gros, arrondi, inégal, sec ou humide, font naître de grandes différences dans les divers mortiers qu'on en prépare (1). On en compose également avec l'argile cuite en briques & avec la pouzzolane qui n'est que de l'argile cuite par le feu des volcans, & altérée par le contact de l'air.

Quoique la chaux soit parfaitement infusible toute seule, ainsi que la terre silicée, si on les chauffe ensemble, pourvu que la proportion de la première soit très-grande, elles se fondent, comme l'ont remarqué MM. d'Arcet & Gerhard. Elle peut aussi faire entrer en fusion un tiers de son poids d'alumine, & elle paroît avoir plus d'affinité avec celle-ci qu'avec la silice, ainsi que l'indique M. Kirwan. Le mélange de ces trois substances fond plus facilement & plus complètement que la chaux seule avec l'une ou l'autre de ces terres : c'est ainsi qu'une partie de chaux & une d'alumine peu-

____

(1) Voyez *les Recherches de M. de la Faye sur la préparation que les romains donnoient à la chaux*, *Paris*, 1777 & 1778, *première & seconde partie.*

vent faire entrer en fusion deux & même deux parties & demie de terre silicée. On conçoit d'après ce fait, pourquoi beaucoup de pierres dures, scintillantes & quartzeuses en apparence, se fondent lorsqu'on les expose à un grand feu. La combinaison ou même le simple mêlange de terre calcaire & d'argile avec la terre silicée, est la cause de leur vitrescence.

On ne connoît point encore bien l'action de la chaux sur la baryte.

Une partie de terre calcaire fait entrer en fusion une demi-partie de magnésie ; le verre que forme ce mélange au feu, dissout ensuite & fond complétement autant de terre silicée qu'il contient de chaux. C'est pour cela que parties égales de silice, de magnésie & de chaux traitées au feu, forment un verre parfait.

La nature intime de la chaux n'est point connue. Les premiers chimistes qui ont voulu expliquer par des raisonnemens physiques les phénomènes que présente la chaux dans ses combinaisons, & sur-tout dans son extinction, en ont trouvé la cause dans des parties de feu fixées dans la pierre calcaire pendant sa calcination. Telle étoit la théorie de Lemery. Meyer a pensé que le feu seul & pur ne pouvoit pas se combiner ainsi, & qu'il y avoit un acide particulier qui se combinoit avec lui dans la chaux ; cette espèce de soufre très-délié étoit l'*acidum pingue* ou le *causticum* de ce chimiste ; mais cette doctrine reproduite depuis sous différens noms, a été renversée par une suite d'expériences qui en ont démontré la fausseté ; plusieurs physiciens modernes croyent que la matière de la chaleur est combinée dans la chaux, & que c'est à son dégagement, pendant l'extinction de cette substance, que sont dues la lumière apperçue par Meyer & par M. Pelletier, l'ébullition, la vaporisation de l'eau, & l'odeur grasse particulière qui s'exhale. Il résulte de cet exposé, qu'on ne connoît point encore les principes & la composition de la chaux, & qu'on ne peut point assurer si elle est le produit d'une atténuation & d'une préparation particulières des terres silicée ou alumineuse par l'action des organes des animaux, quoique cela paroisse vraisemblable à de très-grands naturalistes. Il semble à la vérité être hors de doute qu'elle est formée par les animaux marins ; que c'est dans l'eau que les principes qui la constituent sont réunis & combinés par la vie des êtres organiques ; que l'azote est une de ses parties constituantes : mais il faut convenir que cet apperçu ne suffit point encore pour convaincre les physiciens modernes qui ne se laissent persuader que par des expériences exactes & réitérées.

On emploie la chaux dans un grand nombre d'arts, & fur-tout pour la conftruction. En médecine, l'eau de chaux étendue d'eau eft adminiftrée avec fuccès dans les ulcères des différentes parties, &c. On l'a regardée comme un lithontriptique puiffant ; mais une expérience multipliée a appris qu'elle n'opère pas conftamment les fuccès qu'on en avoit efpérés, & que fon ufage trop long-tems continué, porte dans les fluides animaux une altération voifine du fcorbut ou de la fepticité.

CHAPITRE III.

Genre II. *SELS ALKALIS.*

L ES alkalis doivent être traités avant les acides, parce qu'ils paroiffent plus fimples, moins décompofables qu'eux, & parce qu'ils fe rapprochent par quelques caractères des fubftances falino-terreufes. Ils ont une faveur urineufe, brûlante & cauftique ; ils verdiffent le firop de violettes ; ils s'uniffent à l'eau avec chaleur ; ils abforbent celle qui eft contenue dans l'atmofphère, ainfi que l'acide carbonique ; ils diffolvent les terres ; ils ont une grande force de combinaison. On en connoît trois fortes : la potaffe ou l'alkali fixe végétal, la foude ou l'alkali fixe minéral, l'ammoniaque ou l'alkali volatil.

Sorte I. POTASSE.

L'efpèce d'alkali que nous défignons par le nom de *potaffe*, a été nommée alkali fixe végétal, parce qu'elle fe trouve en très-grande quantité dans les végétaux, quoiqu'on la rencontre auffi très-fouvent dans les minéraux. On l'a encore appelée alkali du tartre, parce qu'on la tire en grande quantité de cette fubftance faline, que nous connoîtrons par la fuite. La potaffe n'étoit pas connue dans fon état de pureté avant M. Black. Autrefois, pour diftinguer ce fel de l'alkali fixe ordinaire, on l'appeloit alkali fixe cauftique.

Ce fel bien pur eft blanc, fous forme sèche & folide ; fa faveur eft fi forte, qu'il diffout le tiffu de la peau & ouvre des cautères ; il donne fur-le champ au firop de violettes une couleur verte foncée & bien plus fenfible que celle que lui fait prendre la chaux. Il altère & détruit prefqu'entièrement cette couleur, qui devient d'un jaune brun.

On ne connoît pas l'action de la lumière fur ce fel.

Exposée au feu dans des vaisseaux fermés, la potasse se ramollit très-promptement, & se liquéfie dès qu'elle commence à rougir ; coulée alors sur une plaque, elle se prend par le froid en une masse blanche cassante & opaque ; elle n'est pas décomposable par la chaleur ; elle ne se volatilise qu'à un feu extrême, tel que celui des fours de verrerie ; dans toutes ces opérations, elle dissout une portion des vaisseaux d'argile qui la contiennent.

Exposée à l'air, elle en attire puissamment l'humidité ; elle se résout en liqueur, & passe peu à peu à l'état d'un sel neutre, en absorbant l'acide répandu dans l'atmosphère. C'est pour cela qu'elle augmente de poids & qu'elle fait ensuite effervescence avec les acides, ce qui n'arrive pas lorsqu'elle est pure & telle que nous la supposons ici. Si donc on veut la conserver dans son état de pureté, il faut la tenir dans des vaisseaux exactement bouchés & qu'elle remplisse entièrement.

La potasse se dissout dans l'eau avec beaucoup de promptitude ; elle produit alors un grand degré de chaleur, & elle exhale une odeur fétide de lessive. Sa dissolution est sans couleur ; elle ne laisse rien précipiter lorsqu'elle est bien pure. Si on veut la séparer de son dissolvant, il faut l'évaporer jusqu'à siccité dans des vaiſſeaux fermés , parce qu'en faiſant cette opération dans des vaiſſeaux ouverts , elle attire l'acide contenu dans l'air & devient efferveſcente. Cette abſorption eſt ſi prompte & ſi facile, que pour peu qu'on laiſſe la diſſolution de ce ſel à l'air, elle s'altère & ſe neutraliſe en partie. Elle éprouve la même altération , ſi on la met dans un flacon qu'elle ne rempliſſe qu'en partie , & que l'on débouche ſouvent. On ne connoît pas l'action de l'oxigène & de l'azote ſur cet alkali.

La potaſſe ſe combine à la terre ſilicée par la voie sèche, & l'entraîne dans ſa fuſion ; elle forme alors un corps tranſparent connu ſous le nom de verre. Ce corps diffère ſuivant la quantité reſpective de ſable & d'alkali fixe qui le conſtituent. Si on a employé deux ou trois parties de ſel ſur une de terre , il en réſulte un verre mou, caſſant, qui attire l'humidité de l'air , devient opaque & fluide. Ce verre ſe diſſout dans l'eau à l'aide de l'alkali ſurabondant qu'il contient. Cette diſſolution porte le nom de *liqueur des cailloux*. Elle dépoſe à la longue une partie de la terre qu'elle contient, en flocons blancs à demi-tranſparens, mucilagineux en apparence, & ſi légers qu'ils ne ſe précipitent que lentement. Les acides en ſéparent l'alkali & font précipiter cette terre , qu'on

appelle terre des cailloux. Pour que cette précipitation réuffiffe, il faut que la liqueur des
cailloux ne foit pas trop étendue d'eau ; dans
ce dernier cas, les molécules terreufes trop
divifées, reftent en fufpenfion dans la liqueur,
& il faut l'évaporer pour rendre le précipité
fenfible. Plufieurs chimiftes penfent que la terre
des cailloux n'eft pas femblable à la terre filicée, & qu'elle a été altérée dans fon union avec
l'alkali. Ils croyent qu'elle fe rapproche de
l'alumine, qu'elle peut enfuite s'unir aux acides
comme cette dernière, & former avec eux les
mêmes fels qu'elle. Telle étoit l'opinion de Pott
& de M. Baumé ; mais Schéele a fait voir que
cette portion de terre foluble dans les acides,
précipitée de la liqueur des cailloux, étoit due
à l'alumine du vaiffeau diffoute par le mélange
d'alkali & de terre filicée.

L'art de faire le verre eft entièrement fondé
fur des propriétés chimiques, puifque ce corps
n'eft qu'une combinaifon de l'alkali fixe avec la
terre filicée. La pureté des deux fubftances,
leur proportion, leur fufion complette à l'aide
d'un feu affez fort & affez long-tems continué,
font les trois conditions néceffaires pour avoir
un verre tranfparent, dur, fans bulles, & fur-
tout inaltérable à l'air. Nous connoîtrons par la
fuite différentes fubftances que l'on mêle aux

deux premières, pour augmenter leur fusibilité, & pour donner au verre de la pesanteur,
de la transparence, & plusieurs autres propriétés relatives à l'usage auquel on le destine.

La potasse a moins d'action sur l'alumine que
sur la terre silicée ; au reste, on n'a point encore reconnu cette action assez exactement.

Ce sel paroît susceptible de se combiner avec
la baryte, la magnésie & la chaux ; mais on n'a
point encore examiné ces combinaisons avec
assez de soins, pour que nous puissions en faire
une mention plus détaillée.

Quoiqu'on n'ait point encore pu parvenir à
décomposer la potasse, beaucoup de faits, que
l'on connoîtra par la suite, tendent à prouver
que ce n'est point une substance simple. Stahl,
qui, d'après plusieurs apperçus, regardoit les
sels simples comme formés par l'union de l'eau
& de la terre, pensoit que l'alkali fixe ne diffé-
roit des acides qu'en ce qu'il contenoit plus de
terre ; c'est ainsi qu'il expliquoit sa sécheresse,
&c. Il est vraisemblable que la potasse est un
composé d'une des trois terres précédentes avec
l'azote. Quelques analogies me portent à croire
qu'elle contient de la chaux ; mais il n'y a point
encore un assez grand nombre de faits, pour
admettre cette composition comme une vérité
démontrée.

On emploie la potasse en chirurgie, pour ronger la peau, y produire une inflammation & une suppuration qui donnent naissance au cautère.

Sorte II. SOUDE.

On a donné le nom d'*alkali fixe minéral* à une substance saline qui présente les mêmes caractères généraux que la précédente, & qu'on trouve en grande quantité unie avec un sel acide particulier dans les eaux de la mer & dans celles de plusieurs fontaines ; on le rencontre cependant quelquefois dans les végétaux, mais beaucoup moins fréquemment que le précédent. Ce sel a été appelé *alkali marin*, parce qu'il fait partie du sel marin, & *alkali* ou *sel de soude*, parce qu'on le retire le plus souvent de cette substance. Nous le désignons par le nom simple de soude.

La soude a une saveur aussi forte & aussi caustique que la potasse ; elle verdit le sirop de violettes, & en altère également la couleur; elle est sous forme sèche & solide.

Elle se fond au feu lorsqu'elle commence à rougir ; elle se volatilise à une chaleur violente; elle agit sur presque tous les vaisseaux dans lesquels on l'expose au feu.

Mise en contact avec l'air atmosphérique,

elle attire l'eau en vapeurs qui y est contenue, & l'acide particulier qui y existe ; de manière qu'elle se neutralise peu à peu. On ne
connoît point l'action du principe oxigène & de
l'air vital sur ce sel.

Elle se dissout dans l'eau avec chaleur & dégagement d'odeur lixivielle fétide. On ne peut
l'obtenir pure de cette dissolution, qu'en l'éva-
porant dans des vaisseaux fermés ; cette lessive
exposée à l'air, absorbe de l'acide & se neutralise assez promptement ; aussi pour la conserver pure, est-il nécessaire de la tenir dans
des vaisseaux bien fermés.

La soude se combine très-bien par la voie
sèche avec la terre silicée, & forme du verre.
Les verriers y ont même reconnu une plus
grande fusibilité, & une plus grande adhérence
avec ces terres, que dans la potasse ; ce qui
fait qu'ils l'emploient préférablement à cette
dernière dans la fabrication du verre. Aussi ce
que nous avons dit sur cet art, dans le dernier article, peut-il être appliqué à la soude.
Enfin cet alkali se combine, de même que la
potasse, aux acides & à un grand nombre d'autres corps que nous connoîtrons par la suite.

D'après l'exposé de ces propriétés, on doit
remarquer qu'il n'existe point de différence très-
sensible entre les deux alkalis fixes considérés

dans leur état de pureté ; on ne peut véritablement reconnoître leurs différences que dans leurs combinaisons. Chacun d'eux uni au même acide, donne des sels neutres très-différens par toutes leurs propriétés ; ce qui est d'autant plus singulier, qu'il est absolument impossible de leur assigner quelque caractère distinctif, lorsqu'ils sont purs & caustiques, comme nous les avons examinés ici. Bergman a ajouté encore une propriété distinctive de ces deux sels, qu'il est bien important de connoître, c'est que leur affinité avec les acides n'est pas la même : la potasse a plus de rapport avec ces substances salines, que n'en a la soude ; de sorte qu'elle est capable de décomposer les sels neutres formés par cette dernière. Nous reviendrons sur cet objet, dans l'examen des sels secondaires ou neutres.

La nature intime ou la composition de la soude, n'est pas plus connue que celle de la potasse. Les mêmes analogies me portent à croire que c'est, comme cette dernière, une combinaison d'une terre avec l'azote ; que c'est la différence de la base terreuse qui la caractérise. Peut-être est-ce la magnésie, comme je l'ai indiqué il y a quelques années dans mes cours, & comme M. Lorgna a essayé de le prouver depuis ; mais les faits ne sont encore ni affez nombreux, ni même affez exacts, pour mettre cette opinion au rang des vérités dé-montrées.

Quant à fes ufages, elle eft employée dans la fabrication du verre, dans la préparation du favon, &c.

Sorte III. AMMONIAQUE.

Nous donnons le nom d'ammoniaque au fel connu fous celui d'*alkali volatil*. Celui-ci fe dif-tingue des deux précédens, par une odeur vive & fuffoquante, & par une volatilité fingulière. Il en eft de ce fel comme des alkalis fixes; on ne le connoiffoit pas dans fon état de pu-reté, avant les expériences ingénieufes de MM. Black & Prieftley. On regardoit comme tel une efpèce de fel neutre imparfait, folide & crif-tallifé, qui a quelques-unes des propriétés de l'alkali volatil, mais qui en diffère en ce qu'il eft véritablement compofé de deux fubftances falines : le caractère de faire effervefcence avec les acides, qu'on attribuoit à l'alkali volatil, n'appartient qu'à cette efpèce de fel neutre dont nous parlerons plus bas.

Ce qu'on connoît dans les laboratoires de chimie, fous le nom d'*alkali volatil cauftique* ou *fluor*, & dans les pharmacies, fous celui d'*efprit volatil de fel ammoniac*, n'eft point encore l'ammoniaque pure; elle n'y est que dissoute & étendue d'eau. M. Priestley a démontré qu'on peut en extraire un gaz permanent, à l'aide d'une douce chaleur, & que l'eau privée de ce gaz, perd peu à peu ses propriétés alkalines : ce fluide aériforme est l'ammoniaque, & nous le connoîtrons sous le noin de gaz ammoniac. C'est ce corps dont il faut examiner les propriétés, pour connoître celles du véritable *alkali volatil*, ainsi que l'a très-bien fait observer Macquer.

Pour obtenir ce fluide élastique, on met dans une petite cornue, ou dans un matras de verre une certaine quantité d'*esprit alkalin* ; on adapte à l'un ou à l'autre de ces vaisseaux un tube ou syphon recourbé, dont l'extrêmité plonge dans une cuve pneumato-chimique remplie de mercure, & doit être reçue sous des cloches de verre pleines du même fluide métallique, & renversées sur la planche percée placée à l'une des extrêmités de la cuve. On échauffe le fond de la cornue ou du matras avec quelques charbons allumés ou avec la flamme de l'esprit-de-vin ; on laisse sortir par l'extrêmité du tube, les premières portions de fluide élastique qui ne font que l'air du vaisseau & du tube, & on ne recueille le gaz dans les cloches, que quand l'ébullition du liquide est bien établie. Il ne faut pas pouffer la diftillation jufqu'à faire paffer l'eau en vapeurs, ou bien il faut prendre un tube qui foit dilaté en boule au milieu de fa longueur ; on a foin de refroidir la portion dilatée de ce tube, afin d'y condenfer l'eau en vapeur, & par ce moyen on fe procure du gaz ammoniac très-fec & très-pur.

Ce gaz reffemble à l'air, lorfqu'il eft contenu dans une cloche ; il a fa tranfparence & fon élafticité. Il eft un peu plus léger que lui ; fon odeur eft pénétrante; il a une faveur âcre & cauftique. Il verdit promptement & fortement la couleur bleue des violettes, de la mauve, des raves, mais fans l'altérer comme les alkalis fixes purs. Il tue les animaux & corrode la peau, lorfqu'elle eft expofée quelque tems à fon contaft.

Quoiqu'il ne puiffe pas fervir à la combuftion, & qu'il éteigne les corps enflammés, il augmente cependant la flamme d'une bougie, avant de l'éteindre ; il lui donne un volume un peu plus confidérable, & elle prend une couleur jaune-pâle à fon difque, ce qui prouve que le gaz ammoniac eft en partie inflammable.

Il eft abforbé par les corps poreux, comme le charbon, l'éponge, &c.

M. Prieftley a découvert que l'étincelle électrique tirée dans le gaz ammoniac, rend fon
volume

volume trois fois plus confidérable , & en dégage du gaz hydrogène ; on ne connoît pas encore bien la caufe de ce changement. Il paroît feulement que l'ammoniaque eft décompofée dans cette expérience , & que les deux matières qui la compofent , comme nous le dirons tout-à-l'heure , font féparées & mifes dans l'état de fluides élaftiques.

Le gaz ammoniac eft un des fluides élaftiques que la chaleur dilate le plus.

L'air atmofphérique ne fe combine point avec ce gaz , il ne fait que l'étendre & le divifer. On n'a point examiné l'action de l'air vital fur ce fluide élaftique.

L'eau abforbe promptement le gaz ammoniac ; fi elle eft dans l'état de glace , elle fe fond fur-le-champ & produit du froid , tandis qu'au contraire ce gaz s'échauffe avec l'eau fluide. L'eau faturée de ce gaz , ou l'ammoniaque liquide , eft ce qu'on connoît fous le nom d'*alkali volatil fluor & cauftique*. Nous verrons par la fuite que c'eft en recevant le gaz dans de l'eau diftillée , & en en faturant ce liquide , que l'on prépare l'alkali volatil le plus pur & le plus concentré.

Le gaz ammoniac n'a point d'action fenfible fur les terres , ni fur les fubftances falino-terreufes. Il en a une très-vive fur les acides

& fur pluſieurs ſels neutres, comme nous le verrons plus bas.

L'ammoniaque liquide a les mêmes propriétés que le gaz qu'elle tient en diſſolution, mais dans un degré moins marqué, parce que l'aggréga-tion gazeuſe étant beaucoup moins forte que l'aggrégation liquide, ſuivant une de nos loix de l'affinité, la tendance à la combinaiſon doit être beaucoup plus énergique dans le gaz que dans l'ammoniaque.

Ce ſel a été regardé comme une combinaiſon d'alkali fixe & d'une ſubſtance combuſtible ; ce qui autoriſoit cette conjecture, c'eſt qu'on con-noiſſoit pluſieurs circonſtances dans leſquelles ce dernier ſel, chauffé avec des matières in-flammables, produit de l'ammoniaque ; mais on ne ſavoit point ſi l'alkali fixe entroit en entier dans la compoſition de l'*alkali volatil*, ou bien s'il ne lui fourniſſoit qu'un principe particulier qui, en ſe combinant avec une portion de la matière combuſtible, donnoit naiſſance à ce ſel. Aujourd'hui l'on a quelques lumières de plus ſur la nature de ce ſel. La belle expérience de M. Prieſtley, dans laquelle il a changé le gaz alkalin en gaz inflammable par l'étincelle électrique, a fait ſoupçonner à pluſieurs chi-miſtes que ce dernier corps étoit un des prin-cipes de l'ammoniaque. M. Berthollet ayant entrepris des recherches particulières fur ce point, eft parvenu à faire voir que ce fel eft un compofé d'hydrogène & d'azote, retenant une certaine quantité de calorique. Il a été conduit à cette conclufion, par l'action de l'acide muriatique oxigéné fur l'ammoniaque liquide, par la décompofition du nitrate ammoniacal dans des vaiffeaux fermés, par la réduction des oxides métalliques opérée au moyen de l'ammoniaque. Chacun de ces faits fera examiné plus en détail dans l'hiftoire des fubftances compofées qui le préfentent ; nous nous contenterons de faire obferver ici qu'en chauffant des combinaifons d'oxides de cuivre & d'or avec l'ammoniaque, on obtient de l'eau & du gaz azotique, & les métaux fe trouvent réduits ; dans ces opérations l'ammoniaque eft décompofée, fon hydrogène fe porte fur l'oxigène des oxides métalliques avec lequel il forme de l'eau ; les métaux reftent purs, & l'azote, autre principe de l'ammoniaque, devient libre, fe combine avec le calorique, & fe dégage en gaz azotique. De ces expériences dont nous rendrons un compte plus détaillé par la fuite, M. Berthollet conclut que l'ammoniaque eft formée de fix parties d'azote & d'une partie d'hydrogène, avec une certaine quantité de calorique.

On emploie l'ammoniaque étendue d'eau dans

un grand nombre de maladies. C'eſt un apéritif & un inciſif puiſſant ; il porte fortement à la peau. On l'a conſeillé dans la morſure de la vipère, dans les maladies de la peau, dans les affections vénériennes, &c.

Comme il eſt âcre & cauſtique ; on ne doit en faire uſage qu'avec beaucoup de ménagement. Appliqué à l'extérieur, c'eſt un diſcuſſif & un réſolutif violent ; il eſt capable de fondre beaucoup de tumeurs, ſur-tout celles qui ſont formées par le lait grumelé, par la lymphe épaiſſie, &c. Je l'ai employé avec ſuccès dans ces maladies ; il guérit promptement les brûlures : on l'emploie ſouvent & avec ſuccès dans les engelures, &c. On s'en eſt encore ſervi de tout tems & ſous différens noms, comme d'un ſtimulant très-actif dans les ſyncopes, les aſphyxies, &c. Son uſage dans ces derniers cas, doit être très-modéré ; il n'eſt pas prudent de le faire avaler aux malades, ſans l'étendre dans beaucoup d'eau. On a vu des excoriations dangereuſes produites ſur le canal de l'œſophage & ſur les membranes de l'eſtomac, après l'avoir donné intérieurement ſans précaution.

CHAPITRE IV.

Genre III. *ACIDES.*

LES acides se reconnoissent à leur saveur aigre lorsqu'ils sont étendus d'eau ; ils rougissent les couleurs bleues végétales ; plusieurs sont sous forme gazeuse ; ils s'unissent avec rapidité aux alkalis ; ils agissent beaucoup plus que ces derniers sur les substances combustibles, & les réduisent le plus souvent à l'état de corps brûlés. Comme les matières inflammables, & sur-tout les métaux, contiennent une grande quantité d'oxigène, après avoir éprouvé l'action des acides, tandis que ceux-ci passent en même-tems à l'état de corps combustibles, on peut en conclure que ces sels sont beaucoup moins simples qu'on ne l'avoit cru, & qu'ils sont en général formés d'une matière inflammable combinée avec l'oxigène.

Nous connoissons dans le règne minéral dix sortes d'acides bien distincts les uns des autres. On trouve aussi dans ce règne l'acide phosphorique uni au fer, au plomb & à la chaux.

L'acide carbonique.

L'acide muriatique.

L'acide fluorique.

L'acide nitrique.

L'acide sulfurique.

L'acide boracique.

L'acide molybdique.

L'acide tunstique.

L'acide arsénique.

L'acide succinique.

Nous traiterons ici des six premiers, qui sont en général les mieux connus & les plus abondans; les quatre autres seront examinés ailleurs.

Sorte I. ACIDE CARBONIQUE.

Nous donnons le nom d'acide carbonique à un acide très-abondant, qui étant souvent dans l'état d'un fluide aëriforme, a été appelé d'abord par les anglois *air fixé* ou *air fixe*, ensuite *acide méphitique* par MM. Bewly & de Morveau, *gaz méphitique* par Macquer, *acide aërien* par Bergman, & *acide craïeux* par Bucquet. On connoîtra tout-à-l'heure la raison & l'utilité de la dénomination que nous avons adoptée.

Cet acide n'a pas toujours été regardé comme tel. Ses principales propriétés avoient été entrevues par Paracelse, Vanhelmont, Hales, &c. C'est à MM. Black, Priestley, Bewly, Bergman, le duc de Chaulnes, que l'on doit la connoiſſance certaine de ſon acidité.

L'acide carbonique gazeux a tous les caractères apparens de l'air. Il eſt inviſible, élaſtique comme lui ; on ne peut abſolument le diſtinguer de ce fluide, lorſqu'il eſt renfermé dans un vaſe de verre, ou lorſqu'il nage dans l'air. Il exiſte dans l'atmoſphère, dont il fait la plus petite partie (1). On le trouve tout pur & rempliſſant des cavités ſouterraines, comme la grotte du chien, &c. Il eſt combiné dans un grand nombre de corps naturels, tels que les eaux minérales & pluſieurs ſels neutres ; la fermentation ſpiritueuſe en produit une grande quantité ; la réſpiration & la combuſtion des charbons en forment également ; enfin

---

(1) M. Lavoiſier, d'après ſes ingénieuſes expériences, regarde l'air atmoſphérique comme un compoſé d'air vital, d'acide carbonique & de gaz azotique, le plus ordinairement dans les proportions ſuivantes.

Compoſition de l'air atmoſphérique en fractions centéſimales.

Air vital...............,27
Acide carbonique..... ,01
Gaz azotique..........,72

Total............ 1,00

toutes les parties des plantes, & fur-tout les feuilles plongées dans. l'ombre, en exhalent fans ceffe.

Quoique cet acide, dans fon état fluide élaf-tique, ait toutes les apparences de l'air, il en diffère cependant par fes propriétés phyfiques; en effet, il a une pefanteur double de celle de l'air. On peut le tranfvafer d'un vaiffeau dans un autre, comme tous les fluides : c'eft pour cela qu'on le tire par le robinet d'une cuve après le vin ; fa faveur eft piquante & ai-grelette ; il tue fur-le-champ les animaux, parce qu'il ne peut fervir à leur refpiration ; il éteint les bougies allumées & tous les corps en com-buftion. Il colore la teinture de tournefol en rouge clair. Cette couleur fe perd à l'air, à mefure que l'acide s'évapore ; il n'altère pas la couleur des violettes, parce qu'il n'a qu'une action très-légère fur les couleurs foncées & fixes.

La force d'affinité de cet acide eft en général peu énergique ; c'eft le plus foible de tous les corps de ce genre. Il n'eft point altéré par le contact de la lumière, ou au moins cette alté-ration n'eft pas fenfible.

La chaleur le dilate fans lui caufer aucun changement.

Il fe mêle à l'air vital, mais fans altération,

& il forme un mêlange que l'on peut respirer pendant quelque tems, pourvu qu'il n'en fasse que le tiers; c'est ainsi qu'on doit l'administrer dans les maladies des poumons.

Il se combine à l'eau, mais avec lenteur. En agitant ces deux fluides, & en multipliant d'une manière quelconque leur contact, ils s'unissent & forment une liqueur acidule. Bergman appelle cette dissolution *eau aérée*; mais ce nom convient à l'eau qui contient de véritable air, & la distingue de l'eau bouillie dont ce fluide a été dégagé par la chaleur. L'eau dissout d'autant plus d'acide carbonique, qu'elle est plus froide; cette saturation a son terme fixe; l'eau la plus froide ne paroît pas pouvoir en absorber plus qu'un volume égal au sien.

L'eau chargée d'acide carbonique, est un peu plus pesante que l'eau distillée; elle pétille par l'agitation; elle a une saveur piquante & acidule, elle rougit la teinture de tournesol. On peut la décomposer par la chaleur qui la met promptement en ébullition, & qui en dégage l'acide élastique. Le contact de l'air produit d'autant plus vite le même effet, que sa température est plus élevée; aussi pour conserver cette liqueur acidule, faut-il l'enfermer dans des vaisseaux bien bouchés exposés au froid, ou la tenir fortement comprimée.

Cette diffolution acide fe trouve abondamment dans la nature ; elle conftitue les eaux acidules & gazeufes, telles que celles de Pyrmont, de Seltz, &c.

Comme cette eau acidulée eft un remède dans toutes les maladies putrides, foit en boiffon, foit en lavement, les phyficiens ont imaginé des appareils propres à imprégner facilement & le plus promptement poffible, l'eau de toute la quantité d'acide carbonique qu'elle peut diffoudre. M. Prieftley a le premier donné en 1772, un procédé pour aciduler l'eau ; le docteur Nooth a inventé une machine deftinée à cet effet ; elle a été depuis perfectionnée par M. Parker, & M. Magellan a ajouté encore à fon utilité. On la trouve aujourd'hui dans tous les cabinets de phyfique ; elle eft très-bien décrite & gravée dans le troifième volume des *Expériences fur différentes efpèces d'airs*, par M. Prieftley, pag. 112 à 118 ; & dans la Lettre de M. Magellan, *même Ouvrage*, *T. V*, *p. 83.*

L'acide carbonique n'a point d'action fur la terre filicée ; il eft bien reconnu que cette terre ne criftallife point par l'eau acidulée feule, comme on l'avoit annoncé il y a quelques années.

L'acide carbonique s'unit à l'alumine, à la baryte & à la magnéfie ; il forme avec ces fubftances différens sels neutres, que nous examinerons plus bas.

La combinaison de cet acide avec la chaux diſſoute dans l'eau, donne naiſſance à un phénomène conſtant, qui fait toujours reconnoître cet acide. Lorſqu'il touche à ce liquide, il y produit des nuages blancs, qui s'épaiſſiſſent bientôt & forment un précipité abondant. Ces nuages ſont dus à la craie ou au carbonate de chaux, réſultante de la combinaiſon de la chaux avec l'acide carbonique. Ce nouveau ſel n'étant preſque pas ſoluble dans l'eau pure, s'en ſépare & tombe au fond de ce fluide. L'eau de chaux eſt donc une pierre de touche pour faire reconnoître la nature & la quantité de l'acide que nous examinons. Si, après qu'il a formé ce précipité dans cette eau, on y ajoute une nouvelle quantité de cet acide, alors le précipité diſparoît & ſe rediſſout à l'aide de l'excédent de l'acide carbonique : c'eſt un ſecond caractère qui fait reconnoître cet acide. La craie diſſoute dans l'eau par l'acide carbonique ſurabondant, s'en ſépare & s'en dépoſe, lorſqu'on chauffe la liqueur, ou lorſqu'on la laiſſe expoſée à l'air, ou enfin par tous les procédés qui enlèvent cet excès d'acide carbonique. C'eſt ainſi que j'ai remarqué que les alkalis fixes cauſtiques & l'ammoniaque pure, verſés dans la diffolution de craie par l'acide carbonique, y forment un précipité en abforbant cet excès d'acide.

L'eau acidulée verfée dans l'eau de chaux, y produit abfolument les mêmes effets.

L'acide carbonique fe combine rapidement aux trois alkalis. Si on met dans un bocal plein de cet acide retiré de la craie, ou pris au-deffus d'une cuve de bierre en fermentation, un peu d'alkali fixe pur & cauftique en liqueur divifé fur les parois du vafe ; & fi l'on bouche promptement l'orifice de ce vaiffeau avec de la veffie mouillée, cette membrane s'affaiffe peu à peu ; il fe fait dans le vaiffeau un vide dû à l'abforption de l'acide carbonique par l'alkali, il s'excite de la chaleur pendant la combinaifon de ces deux fels, & l'on apper-çoit bientôt fur les parois du bocal, des crif-taux en dendrites qui deviennent de plus en plus gros. Nous nommons ce fel *carbonate de potaffe* & *carbonate de foude*, fuivant la nature de l'alkali fixe employé ; ces deux véritables fels neutres portoient autrefois les noms de fel de tartre & de fel de foude. Nous en exami-nerons les propriétés dans le chapitre fuivant.

Le contact du gaz ammoniac & de l'acide carbonique aériforme, dans un vaiffeau fermé, produit auffi fur-le-champ du vide, de la chaleur, & un nuage blanc & épais, qui s'attache en criftaux réguliers, ou fimplement en croûte aux parois du verre. C'eft un véritable fel neutre imparfait, que nous nommons carbonate ammoniacal, & qu'on appeloit autrefois alkali volatil concret, fel d'Angleterre, &c.

L'acide carbonique adhère à ces bafes avec des forces différentes ; c'eft avec la baryte qu'il a le plus d'affinité, fuivant Bergman ; viennent enfuite la chaux, la potaffe, la foude, la magnéfie & l'ammoniaque. Nous verrons dans l'examen des fels neutres, fur quels phénomènes font fondés ces degrés d'affinités établis par Bergman.

La nature & la compofition de l'acide carbonique ont beaucoup occupé les chimiftes depuis quelques années. MM. Prieftley, Cavendifch, Bergman, Schéele, femblent être dans l'opinion qu'il eft formé par la combinaifon de l'air vital avec le phlogiftique ; mais l'exiftence de ce dernier principe étant avec juftice révoquée en doute par plufieurs chimiftes françois célèbres, nous ne croyons pas que cette théorie puiffe être admife & fatisfaire à toutes les difficultés qu'on lui oppofe. J'avois penfé autrefois que l'acide carbonique pourroit bien être un compofé de gaz inflammable & d'air pur ; mais la découverte de la nature & de la

décompofition de l'eau fait voir l'invraifem-
blance de cette hypothèfe, & M. Lavoifier y
a fubftitué une vérité démontrée.

Ce chimifte auquel la fcience doit tant d'expériences ingénieufes & délicates, a fait brûler
dans des cloches pleines d'air vital & au-deffus
du mercure, une quantité déterminée de charbon, privé de tout gaz hydrogène par une
calcination préliminaire dans des vaiffeaux fermés, parce qu'il avoit obfervé que, fans
cette précaution, il obtenoit des gouttes d'eau
qui altéroient l'exactitude des calculs. Cette
combuftion a été faite par le moyen d'un
quart de grain d'amadou placé fur le charbon &
recouvert d'un atome de phofphore; un fer
rouge recourbé paffé à travers le mercure, a
fervi pour allumer le phofphore; celui-ci a
mis le feu à l'amadou, qui l'a communiqué au
charbon; l'inflammation a été très-rapide, &
accompagnée de beaucoup de lumière. Tout
l'appareil étant froid, M. Lavoifier a introduit
fous la cloche de l'alkali fixe cauftique en liqueur, qui a abforbé l'acide formé dans cette
combuftion, & qui a laiffé une portion d'air
vital auffi pur qu'au commencement de l'expérience. Ce chimifte penfe que dans cette opération le principe oxigène dont la combinaifon
avec le calorique forme l'air vital, s'eft com-

biné avec le carbone, & a produit l'acide carbonique; tandis que l'autre principe du même air vital s'eft dégagé fous la forme de chaleur & de lumière. Il eft refté de la cendre, & la quantité d'acide formé, avoit en excès de poids fur l'air vital employé, le déficit qu'avoit éprouvé le charbon. De beaucoup d'expériences de cette nature répétées dans différentes circonftances, M. Lavoifier conclut qu'un quintal d'acide carbonique, dont la dénomination eft, comme on voit, fondée fur fa nature, eft compofé d'environ 28 parties de carbone pur, & de 72 parties d'oxigène.

Il penfe que dans la refpiration des animaux, il fe dégage du fang une véritable matière charbonneufe, qui fe combinant avec l'oxigène de l'atmofphère, forme l'acide carbonique, toujours produit dans cette fonction; & que c'eft également à la combinaifon du carbone du fucre, avec l'oxigène de l'eau, qu'eft due la formation de l'acide carbonique qui fe dégage dans la fermentation fpiritueufe.

Plufieurs phyficiens ont reconnu que cet acide en fluide élaftique a la propriété de conferver les fubftances animales, de retarder leur putréfaction, & même d'en faire rétrograder la marche. C'eft d'après cela que Macbride a penfé qu'il s'unit au corps pourri, & qu'il lui

rend l'acide qu'il a perdu pendant la putréfaction. Ce dernier phénomène n'étoit dû, fuivant
lui, qu'à la décompofition naturelle des matières organiques, & à la diffipation de leur
acide carbonique, qu'il appeloit *air fixé*; auffi
a-t-il prétendu que l'ufage de cet acide étoit
indifpenfablement néceffaire pour compenfer
les pertes qui s'en font dans les animaux, &
pour rétablir les fluides altérés par le mouvement & par la chaleur. Il admet l'exiftence de
cet acide dans les végétaux frais, fur-tout dans
ceux qui font fufceptibles de fermenter, comme la décoction d'orge germée, le moût de
raifin, &c. & il croit qu'ils font tous auffi bons
les uns que les autres, dans les maladies qui
dépendent du mouvement feptique des humeurs, comme le fcorbut.

On a propofé auffi l'eau imprégnée d'acide
carbonique dans les fièvres putrides bilieufes,
& plufieurs obfervations en ont affuré le fuccès.
Les anglois emploient, dit-on, l'acide carbonique refpiré à petite dofe & mêlé à l'air commun, dans les maladies des poumons.

On l'a fort recommandé, comme lithontriptique ou diffolvant du calcul de la veffie; mais
aucun fait bien avéré n'en a encore démontré
en France l'efficacité dans cette terrible maladie. D'ailleurs cet effet eft contraire à ce que

Schéele

Schéele & Bergman ont découvert fur le calcul, comme nous le dirons ailleurs.

Les papiers publics ont annoncé l'hiftoire de
plufieurs cures de cancer, faites en Angleterre
par l'application de l'acide carbonique. Nous
pouvons affurer avoir vu employer ce moyen
plufieurs fois, & l'avoir employé nous-mêmes
fans fuccès. Dans les premières applications,
l'ulcère cancereux femble prendre un meilleur
caractère ; la fanie qui en découle ordinairement, devient blanche, confiftante & purifor-
me ; les chairs prennent une couleur vive &
animée ; mais ces apparences flatteufes de mieux
ne fe foutiennent pas ; l'ulcère revient bientôt
à l'état où il étoit auparavant, & parcourt enfuite fes périodes avec la même activité.

C'eft à la première découverte de cet acide
par le docteur Black, qu'il faut fixer une des
plus brillantes époques de la chimie. Pour déterminer l'influence de cette découverte fur la
fcience, nous offrirons ici les remarques fuivantes. 1°. Elle a fait connoître un acide particulier ; 2°. elle a expliqué la caufe de l'effervefcence que les alkalis ordinaires, la craie, le
fpath calcaire, la magnéfie font avec les acides plus forts que lui ; 3°. elle a fait diftinguer
deux états dans toutes les matières alkalines,
leur pureté ou leur caufticité, & leur adou-

ciffement joint à la propriété de faire effervefcence ; 4°. elle a éclairci l'hiftoire des attractions électives comparées de l'ammoniaque &
de la chaux pour les acides ; 5°. elle a préfenté un des premiers exemples d'un acide qui
préfère la chaux aux alkalis fixes ; 6°. l'hiftoire
des lieux méphytifés, des cavernes où les animaux ne peuvent vivre, eft devenue très-claire
& très-fimple, d'après fa découverte ; 7°. l'a-
nalyfe des eaux a été enrichie de la connoiffance exacte de celles qu'on appeloit gazeufes,
fpiritueufes, acidules, & on a bientôt fu les
imiter parfaitement ; 8°. elle a répandu beaucoup de jour fur la diffolution du fer dans plufieurs eaux, & fur les moyens de fe procurer
des eaux martiales tout-à-fait femblables à celles de la nature ; 9°. elle a fait connoître une
claffe de fels neutres terreux, alkalins & métalliques, dont l'acide carbonique eft un des
principes, & auxquels nous donnerons le nom
générique de carbonates dans cet Ouvrage ;
10°. enfin, elle a ouvert une carrière nouvelle
aux recherches des chimiftes & des phyficiens,
& elle a excité une nouvelle ardeur à laquelle
font dues toutes les belles découvertes faites
depuis cette première époque. Le nom de
Black fera donc à jamais mémorable dans les
faftes de la chimie, & il durera autant que
cette fcience elle-même.

Quant à la production de cet acide par l'étincelle électrique tirée dans l'air vital, il faut obferver que dans les expériences de M. Landria-
ni, le fer qui fervoit de conducteur au fluide
électrique, eft la caufe de ce phénomène en
raifon de la plombagine ou carbure de fer qu'il
contient. La petite quantité d'acide qu'on a obtenu, en eft la preuve la plus forte.

Il eft fans doute plufieurs cas où l'acide carbonique fe décompofe & fe réfout en fes principes, comme les autres acides; c'eft ainfi, par
exemple, que l'eau chargée de cet acide, eft
infiniment plus propre à la production de l'air
vital, par les feuilles expofées aux rayons du
foleil; le tiffu végétal paroît en abforber le
charbon, tandis que la lumière agiffant comme
chaleur, contribue à la féparation de l'oxigène
en air vital. Il eft encore très-remarquable
que certains oxides de fer diftillés à l'appareil
pneumato-chimique, ne donnent que de l'a-
cide carbonique, en paffant à l'état d'éthiops
ou d'oxide noir de fer; cela dépend du charbon ou de la plombagine que contiennent plufieurs efpèces de fer; ce charbon enlève une
partie de l'oxigène du fer avec lequel il forme
l'acide qui fe dégage. Ces faits nouveaux feront
expofés avec plus de détails dans d'autres chapitres de cet Ouvrage.

F f ij

Sorte II. Acide muriatique.

On donne dans les laboratoires le nom d'*acide marin*, ou d'*esprit de sel*, ou d'acide muriatique liquide, à un fluide qui coule comme de l'eau, qui a une saveur assez forte pour corroder nos organes lorsqu'il est concentré, & qui n'imprime sur la langue qu'un sentiment d'aigreur & de flipticité, s'il est étendu de beaucoup d'eau. Ce fluide bien pur doit être absolument sans couleur. Lorsqu'il est rouge ou citronné comme celui du commerce, il doit cette couleur à quelques substances combustibles, & souvent à du fer qui l'altère. C'est du sel marin, ou muriate de soude, qu'on retire cet acide, ainsi que nous le verrons dans l'histoire de ce sel. S'il est fort & concentré, il exhale, quand on l'expose à l'air, une vapeur ou fumée blanche. Il a une odeur vive & pénétrante, qui, très-divisée, ressemble un peu à celle du citron, ou de la pomme de reinette. On le nomme alors acide muriatique fumant. Ces fumées sont d'autant plus abondantes que l'air est plus humide. Si, lorsqu'on débouche un flacon qui contient cet acide, on approche la main de son goulot, on sent une chaleur manifeste, due à la combinaison de l'acide en vapeur avec l'eau atmosphérique.

L'acide muriatique rougit fortement le sirop de violettes, & toutes les couleurs bleues végétales, mais il ne les détruit pas. Cette liqueur, quelque concentrée & quelque fumante qu'elle soit, n'est point l'acide muriatique pur & isolé, mais cet acide uni à beaucoup d'eau. M. Priestley a mis cette vérité hors de doute, en nous apprenant qu'on peut réduire cet acide en gaz, & l'obtenir permanent dans cet état au-dessus du mercure, à la pression & à la température de l'atmosphère. C'est donc de ce gaz que nous devons examiner les propriétés, si nous voulons connoître celles de l'acide muriatique sans mélange, & dans son état de pureté parfaite.

Le gaz acide muriatique s'obtient en chauffant l'acide liquide & fumant dans une cornue dont le bec est reçu sous une cloche pleine de mercure. Ce gaz, beaucoup plus volatil que l'eau, passe dans la cloche; il présente tous les caractères apparens de l'air, mais il est plus pesant que lui; il a une odeur pénétrante; il est si caustique, qu'il enflamme la peau & y cause souvent des démangeaisons vives; il suffoque les animaux; il éteint la flamme des bougies, en l'agrandissant d'abord & en donnant à son disque une couleur verte ou bleuâtre; il est absorbé par les corps spongieux.

La lumière ne paroît pas l'altérer d'une manière fenfible. La chaleur le raréfie & augmente prodigieufement fon élafticité. L'air atmofphérique mêlé fous des cloches avec le gaz acide muriatique, lui fait prendre la forme de fumées ou de vapeurs, & s'échauffe légèrement, ce qui prouve qu'il y a combinaifon. Plus l'air eft humide, plus ces vapeurs font apparentes : auffi ne font-elles pas fenfibles fur les hautes montagnes où l'air eft très-fec, fuivant l'obfervation de M. d'Arcet. C'eft donc à l'eau contenue dans l'atmofphère, que l'on doit attribuer les vapeurs blanches qu'exhale l'acide muriatique en liqueur. Cet acide liquide non plus que fon gaz, n'abforbent pas fenfiblement l'air vital dans fon état élaftique, quoiqu'ils puiffent fe combiner avec l'oxigène par des moyens appropriés, comme nous le ferons voir plus bas. On affure qu'en agitant fortement de l'acide muriatique liquide avec de l'air vital, il y a une portion de ce dernier abforbée.

Le gaz acide muriatique fe combine avec rapidité à l'eau. La glace s'y fond fur-le-champ & l'abforbe avec promptitude. L'eau, en s'uniffant à ce gaz, s'échauffe affez fortement. Saturée, elle fe refroidit & imite parfaitement l'acide liquide d'où on a tiré le gaz par la chaleur ; elle exhale des vapeurs blanches ; elle n'a point de couleur; elle rougit le firop de violettes, &c. Nous verrons par la fuite que c'eft en recevant dans de l'eau pure ce fluide élaftique, & en la faturant, qu'on obtient l'acide muriatique liquide le plus concentré & le plus pur.

Le gaz acide muriatique n'a point d'action fur la terre filicée; il fe combine à l'alumine & forme avec elle le muriate alumineux.

Il s'unit aux fubftances falino-terreufes, avec lefquelles il conftitue les muriates barytique, magnéfien & calcaire.

Sa combinaifon avec la potaffe produit le *fel fébrifuge de Sylvius*, ou le muriate de potaffe; celle avec l'alkali minéral ou la foude, donne naiffance au fel marin, fel commun ou muriate de foude.

Le gaz muriatique mis en contact avec le gaz ammoniac, s'échauffe beaucoup; ces deux fluides élaftiques fe pénètrent; il fe forme furle-champ un nuage blanc; le mercure remonte dans les cloches, & bientôt leurs parois fe trouvent tapiffées de criftaux ramifiés, qui ne font que du fel ammoniac ou muriate ammoniacal. Si les deux gaz font bien purs, ils difparoiffent complètement à mefure qu'ils prennent la forme concrète, & que la chaleur s'en dégage. Cette expérience eft une de celles qui

F f iv

prouvent 1°. que les corps qui paffent de l'état liquide à celui de fluide élaftique, abforbent dans ce paffage une quantité quelconque de matière de la chaleur ou de calorique, car l'acide muriatique ne devient gaz que par l'accès de la chaleur ; 2°. que les fluides élaftiques laiffent échapper en repaffant à la liquidité ou à la folidité, la chaleur qu'ils avoient abforbée. dans leur *aérification* ; 3°. que c'eft à cette chaleur abforbée & combinée qu'eft dû l'état élaftique, & que tous les fluides aériformes font des compofés auxquels la chaleur fixée ou le calorique donne cette forme, comme nous l'avons déjà expofé ailleurs.

L'acide muriatique abforbe l'acide carbonique ; l'action réciproque de ces deux acides, n'a point encore été examinée convenablement. On fait que le premier eft plus fort que le fecond, & qu'il dégage celui-ci de toutes fes bafes pour fe combiner avec elles ; quant à fes différens degrés d'attraction pour les diverfes bafes alkalines, Bergman les indique dans l'ordre fuivant : la baryte, la potaffe, la foude, la chaux, la magnéfie, l'ammoniaque & l'alumine.

On ne connoît pas la nature intime de l'acide muriatique, & les principes qui entrent dans fa compofition. Beccher penfoit qu'il étoit formé d'acide fulfurique uni à la terre *mercurielle*, parce qu'il avoit obfervé que cet acide avoit beaucoup d'affinité & fe combinoit très-bien avec tous les corps dans lefquels il admettoit ce principe, tels que l'arfenic, le mercure, &c. Stahl n'a point éclairci l'opinion de Beccher fur cet acide. Parmi toutes les expériences ingénieufes des modernes, il n'en eft encore aucune qui puiffe jetter quelque jour fur les principes qui conftituent l'acide muriatique. Comme on ne connoît point fa bafe acidifiable, on ne fait point s'il a deux états relativement à la faturation de cette bafe par l'oxigène : le premier où la bafe feroit faturée & où cet acide feroit le plus fort ; le fecond où il n'y auroit pas la même quantité d'oxigène, & où l'acide feroit plus foible, comme nous l'avons obfervé pour les acides fulfurique & fulfureux, nitrique & nitreux. On n'a même point encore démontré la préfence de l'oxigène dans l'acide muriatique, & ce n'eft que la force de l'analogie qui porte à l'admettre dans cet acide.

Schéele eft le feul chimifte qui ait fait en 1774 une découverte importante fur les différens états dans lefquels exifte cet acide. Ce favant ayant diftillé de l'acide muriatique fur de l'oxide de manganèfe, obtint cet acide fous la forme d'un gaz jaunâtre, d'une odeur très-

piquante, d'une grande expansibilité, & diffolvant facilement tous les métaux, fans en excepter le mercure & l'or. Il crut que dans cette
opération, la manganèfe qu'il regardoit comme
très-avide du phlogiftique, s'emparoit de celui
de l'acide muriatique ; auffi appela-t-il ce dernier *acide marin déphlogiftiqué*, & penfa-t-il
qu'il diffolvoit l'or en raifon de fon avidité pour
s'unir au phlogiftique ; cependant aucune expérience pofitive ne démontroit la préfence du
principe inflammable dans cet acide, & j'avois
foupçonné en 1780, que c'étoit la bafe de l'air
vital contenue dans la manganèfe, qui s'uniffoit
à l'acide muriatique, comme on peut le voir
dans la première édition de mes Elémens, aux
articles Eau régale, Manganèfe, &c. M. Berthollet mon confrère, a changé cette affertion
en une vérité démontrée par des expériences
auffi exactes qu'ingénieufes.

L'acide muriatique diftillé fur l'oxide de manganèfe, lui a donné des vapeurs jaunes fans le
fecours du feu : en chauffant la cornue & en
recevant ces vapeurs dans des flacons pleins
d'eau & plongés dans la glace, elles ne s'y diffolvent que très-peu, & l'eau en eft bientôt
faturée ; alors le gaz qui eft excédent à la faturation de l'eau, prend une forme concrète &
tombe en criftaux au fond de la liqueur. Ce

fel fe fond & s'élève en bulles élaſtiques à la plus légère chaleur.

L'acide muriatique oxigéné en liqueur ou diſſous dans l'eau, a, ſuivant M. Berthollet, une ſaveur auſtère ſans être acide ; il blanchit & détruit les couleurs végétales ſans les faire paſſer au rouge ; il ne chaſſe point l'acide carbonique de ſes baſes, & il ne ſait point efferveſcence avec les ſubſtances alkalines chargées de cet acide ; enfin il n'a point les propriétés des acides. Si on le chauffe avec de la chaux vive, il fait efferveſcence ; il ſe dégage de l'air vital, & le réſidu eſt à l'état de muriate calcaire, ce qui dépend du dégagement en gaz de l'oxigène qui ſaturoit l'acide. L'acide muriatique oxigéné produit une efferveſcence dans ſa combinaiſon avec l'ammoniaque pure ; mais le réſultat de cette combinaiſon eſt, d'un côté de l'eau, de l'autre du gaz azotique. Dans cette expérience l'acide muriatique oxigéné & l'ammoniaque ſont tous deux décompoſés ; l'hydrogène, qui eſt un des principes de l'ammoniaque, s'unit à l'oxigène de l'acide muriatique qui en eſt ſurchargé, & forme de l'eau ; tandis que l'azote, ſecond principe de l'ammoniaque, s'unit au calorique, ſe ſépare ſous forme élaſtique, & produit le mouvement d'efferveſcence qu'on obſerve dans cette expérience. Enfin l'acide muriatique

oxigéné change les métaux en oxides & les diffout fans effervefcence ; il paffe à l'état d'acide
muriatique ordinaire , en détruifant les couleurs
végétales. Toutes ces expériences prouvent que
l'acide muriatique déphlogiftiqué de Schéele ,
eft une combinaifon de cet acide pur avec la
bafe de l'air vital ou l'oxigène, & qu'il mérite
le nom d'acide muriatique aéré ou oxigéné ,
comme je l'avois indiqué dans ma première
édition. M. Berthollet n'a pas encore déterminé
la quantité d'oxigène qu'abforbe l'acide muriatique pour acquérir les propriétés nouvelles qui
ont été expofées (1). Il vient de découvrir
(mars 1787) que le gaz muriatique oxigéné ,
reçu dans une leffive de potaffe cauftique,
forme un fel neutre criftallifable , qui détonne
fur les charbons comme le nitre & même mieux,
qui donne de l'air vital ou gaz oxigène très-
pur par l'action du feu, & qui laiffe après ces
deux effais du muriate de potaffe. Ces expériences prouvent de plus en plus la théorie que
j'ai le premier expofée, il y a fept ans, fur la
nature de l'acide muriatique oxigéné ; puifque
c'eft manifeftement à la préfence de l'oxigène fur-
abondant qu'eft due cette détonation du muriate

----

(1) Voyez *Journ. de Phyf.* tome *XXVI*, *pag.* 321 ,
Mai 1785.

oxigéné de potaſſe. La ſoude ne forme avec l'acide muriatique oxigéné, qu'un ſel déliqueſcent.

On emploie l'acide muriatique dans quelques arts, & ſur-tout dans la Docimaſie humide (1). En médecine on l'adminiſtre très-étendu d'eau, comme diurétique, anti ſeptique & rafraîchiſſant; il fait la baſe du remède du Prieur de Chabrières, pour les deſcentes. On s'en ſert à l'extérieur pour faire naître des eſchares & détruire les parties altérées, dans le mal de gorge gangreneux, les aphtes de même nature, &c. Mêlé à une certaine quantité d'eau, il conſtitue les bains de pieds employés comme un ſecret par quelques perſonnes, pour rappeler la goutte dans les parties inférieures.

Quant à l'acide muriatique oxigéné, il eſt connu depuis trop peu de tems pour qu'on en faſſe encore beaucoup d'uſage. M. Berthollet penſe qu'il pourra être employé avec ſuccès, pour découvrir dans quelques inſtans ou dans quelques heures, les effets que l'air produit à la longue ſur les étoffes colorées, & pour en faire reconnoître la fixité ou l'altérabilité. Il l'a propoſé nouvellement pour blanchir les toiles, les fils écrus; & les premiers eſſais faits aſſez

____

(1) *Vide* Bergman, *vol. II. Opuſc. de Docimaſiâ humidâ, &c.*

en grand à Paris, promettent un fuccès heureux. On pourra auffi l'employer pour blanchir
promptement la cire jaune, & fur tout la cire
verte de nos îles.

Sorte III. Acide fluorique.

L'acide fluorique, découvert par Schéele, a
reçu ce nom parce qu'on le retire d'une efpèce
de fel neutre terreux, que nous connoîtrons
par la fuite fous le nom de fpath fluor.

Cet acide pur eft fous forme de gaz, & nous
devons en examiner les propriétés dans cet état.
Le gaz acide fluorique eft plus pefant que l'air.
Il éteint les bougies & tue les animaux. Il a une
odeur pénétrante qui approche de celle du gaz
acide muriatique, mais qui eft un peu plus
active. Il eft d'une telle caufticité qu'il ronge la
peau, pour peu qu'elle foit expofée quelque
tems à fon contact. Il n'eft pas altéré fenfiblement par la lumière; la chaleur le dilate fans
en changer la nature.

L'air atmofphérique trouble fa tranfparence
& le change en une vapeur blanche, en raifon
de l'eau qu'il contient; ce phénomène eft femblable à celui que préfente l'acide muriatique;
mais la fumée qui fe forme avec le gaz fluorique, eft plus épaiffe.

Le gaz acide fluorique s'unit à l'eau avec chaleur & rapidité ; lorsqu'il a été extrait dans des vaisseaux de verre, il présente un phénomène particulier dans cette union, c'est la précipitation d'une terre blanche très-fine, & qu'on a reconnue pour de la terre silicée. Il semble donc que cet acide ne soit rien moins que pur dans l'état de fluide élastique. Il n'a donc de pureté, qu'autant que la terre qu'il enlève dans sa volatilisation en a été séparée par l'eau. Ce gaz dissous dans ce fluide, forme l'esprit acide fluorique liquide, dont l'odeur & la causticité sont très-fortes, lorsque l'eau en est saturée. Cet acide liquide rougit fortement le sirop de violettes. Il a la singulière propriété de dissoudre la terre silicée, suivant Schéele & Bergman. Quoique dans son union avec l'eau, le gaz acide fluorique dépose une grande quantité de terre silicée, il en retient encore une portion assez considérable que les alkalis en précipitent.

M. Priestley s'est apperçu que le gaz acide fluorique corrodoit le verre & le perçoit, & il étoit obligé de prendre pour ses expériences des bouteilles de verre très-épais. Macquer pensoit que cet acide ne produisoit cet effet que dans son état de gaz, & qu'en liqueur ou dissous dans l'eau il n'attaquoit plus le verre. Cette opinion étoit fondée sur ce que l'eau précipite la terre filicée tenue en diffolution par le gaz fluorique : mais comme l'eau ne la fépare pas entièrement, on voit que l'acide fluorique liquide peut agir fur la terre du verre & fur les pierres filiceufes.

On peut décompofer l'acide fluorique liquide, comme on fait l'efprit de fel, en le chauffant dans une cornue dont le bec eft reçu fous une cloche pleine de mercure. On obtient du gaz acide fluorique, & l'eau refte pure.

Les deux chimiftes françois qui, fous le nom de M. Boullanger, ont publié en 1773, une fuite d'expériences fur le fpath vitreux ou fluor fpathique, penfent que l'acide de ce fpath n'eft que de l'acide muriatique, combiné avec la matière terreufe que l'eau feule eft capable d'en féparer ; mais Schéele a répondu victorieufement à cette opinion, & le regarde comme un acide particulier & très diftingué par les diver-fes combinaifons auxquelles il donne naiffance. Cette dernière opinion eft reçue aujourd'hui du plus grand nombre des chimiftes.

L'acide fluorique eft le feul acide minéral qui puiffe diffoudre la terre filicée. Bergman & Schéele avoient penfé en 1779, que cette terre pourroit bien être un compofé d'acide fluorique & d'eau, parce que cet acide en état de gaz, en dépofe une quantité notable, quand il eft

en

en contact avec l'eau ; mais il est prouvé par l'expérience de M. Meyer, que la terre précipitée dans cette expérience, vient des vaisseaux de verre dont une partie a été dissoute par l'acide. Ce chimiste a pris trois vases cylindriques d'étain ; il a mis dans chacun une once de *spath vitreux*, & trois onces d'acide sulfurique, qui ayant plus d'affinité avec la chaux que n'en a l'acide fluorique, est employé avec succès pour obtenir celui-ci ; il a ajouté à l'un de ces mélanges, une once de quartz pulvérisé, au second une once de verre en poudre, & il a laissé le troisième pur & sans addition ; il a suspendu dans chacun des cylindres une éponge mouillée, & il a exposé les vases fermés à une température moyenne. Une demi-heure après il a trouvé une poussière silicée déposée sur l'éponge du mélange qui contenoit le verre ; douze heures après, celui où étoit le quartz, présenta également un enduit terreux sur son éponge ; & celle du mélange sans quartz & sans verre, n'offrit aucune apparence de dépôt, même au bout de plusieurs jours. Bergman a envoyé le détail de cette expérience à M. de Morveau, en lui annonçant qu'il renonçoit à son opinion sur la formation de la terre silicée par l'union de la vapeur acide fluorique & de l'eau. Cette précipitation est donc due à la terre du verre disfoute par le gâz acide fluorique. Cet acide n'eft donc pur qu'après avoir été précipité par l'eau & les alkalis.

Le gâz & l'acide fluorique liquide s'unit à l'alumine, & forme avec cette terre un fel neutre douceâtre, *le fluate alumineux* (1), qui prend facilement la confiftance d'une gelée épaiffe.

Il fe combine avec la baryte; le fel qui réfulte de cette combinaifon, & que nous nommerons *fluate barytique*, eft pulvérulent.

L'acide fluorique forme avec la magnéfie un fel criftallifable, *le fluate magnéfien.*

Il précipite l'eau de chaux, & reforme fur-le-champ le fluate calcaire.

Il fe combine auffi avec la potaffe, & conftitue le *fluate de potaffe*; avec la foude, & donne naiffance au *fluate de foude*; enfin avec l'ammoniaque, & il forme dans cette combinaifon le fél que nous nommons *fluate ammoniacal.*

L'expofé fuccinct de ces combinaifons falines, démontre que l'acide fluorique eft diffé-

---

(1) D'après la nomenclature méthodique que nous avons propofée, il faudroit ici le mot *fluorate*; mais nous l'abrégeons, comme nous ferons pour l'acide fulfurique, dont les combinaifons neutres porteront le nom de *fulfates*, au lieu de celui de *fulfurates.*

rent de l'acide muriatique ; ses affinités avec les bases diverses ajouteront encore à ces preuves. Bergman observe que l'acide fluorique uni à la potasse, en est séparé par l'eau de chaux qui précipite la dissolution de ce sel ; il en est de même de la dissolution de fluate barytique qui est troublée par la chaux ; ce savant présente les attractions électives de cet acide dans l'ordre suivant : la chaux, la baryte, la magnésie, la potasse, la soude, l'ammoniaque ; mais il convient qu'il faudra plus d'expériences qu'on n'en a encore faites pour les déterminer avec beaucoup d'exactitude.

L'acide fluorique n'a été jusqu'actuellement employé à aucun usage ; mais sa propriété de dissoudre la terre silicée, le rendra vraisemblablement très-utile par la suite dans les opérations chimiques, lorsqu'on aura trouvé des procédés propres à l'obtenir plus commodément qu'on ne l'a fait jusqu'ici.

Sorte IV. ACIDE NITRIQUE.

Ce qu'on nomme *esprit de nitre* dans les laboratoires, est la combinaison de l'acide avec l'eau. Cet acide liquide bien pur est blanc ; mais pour peu qu'il soit altéré, il devient jaune ou rouge, & il exhale une vapeur abondante de la même couleur. Il eſt d'une telle cauſticité, qu'il brûle & déſorganiſe ſur-le-champ la peau & les muſcles. Il rougit le ſirop de violettes & en détruit entièrement la couleur.

Expoſé aux rayons du ſoleil, il prend, ſuivant Schéele, plus de couleur & de volatilité, ce qui indique une action de la part de la lumière ; cette coloration eſt accompagnée de dégagement d'air vital.

La chaleur volatiliſe l'acide du nitre, & ſépare ſous forme de vapeurs rouges la partie colorée de cet acide.

Lorſqu'il eſt rouge, il s'unit avec violence à l'eau, qui prend une couleur verte & bleue ; il s'échauffe beaucoup dans cette combinaiſon. Lorſqu'il eſt uni à une grande quantité de ce fluide, il conſtitue l'*eau-forte*.

Les acides blanc & rouge du nitre étoient regardés autrefois comme un ſeul acide, ne différant que par la concentration ; celui qui avoit le plus de couleur, paſſoit pour être le plus concentré ; mais aujourd'hui on a plus de lumières ſur la nature de cette ſubſtance ſaline, & l'on ſait qu'elle peut être dans deux états différens en général. Dans l'un l'acide du nitre eſt ſans couleur, plus peſant, moins volatil, & il n'exhale qu'une fumée blanche ; dans l'autre il eſt coloré depuis le jaune juſqu'au rouge brun; il eſt plus léger, plus volatil, & laiſſe échapper continuellement des vapeurs rouges, plus ou moins abondantes, ſuivant la température à laquelle il eſt expoſé; Bergman diſtingue ces deux états de l'acide du nitre, par les noms de *déphlogiſtiqué* pour le premier, & de *phlogiſtiqué* pour le ſecond; nous nommons le blanc *acide nitrique*, & celui qui eſt coloré *acide nitreux*. Nous verrons plus bas quelle eſt la cauſe de ces différences; il nous ſuffit de faire obſerver ici que ſi l'on ſoumet à la diſtillation dans une cornue de verre de l'acide nitreux coloré & fumant, la portion rouge paſſe la première en vapeurs, & l'acide qui reſte dans la cornue devient blanc & ſans couleur; plus l'eſprit de nitre que l'on diſtille eſt foncé en couleur, plus on obtient de vapeurs, & moins il reſte d'acide blanc dans la cornue; & au contraire, ſi l'on chauffe dans ce vaiſſeau un acide nitreux d'un rouge clair, on n'a que très-peu de vapeur & beaucoup d'acide blanc. Cette expérience prouve que l'acide rouge eſt plus volatil que celui qui eſt blanc; & que comme tout eſprit de nitre coloré eſt un compoſé de ces deux acides, on peut les obtenir ſéparés par une diſtillation bien conduite. Dans cette opération il ſe dégage toujours une certaine quantité d'air vital, que l'on peut recueillir en adaptant au ballon un appareil pneumato-chimique. Il faut remarquer que la chaleur rouge des vaisseaux sépare de l'acide nitrique le plus blanc quelques vapeurs rouges , & change la couleur de cet acide , qui devient rutilant ; mais ce changement produit par la chaleur disparoît lorsque l'acide se refroidit , & la vapeur qui s'en est élevée se redissout dans la liqueur. Il arrive la même chose , quand on unit l'acide nitreux très-coloré à l'eau ; il se dégage une vapeur rouge dans l'atmosphère ; la chaleur qui a lieu pour lors colore cet acide déja affoibli, de nitreux qu'il étoit elle le rend tout-à-fait nitrique. Lorsque la chaleur aidée de la lumière produit ce changement sur l'acide nitrique , il se dégage une certaine quantité d'air vital ou gaz oxigène , proportionnée à celle du gaz nitreux qui se forme. C'est en raison de l'attraction qui existe entre la lumière , le calorique & l'oxigène , que cette décomposition de l'acide nitrique , & son changement en acide nitreux , ont lieu. Cet effet de la chaleur rouge de nos vaisseaux , imite celui des rayons du soleil.

L'acide nitrique n'a point d'action sur la terre silicée ; il s'unit à l'alumine , à la baryte , à la magnésie , à la chaux , & aux trois alkalis avec lesquels il forme les nitrates alumineux , barytique , magnésien , calcaire , de potasse , de foude & ammoniacal. Tous ces fels feront examinés plus bas. Les fels formés par l'union des mêmes bafes avec l'acide nitreux, font un peu différens des précédens, & porteront dans notre Nomenclature méthodique, le nom de *nitrites*.

L'acide nitrique s'unit avec l'acide carbonique qu'il abforbe en grande partie ; on ne connoît pas bien l'action réciproque de ces deux corps.

L'acide nitrique fe combine très-rapidement avec l'acide muriatique ; les alchimiftes ont donné le nom d'*Eau Régale* à ce compofé, que nous appellerons dorénavant acide nitro-muriatique, parce qu'ils l'ont employé pour diffoudre l'or, le roi des métaux. Il a dû de tout tems paroître fingulier que deux acides, dont chacun en particulier n'a aucune action fur l'or, deviennent capables de le diffoudre quand ils font réunis. Les alchimiftes, contens d'avoir trouvé un diffolvant de ce précieux métal, ne fe font pas inquiétés de la caufe de ce phénomène. Ce n'eft que depuis quelques années que deux chimiftes fuédois, Schéele & Bergman, ont cherché à connoître les altérations que les acides nitrique & muriatique éprouvent dans leur union. Schéele a vu, comme nous l'avons déjà obfervé, qu'en diftillant de l'acide muriatique fur

de la chaux ou oxide de manganèſe, cet acide répandoit une vapeur jaunâtre de la même
odeur que celle de l'*eau régale* ; qu'il détruiſoit
les couleurs bleues végétales, qu'il avoit une
action très-forte ſur les métaux, & notamment
ſur l'or qu'il diſſolvoit comme l'acide nitro-
muriatique. Il croit que ces nouvelles propriétés lui viennent de ce qu'il a été privé de ſon
phlogiſtique par l'oxide de manganèſe, &
qu'en conſéquence il a une très-forte tendance
à reprendre ce principe par-tout où il le trouve,
ce qui fait qu'il a une action vive ſur les matières combuſtibles. Il l'a appelé, d'après cela,
acide marin déphlogiſtiqué ; nous obſervons d'a-
bord que cette explication eſt entièrement contraire à la théorie de Stahl, que Schéele ſemble adopter & étendre, puiſque l'acide muriatique, en perdant ſon phlogiſtique, acquiert de
nouvelles propriétés que ce ſavant attribuoit à
la préſence de ce principe, telles que la volatilité, l'odeur forte, l'action ſur les matières
inflammables. Nous croyons d'ailleurs que tous
ces phénomènes peuvent être expliqués avec
plus de vraiſemblance par la nouvelle théorie,
ainſi que nous allons le démontrer tout-à-
l'heure.

Bergman penſe que l'acide nitrique s'empare
du phlogiſtique de l'acide muriatique, & ſe

diffipe en partie en vapeur, & que ce dernier eft dans le même état que lorfqu'il a été diftillé fur de l'oxide de manganèfe. Ainfi, l'acide nitro-muriatique ne diffout l'or qu'en raifon de *l'acide marin déphlogiftiqué* qu'il contient ; c'eft pour cela que cet acide mixte n'eft fouvent que de l'acide marin. Telle eft l'opinion du célèbre chimifte d'Upfal. Voici maintenant celle qui me paroît être d'accord avec les faits. Lorfqu'on verfe de l'acide nitrique fur de l'acide muriatique, ces deux liqueurs s'échauffent, fe colorent ; il fe produit une effervefcence & il s'exhale une odeur mixte moins pénétrante que celle de l'acide muriatique, mais tout-à-fait particulière & femblable à celle de cet acide diftillé fur l'oxide de manganèfe. Auffi M. Berthollet a-t-il découvert qu'il fe dégage du gaz muriatique oxigéné pendant cette action rapide. L'acide muriatique enlève donc à l'acide nitrique une partie de l'oxigène qu'il contient, & fe diffipe en gaz muriatique oxigéné ; il refte une portion de cet acide furchargé d'oxigène & de gaz nitreux ; c'eft ce mélange qui conftitue *l'eau régale*. On conçoit d'après cela pourquoi il ne faut que très-peu d'acide nitrique, pour donner à l'acide muriatique le caractère d'eau régale, & pourquoi le nitro-muriate d'or né fournit que de l'acide muriatique à la diftillation, ainfi

que cela a lieu pour l'acide nitro-muriatique
feul. Mais il faut obferver que, comme on
prend fouvent beaucoup plus d'acide nitrique
qu'il n'en faut pour furcharger l'acide muriatique d'oxigène, l'acide nitro-muriatique qui en
réfulte contient ces deux acides qui agiffent
chacun à leur manière, & font des fels particuliers avec tous les corps qu'on expofe à leur
action. Il feroit donc important de déterminer
combien il faut d'acide nitrique pour faturer
d'oxigène une quantité donnée d'acide muriatique, & pour faire paffer cet acide à l'état
d'acide nitro-muriatique, fans qu'il contînt une
portion d'eau forte, qui ne fait que l'altérer &
rendre fon action incertaine. D'après cela, il
eft néceffaire d'indiquer dans les recherches
exactes de chimie, la quantité refpective des
acides dont eft compofée l'*eau régale* que l'on
emploie.

Cet acide mixte a moins de pefanteur fpécifique que les deux acides qui le conflituent.
Son odeur eft particulière; fa couleur eft ordinairement citronée, & tire fouvent fur l'orangé;
fon action fur les différens corps naturels le
diflingue de tous les autres acides. La lumière
en dégage du gaz oxigène ou air vital. La chaleur en fépare l'acide muriatique oxigéné. L'*eau
régale* fe combine à l'eau dans toutes les pro-

portions, & s'échauffe avec ce fluide. Elle ne
diffout que peu-à-peu l'alumine ; elle s'unit à
la baryte, à la magnéfie, à la chaux & aux
différens alkalis, & il réfulte de ces combinaifons des fels mixtes, qui tantôt criftallifent
enfemble lorfqu'ils font également diffolubles,
ou bien criftallifent féparément, fuivant l'ordre
de leur diffolubilité. On fait un grand ufage de
l'*eau régale* en chimie & dans l'art des effais,
comme nous l'expoferons fort en détail à l'article des fubftances métalliques.

La nature intime & la compofition de l'acide
nitrique, ont beaucoup occupé les chimiftes
depuis les découvertes de M. Prieftley. On a
commencé par démontrer que l'opinion de ceux
qui croyoient la formation de cet acide due à
l'acide fulfurique, & qui le regardoient comme
une modification de ce dernier, n'étoit fondée
que fur des expériences illufoires ; on s'eft bientôt apperçu qu'il avoit fes principes particuliers,
& voici comment on eft parvenu à en déterminer la nature.

On avoit obfervé depuis long-tems que l'a-
cide nitrique agiffoit d'une manière très - vive
fur les corps combuftibles, & fpécialement fur
les métaux ; il exhale alors dans l'atmofphère
une grande quantité de vapeurs rouges, & fouvent il fe diffipe en entier fous cette forme.

Le corps combustible exposé à son action, se trouve bientôt réduit à l'état d'un corps brûlé ou oxidé ; souvent même il enflamme subitement les corps combustibles , tels que les huiles, le charbon, le soufre, le phosphore & quelques métaux. Stahl attribuoit cet effet à la rapidité avec laquelle l'acide se combinoit au *phlogistique* des corps combustibles; mais cette théorie ne suffisoit point pour l'explication de ce phénomène.

M. Priestley, en recevant sous une cloche pleine d'eau la vapeur qui se dégage pendant l'action de l'acide nitrique sur le fer, s'est apperçu qu'au lieu d'un fluide vaporeux rouge , on obtient un gaz transparent & sans couleur, comme l'air, qu'il a désigné sous le nom de gaz nitreux.

Ce gaz a tous les caractères extérieurs de l'air; mais il en diffère par un grand nombre de propriétés chimiques. Il a une pesanteur un peu moindre; il ne peut servir ni à la combustion, ni à la respiration ; il est fortement antiseptique , il n'a point de saveur sensible, il n'altère qu'à la longue la couleur du sirop de violettes. Le gaz nitreux n'est pas manifestement altéré ou au moins d'une manière connue par la lumière. La chaleur le dilate; l'air vital s'y combine avec promptitude, & le met dans l'état d'acide nitreux; l'air atmosphérique produit

le même effet, mais avec moins d'intensité.
Cette combinaison présente plusieurs phénomènes importans. Dès que l'air est en contact avec
le gaz nitreux, ces deux fluides, qui n'ont aucune couleur, deviennent rouges & semblables
à l'acide nitreux ; il s'excite une chaleur assez
vive ; l'eau remonte dans le récipient & absorbe
toutes les vapeurs rouges qui lui donnent les
caractères de l'eau-forte. Plus l'air est pur, plus
ces phénomènes sont rapides & marqués, &
moins il en faut pour changer une quantité
donnée de gaz nitreux en acide nitreux. M. Lavoisier a trouvé qu'il falloit seize parties d'air
atmosphérique, pour saturer sept parties & un
tiers de gaz nitreux, tandis que quatre parties
d'air vital suffisent pour saturer complètement
la même quantité de ce gaz. Ce beau phénomène ressemble parfaitement à une combustion,
comme l'a pensé Macquer. En effet, il est ac-
compagné de chaleur, d'absorption d'air, de
production d'une matière saline ; & l'on peut
regarder la couleur rouge foncée qui se produit alors, comme une espèce de flamme.

Comme dans cette recomposition artificielle
de l'acide nitreux, l'air produit différens effets
suivant sa pureté, M. Priestley a pensé que le
gaz nitreux pourroit servir de pierre de touche
pour connoître la quantité d'air vital que con-

tient un air quelconque, en prenant pour les deux termes celui de l'air le plus impur ou d'un gaz non respirable, tel que l'acide carbonique qui ne change en aucune manière le gaz nitreux, & celui de l'air vital qui l'altère le plus. Cette épreuve consiste à employer des quantités connues & proportionnelles de ces deux gaz, & à observer celles qui sont nécessaires pour leur saturation complète & réciproque. Moins il faut d'air pour saturer le gaz nitreux, & plus cet air est pur; plus au contraire on est obligé d'en employer, & moins il a de pureté.

Plusieurs physiciens ont cherché les moyens de porter dans cette expérience la précision la plus rigoureuse. M. l'abbé Fontana est celui de tous qui a le plus avancé ce travail; il a imaginé un *Eudiomètre*, dont on trouve une exacte description dans les recherches sur les végétaux de M. Ingen-Housz. On peut avec cet instrument apprécier presqu'à l'infini les degrés de pureté ou d'impureté de l'air qu'on examine; mais son usage demande un exercice & une attention qui le rendent nécessairement difficile & susceptible d'erreurs, comme l'auteur lui-même l'a fait observer.

Il est encore important de remarquer que ces expériences, ingénieuses & utiles en elles-mêmes, n'ont pas à beaucoup près l'avantage qu'on s'en étoit promis pour la santé des hommes, & pour la partie de la médecine qui s'occupe de leur conservation. Elles n'indiquent jamais que la quantité d'air respirable contenue dans celui qu'on examine ; mais elles n'apprennent rien sur les qualités nuisibles de ce fluide, relatives aux autres fonctions de la respiration ; telles que son action sur l'estomac, sur la peau & en particulier sur les nerfs, effets qui ne peuvent être connus que par l'observation des médecins, & qui cependant se rencontrent dans presque toutes les altérations de l'air.

Les chimistes ont été plusieurs années partagés sur la cause de la production de l'acide nitreux, par le mélange du gaz nitreux & de l'air vital. M. Priestley, auquel est due cette découverte, pense que le gaz nitreux n'est que de l'acide nitreux surchargé de phlogistique, & que l'air pur ayant plus d'affinité avec ce dernier corps que n'en a l'acide, s'en empare & laisse l'acide nitreux libre ; mais cette théorie est bien loin d'expliquer entièrement ce phénomène, puisque le résidu de la combinaison du gaz nitreux avec l'air vital, n'est absolument rien lorsque l'expérience est faite avec des fluides élastiques bien purs, & puisque l'acide nitreux formé dans cette opération pèse beaucoup plus que le gaz nitreux employé.

M. Lavoisier a pensé que cette propriété du gaz nitreux de reformer l'acide nitreux avec de l'air pur, étoit capable de lui faire connoître la composition de cet acide. Ayant combiné deux onces d'un esprit de nitre dont la force lui étoit connue, avec une quantité donnée de mercure, il a retiré de cette combinaison cent quatre-vingt-seize pouces de gaz nitreux, & deux cens quarante-six pouces d'air vital. Pendant le dégagement du premier gaz, le mercure changea de forme; il reprit ensuite son état métallique, sans avoir éprouvé aucun déchet, lorsque l'air vital en eut été dégagé; il conclut de cette expérience, faite avec beaucoup d'exactitude, 1°. que le mercure n'a éprouvé aucune perte dans l'opération, & que ce n'est point à ce métal qu'il faut attribuer les fluides élastiques qu'on a obtenus; 2°. qu'il n'y a que l'acide nitreux qui a pu les fournir en se décomposant; 3°. que l'acide nitreux qu'il a employé, & dont le poids étoit à celui de l'eau distillée, comme 131607 est à 100000, paroît être formé de trois principes, le gaz nitreux, l'air vital & l'eau, dans les proportions suivantes par livre; gaz nitreux, 1 once 51 grains $\frac{1}{4}$; air vital, 1 once 7 gros 2 grains $\frac{1}{2}$; eau, 13 onces 18 grains; 4°. que le gaz nitreux est de l'acide nitreux moins l'air vital ou l'oxigène; 5°. que dans toutes les opé-

rations

rations où l'on obtient du gaz nitrique, l'acide nitrique eſt décompoſé, & ſon oxigène abſorbé par le corps combuſtible avec lequel il a plus d'affinité qu'avec le gaz nitreux.

Cependant il y a toujours une difficulté dans cette opinion ; c'eſt que M. Lavoiſier n'a pas pu recompoſer tout l'acide employé, & qu'il en a perdu au moins la moitié ; qu'il y avoit beaucoup plus d'air pur qu'il n'en auroit fallu pour ſaturer le gaz nitreux obtenu. Il avoue qu'il ignore à quoi tient cette circonſtance. Macquer croit que cela dépend de la perte du phlogiſtique ou de la lumière qu'il regarde comme un des principes de l'acide nitrique, & qui, ſe diſſipant par les pores des vaiſſeaux pendant ſa décompoſition, laiſſe une partie de ſon air pur qui ne peut pas ſe diſſiper de la même manière ; on verra tout-à-l'heure que ce n'eſt point là la vraie cauſe de ce phénomène.

La portion de gaz réſidu après le mélange de l'air vital & du gaz nitreux, formoit encore une objection contre la théorie de M. Lavoiſier ; & quoique ce réſidu n'eût été que très-peu de choſe dans ſon expérience, puiſque ſept parties & un tiers de gaz nitreux, avec quatre parties d'air vital, n'en avoient donné qu'un trente-quatrième de leur volume total, il étoit embarraffant d'en trouver la raifon. Il eft vrai que M. Lavoifier a affuré depuis, que l'on avoit encore beaucoup moins de réfidu en employant des matériaux très-purs & dans des proportions très-exactes. Enfin on verra dans un inftant, qu'on peut parvenir à faire une combinaifon d'air vital & de gaz nitreux affez purs, pour qu'il n'y ait point de réfidu.

La même difficulté n'exifte point pour la connoiffance du réfidu aériforme que l'on obtient après la combinaifon de feize parties d'air atmofphérique, & de fept parties & un tiers de gaz nitreux ; on fait que ce fluide élaftique eft de la mofète atmofphérique, ou du gaz azotique. On conçoit auffi comment le contact de l'eau peut altérer à la longue le gaz nitreux, & le changer en acide en raifon de l'air qu'elle contient.

Mais dans la théorie de M. Lavoifier, il reftoit à rechercher quelle eft la nature du gaz nitreux, & ce point a été éclairci par une belle expérience de M. Cavendish. Ce chimifte ayant introduit dans un tube de verre fept parties d'air vital obtenu fans acide nitrique, & trois parties de gaz azotique ou mofète atmofphérique, & ayant excité l'étincelle électrique dans ce mêlange, s'apperçut qu'il diminuoit beaucoup de volume, & parvint à le changer en acide ni-

trique ; il pense donc que cet acide est une combinaison de sept parties d'air vital, & de trois
parties de gaz azotique, & que lorsqu'on lui
enlève quelques portions du premier de ces
principes, comme cela a lieu dans la dissolution
des métaux, &c. il passe à l'état de gaz nitreux ;
ce dernier n'est conséquemment dans cette opinion, qu'une combinaison de gaz azotique, avec
moins d'air vital qu'il n'en faut pour constituer
l'acide nitreux, & il ne s'agit que d'ajouter de
l'air vital au gaz nitreux, pour lui donner le
caractère d'acide. Ces expériences & leur ingénieuse théorie jettent un grand jour sur la formation de l'acide nitrique par la putréfaction des
matières animales ; on sait qu'il se dégage de
ces matières qui se pourrissent une grande quantité de gaz azotique, & la nécessité du contact
de l'air pour la production de cet acide se conçoit aisément, lorsque l'expérience prouve qu'il
est formé par la combinaison & la fixation de
ces deux fluides élastiques.

Il est facile d'apprécier aussi la différence qui
existe entre l'acide du nitre blanc & pur, &
celui qui est coloré, fumant, & que les chimistes du Nord appellent *phlogistiqué* ; ou entre les acides nitrique & nitreux. Ce dernier
existe toutes les fois que la proportion de ses
deux principes n'est pas celle qui constitue

l'acide nitrique pur , c'eſt-à-dire , lorſqu'il n'y a plus une combinaiſon de trois parties d'azote & de ſept d'oxigène ; mais comme une foule de circonſtances , & tous les procédés phlogiſtiquans en général , peuvent diminuer la proportion de l'oxigène en en abſorbant des quantités très-variées , il eſt aiſé de concevoir , 1°. que cet acide eſt très-altérable , & doit ſouvent être plus ou moins coloré & fumant ; 2°. qu'en raiſon de la quantité d'oxigène qui lui aura été enlevé , il pourra être dans beaucoup d'états différens depuis le plus pur & qui contient le plus de ce principe, juſqu'au gaz nitreux qui n'en contient plus aſſez pour être véritablement acide ; 3°. que ſi l'on prive le gaz nitreux de la portion d'oxigène qu'il contient encore , on le réduira à l'état de gaz azotique ou de mofète ; 4°. que l'adhérence entre l'oxigène & l'azote étant très-peu conſidérable , & la plupart des corps combuſtibles ayant plus d'affinité avec le premier que n'en a l'azote , l'acide nitrique doit être décompoſé avec beaucoup de facilité & par un grand nombre de corps. Ces quatre propriétés remarquables de l'acide du nitre ſervent à l'explication d'un grand nombre de phénomènes. 1°. On conçoit que dans cet acide le gaz azotique & l'air vital y ſont privés de beaucoup de calorique ; qu'ainſi ils y sont dans l'état d'azote & d'oxigène ; 2°. que lorsqu'on le décompose par un corps combustible, le gaz nitreux qui se dégage n'a pas besoin d'autant de calorique pour être sous forme élastique, que l'air vital & le gaz azotique ; 3°. que ces deux fluides élastiques ne peuvent pas se combiner dans leur état gazeux ; 4°. qu'en conséquence l'air vital qu'on obtient des préparations nitreuses fortement chauffées, comme le *précipité rouge*, le nitrate de plomb, le nitre ordinaire, &c. doit contenir une portion de mofète ou de gaz azotique, & que c'est ce gaz qui forme le résidu après l'union de l'air vital & du gaz nitreux ; résidu qui n'existe pas quand on se sert d'air vital dégagé des feuilles des végétaux, & de celui qui est obtenu du manganèse ; 5°. qu'il en est quelquefois de même du gaz nitreux, qu'il peut contenir une portion de gaz azotique ou mofète à nud, que cela doit arriver lorsqu'on prépare ce gaz avec des corps qui, étant très-avides d'oxigène, l'enlèvent presque tout entier à l'acide nitrique, comme le fer, les huiles, &c. 6°. que de l'acide nitreux coloré & contenant un excès de gaz nitreux, ou d'azote, ou de base de la mofète, est dans un état fort différent de celui dont les deux principes sont au point de saturation, & qu'en raison de leurs propriétés différentes, il

H h iij

falloit les diftinguer par des noms particuliers.
Nous nommons l'acide blanc le plus rare &
cependant le plus pur, *acide nitrique*, pour
fe conformer aux autres dénominations, & *nitrates* fes fels neutres. Nous donnons le nom
d'*acide nitreux* à celui qui eft rouge, & celui
de *nitrites* à fes combinaifons falines. Il eft
vrai qu'on n'a que rarement occafion de parler
de ces dernières ; car quoique l'acide nitreux ou
celui qui eft rouge & fumant foit plus commun
que le blanc, il eft très-rare qu'il refte tel dans
fon union avec les bafes alkalines ; la portion
de gaz nitreux excédant s'échappe pendant qu'il
fe combine ; il ne refte dans la combinaifon
que l'acide nitrique ou le plus pur. On verra
que ces fels *nitrites*, ou contenant l'acide
avec excès de gaz nitreux, ne fe forment que
par l'action de la chaleur fur les véritables nitrates.

Les affinités de l'acide nitrique pour les bafes
alkalines, font les mêmes que celles de l'acide
muriatique, & Bergman les range dans le même
ordre ; favoir, la baryte, la potaffe, la foude,
la chaux, la magnéfie, l'ammoniaque & l'alumine. Suivant ce célèbre chimifte, l'acide nitreux ou *phlogifliqué* a les mêmes attractions
électives que cet acide pur. Il eft plus fort que
les acides précédens, & il dégage les acides

carbonique, fluorique & muriatique, des bafes auxquelles ils font unis.

L'acide du nitre eft d'un ufage très-multiplié dans les arts, fous le nom & dans l'état d'eau forte ; il eft fur-tout employé pour diffoudre le mercure, le cuivre, l'argent par les chapeliers, les graveurs, les doreurs, dans les travaux do-cimaftiques & métallurgiques, dans les mon-noies, &c. On s'en fert en chirurgie pour dé-truire peu-à-peu les porreaux, & les petites tumeurs indolentes fans inflammation. Il eft utile en pharmacie pour beaucoup de prépa-rations médicinales, tels que l'*eau mercurielle*, le *précipité rouge*, la *teinture martiale alkaline de Stahl*, l'*onguent citrin*, &c. &c. Nous nous occuperons de ces ufages & d'un grand nom-bre d'autres, dans les divers articles auxquels ils ont rapport.

Sorte V. Acide sulfurique.

L'acide fulfurique qu'on a appelé jufqu'ac-tuellement *acide vitriolique*, eft une fubftance faline très-cauftique, qui, lorfqu'elle eft con-centrée, brûle & cautérife la peau, rougit le firop de violettes fans détruire fa couleur, & n'a qu'une faveur aigre un peu ftiptique lorf-qu'elle eft fort étendue d'eau. Cet acide pur eft

H h iv

fous la forme d'un fluide oléagineux très-tranfparent, pefant le double de l'eau diftillée, fans
odeur, qui contient l'acide uni à l'eau d'avec
laquelle on ne peut le féparer entièrement par
aucun moyen connu ; on lui a donné le nom
d'acide *vitriolique*, parce qu'on le retiroit autrefois du vitriol martial par la diftillation ; aujourd'hui on l'obtient en France & en Angleterre par la combuftion complète du foufre,
comme nous l'expoferons plus en détail dans
l'hiftoire de cette fubftance combuftible. Son
extraction & fa nature exigent donc que dans
une nomenclature méthodique & régulière, on
lui donne le nom d'*acide fulfurique*.

Lorfqu'il eft bien concentré, on l'a nommé
très-improprement *huile de vitriol*, en raifon
de fa confiftance.

Cet acide eft fufceptible de prendre la forme
concrète, foit qu'on l'expofe au froid, comme
on le verra plus bas, foit qu'on le combine
avec plufieurs fluides élaftiques, ainfi qu'on le
démontrera par la fuite.

On ne connoît pas l'action de la lumière fur
l'acide fulfurique ; quelques chimiftes ont avancé
que l'huile de vitriol expofée dans des vaiffeaux
bien bouchés, aux rayons du foleil, prenoit
peu-à-peu de la couleur, & qu'il s'y formoit
même du foufre. Cette action n'eft pas exacte-

ment prouvée, & il eſt même très-vraiſemblable qu'elle n'a pas lieu, parce que nous verrons par la ſuite que l'acide ſulfurique ne peut paſſer à l'état de ſoufre qu'autant qu'il perd ſon air pur ou ſon oxigène, & cette ſéparation ne peut pas avoir lieu dans des vaiſſeaux clos.

Stahl regardoit l'acide ſulfurique comme le plus univerſellement répandu dans la nature, & comme le principe de tous les autres. La première de ces aſſertions, fondée ſur ce que des linges imprégnés de potaſſe & expoſés à l'air, ſe convertiſſoient à la longue en ſulfate de potaſſe, c'eſt-à-dire, en un ſel neutre qu'on ſait être formé par l'union de cet alkali avec l'acide ſulfurique, eſt démontrée fauſſe aujour-d'hui, puiſque ces linges ne contiennent pas un atome de ce ſel, mais bien du carbonate de potaſſe, ou la combinaiſon de cet alkali avec l'acide carbonique. Quant à la ſeconde, rien n'eſt moins démontré que la formation de tous les acides par celui du ſoufre ; les recherches des modernes ont prouvé que chaque acide a ſes principes particuliers & différens de ceux des autres, excepté la baſe de l'air vital ou oxigène, qui entre dans la compoſition de toutes ces ſubſtances.

L'acide ſulfurique chauffé dans une cornue, perd d'abord une partie de ſon eau, ſe concentre à mesure, & ne se volatilise qu'à une forte chaleur. S'il est coloré, il perd sa couleur & devient blanc par l'action du feu. Cette double opération que l'on fait en même tems, s'appelle concentration & rectification de l'acide : pendant qu'elle a lieu, il se dégage un gaz très-odorant, très-pénétrant, que nous connoîtrons bientôt sous le nom de gaz acide sulfureux, & qui étoit la cause de sa couleur. Quoique cette opération paroisse rendre l'acide sulfurique plus blanc & plus pur, on doit cependant la pousser plus loin, si l'on veut avoir cet acide dans un grand degré de pureté; en effet, dans sa concentration ordinaire, on ne lui enlève que de l'eau & du gaz acide sulfureux, mais on n'en sépare point les matières fixes qui peuvent l'altérer ; il faut pour cela distiller cet acide jusqu'à siccité, en changeant de récipient lorsqu'il a été concentré par la première partie de l'opération ; il reste alors dans la cornue un peu de résidu blanc, dans lequel on trouve du sulfate de potasse, & quelques autres substances qui se dissolvent dans cet acide pendant sa fabrication.

L'acide sulfurique concentré, exposé à l'air, en attire l'humidité, & perd une partie de sa force & de sa causticité; il prend aussi de la couleur, à cause des matières combustibles qui voltigent dans l'atmosphère , & sur lesquelles cet acide a beaucoup d'action ; il absorbe souvent presque le double de son poids d'eau atmosphérique.

M. le duc d'Ayen a démontré par de belles expériences faites dans le froid violent du mois de Janvier 1776 , que cet acide bien concentré, exposé pendant quelques heures à un froid de treize à quinze degrés au thermomètre de Réaumur, est susceptible de se geler ; que lorsqu'il est étendu dans deux ou quatre parties d'eau , il ne se gele plus ; que si, lorsqu'il est gelé , on le laisse toujours exposé à l'air, il devient fluide , quoique le froid soit plus considérable que celui auquel il se gèle. Ce dernier phénomène est dû à l'eau qu'il absorbe de l'atmosphère, & avec laquelle il s'unit en produisant une chaleur qui s'oppose à sa congélation.

L'acide sulfurique s'unit à l'eau avec tous les phénomènes qui annoncent une pénétration subite & une combinaison intime. Il se produit une chaleur vive , une espèce de sifflement ; il se dégage une odeur grasse particulière. Le bruit excité pendant cette union , est dû au dégagement de l'air contenu dans l'eau , qu'on voit sortir sous la forme de petites bulles. L'acide noyé dans l'eau a perdu beaucoup de sa faveur ; fa fluidité eft beaucoup plus confidé-rable : il porte alors le nom d'*efprit de vitriol* ; on peut en le chauffant volatilifer l'eau qui l'affoiblit, & le faire repaffer par la concentra-tion à l'état d'acide fulfurique concentré.

Cet acide n'a point d'action fur la terre fili-cée & fur les pierres quarzeufes ; il n'en a pas davantage fur la même terre fondue avec de petites portions d'alkalis fixes. Il fe combine avec l'alumine, la baryte, la magnéfie, la chaux & les alkalis. Il forme dans ces combinaifons le fulfate d'alumine ou l'*alun*, le fulfate baryti-que ou le *fpath pefant*, le fulfate de magnéfie ou *fel d'Epfom*, le fulfate de chaux ou la *félénite* le fulfate de potaffe ou *tartre vitriolé*, le ful-fate de foude ou *fel de Glauber*, & le fulfate ammoniacal ; fes attractions électives pour ces bafes, font les mêmes que celles des acides muriatique & nitrique ; mais il adhère plus for-tement à ces fubftances que tous les autres acides minéraux, & il eft fufceptible de les en-dégager.

On n'a point encore examiné convenablement l'action de l'acide fulfurique fur les autres aci-des ; on fait feulement, 1°. qu'il abforbe l'acide carbonique, & même en très-grande quantité ; 2°. qu'il s'unit fi facilement avec l'acide mu-riatique, que lorfqu'on fait ce dernier mélange, il se produit de la chaleur , & il se dégage une grande quantité de gaz acide muriatique en vapeurs blanches très-abondantes. Boerhaave a dit dans sa Chimie, que l'acide muriatique rendoit l'*huile de vitriol* concrète ; peut-être trouvera-t-on cette propriété dans l'acide muriatique oxigéné ; 3°. que l'acide nitrique blanc & pur versé sur de l'acide sulfurique noirci par quelque corps combustible , lui ôte sa couleur, le rend transparent & s'exhale en gaz nitreux lorsqu'on chauffe ce mélange ; 4°. que le gaz nitreux uni à cet acide , est susceptible de lui faire prendre la forme concrète , comme nous l'exposerons plus en détail à l'article de la décomposition du nitrate de potasse par le sulfate de fer.

La manière dont l'acide sulfurique agit sur les corps combustibles , répand du jour sur la nature & sur les principes de cet acide. Toutes les fois qu'un corps combustible , comme un métal ou bien une matière végétale ou animale quelconque , est mis en contact avec l'acide sulfurique concentré, ce corps passe plus ou moins vîte à l'état d'une matière brûlée , & l'acide est décomposé.

Toutes les matières qui contiennent de l'huile se noircissent, lorsqu'on les tient plongées pendant quelques minutes dans l'acide sulfurique concentré & froid. Cet acide fe colore d'abord en brun & paffe bientôt au noir. Si l'on y plonge une fubftance inflammable en combuftion, comme un charbon ardent, l'acide fulfurique prend fur-le-champ l'odeur & la volatilité du foufre qui brûle ; il répand une fumée blanche d'une odeur vive & fuffoquante. Si pour mieux concevoir ce qui fe paffe dans ces combinai-fons, on met cet acide en contact avec un corps combuftible plus fimple que les fubftances organiques, & dont les altérations font plus ai-fées à fuivre & à apprécier que celles de ces matières, alors on peut parvenir à connoître & à féparer les principes de l'acide fulfurique. En chauffant à cet effet un mélange de cet acide concentré & de mercure dans une cornue de verre dont le bec plonge fous une cloche pleine de ce fluide métallique, dès que l'acide eft bouillant, il paffe un gaz permanent d'une odeur forte & piquante, femblable à celle du foufre qui brûle.

Ce fluide aériforme eft connu fous le nom de gaz acide fulfureux ; il eft un peu plus pe-fant que l'air, il éteint les bougies, il tue les animaux, il rougit & décolore le firop de vio-lettes, il s'unit à l'eau avec moins de rapidité que le gaz acide muriatique, fuivant M. Prieft-ley ; il diffout la craie, le camphre, le fer ; il est absorbé par les charbons & par tous les corps très-poreux. Quoiqu'on l'ait regardé comme un des gaz permanens, il paroît qu'il est susceptible de se condenser & de devenir liquide par un grand froid. M. Monge est parvenu à le rendre liquide par ce procédé.

L'acide sulfureux est une modification particulière de l'acide sulfurique, susceptible de former avec les alkalis des sels neutres différens de ceux que forme ce dernier. Stahl qui avoit très-bien observé tous ces importans phénomènes, croyoit que dans cette combinaison le phlogistique du métal s'unissoit avec l'acide, & lui donnoit de l'odeur, de la volatilité, &c. mais ce grand chimiste n'ayant pas suivi plus loin cette expérience, ne prévoyoit pas sans doute que l'on pût tirer de ce fait même une objection très-forte contre sa doctrine. M. Lavoisier, M. Bucquet & moi, nous avons examiné, chacun de notre côté, la suite de l'action réciproque du mercure & de l'acide sulfurique. Lorsque le mélange est blanc & sec, il ne passe plus que très-peu de gaz acide sulfureux. Si on chauffe alors fortement ce sulfate mercuriel, il se dégage un peu d'eau & un gaz d'une toute autre nature que le premier ; c'est de l'air vital très-pur. A mesure que ce dernier passe, le mercure se trouve réduit, coulant &

abfolument femblable à celui qu'on avoit employé, à quelques proportions près qui n'équi-
valent pas à un huitième de la quantité mife
en expérience. Il paroît d'après cela que le mercure n'ayant point été altéré, les deux gaz que
l'on a obtenus appartiennent à l'acide fulfurique qui a été décompofé : le gaz acide fulfureux paroît donc être à cet acide ce qu'eft l'a-
cide nitreux à l'acide nitrique. Cependant il y
a quelque différence entre la compofition de
ces deux acides, puifqu'il n'eft pas poffible de
recompofer fur-le-champ l'acide fulfurique par
l'union des deux gaz qu'il fournit, tandis qu'on
fait reparoître à volonté l'acide nitreux, en
combinant le gaz nitreux & l'air vital qu'il
donne dans fon analyfe. Il eft vraifemblable
que la recompofition de l'acide fulfurique ne
peut fe faire qu'à la longue, puifqu'elle a réellement lieu en expofant à l'air des compofés
d'acide fulfureux & de diverfes bafes, qui peu-
à-peu ne contiennent plus que de l'acide fulfurique. C'eft ainfi que la combinaifon de l'a-
cide fulfureux avec la potaffe, qui eft connue
fous le nom de *fel fulfureux de Stahl*, ou de
fulfite de potaffe, expofée à l'air, devient du
véritable fulfate de potaffe au bout d'un certain
tems. Ce qui arrive ici lentement, a lieu très-
rapidement dans la combuftion du foufre, pendant

dant laquelle ce corps combuſtible abſorbe l'oxigène de l'atmoſphère, & devient d'autant plus acide qu'il en contient plus, juſqu'à ſon point de ſaturation. (Voyez l'hiſtoire du ſoufre.)

D'après ces expériences, il eſt évident, 1°. que l'acide ſulfurique eſt un compoſé de ſoufre & d'oxigène ; 2°. que lorſqu'on mêle avec cet acide un corps combuſtible qui a plus d'affinité avec la baſe de l'air vital ou l'oxigène, que n'en a le ſoufre, ce corps s'empare de l'oxigène & décompoſe l'acide ; 3°. que ſi la matière combuſtible n'enlève point tout le principe acidifiant, comme cela a lieu dans la plupart des diſſolutions métalliques par l'acide ſulfurique, ce n'eſt point du ſoufre pur qui ſe dégage, mais du gaz acide ſulfureux ; 4°. que ce gaz tient le milieu entre le ſoufre & l'acide ſulfurique, & doit être regardé comme cet acide, moins une certaine quantité d'oxigène, ou comme du ſoufre rendu foiblement acide par une portion d'oxigène ; il ne faut donc que lui enlever cette portion de la baſe de l'air vital pour le faire paſſer à l'état de véritable ſoufre, comme cela a lieu vers la fin des diſſolutions métalliques par l'acide ſulfurique, & lorſque ces diſſolutions ſont évaporées & fortement chauffées ; on conçoit auſſi

comment l'acide fulfureux devient peu-à-peu
acide fulfurique en abforbant l'oxigène de l'air
vital contenu dans l'atmofphère.

Le gaz acide fulfureux peut s'unir affez intimement avec l'acide fulfurique, & donner à
cet acide la propriété de s'exhaler en vapeurs
blanches épaiffes. Meyer avoit parlé dans fes
Effais de chimie fur la chaux-vive, *d'une huile de
vitriol fumante* préparée à Northaaufen en Saxe
par la diftillation du *vitriol ordinaire*. Il avoit
indiqué d'après Chriftian Bernhard chimifte allemand, un fel acide concret & fumant qu'on
retire de cet acide par la diftillation. Ayant eu
occafion de me procurer à Paris une grande
quantité de cet acide fulfurique de Saxe, j'y
ai reconnu les propriétés indiquées par Meyer,
& j'ai obtenu à une chaleur douce un fel volatil concret criftallifé fumant & déliquefcent
fous deux formes, comme l'avoit annoncé
Chriftian Bernhard. Diverfes expériences que
j'ai décrites dans un Mémoire lu en 1785 à
l'académie royale des Sciences, m'ont convaincu, 1°. que la propriété de fumer & de
fournir un fel volatil concret que préfente l'a-
cide fulfurique noir de Northaaufen, dépend du
gaz fulfureux qu'il contient en grande quantité;
2°. qu'à mefure qu'il perd ce gaz par fon
expofition à l'air, il ceffe d'exhaler des vapeurs,

& de pouvoir donner le sel concret; 3°. que l'eau en dégage ce gaz, & ôte à l'acide sulfurique de Saxe sa propriété de fumer, &c. 4°. enfin que le sel acide concret & très-fumant qu'on en obtient par la distillation, est la combinaison saturée d'acide sulfurique & de gaz sulfureux, & qu'il passe peu-à-peu à l'état d'acide sulfurique ordinaire par son exposition à l'air. Voilà donc déjà deux acides sulfuriques concrets connus, l'un doit sa concrétion au gaz nitreux, l'autre au gaz acide sulfureux. Je ne doute point qu'on n'ajoute quelque jour à ces deux acides concrets, quelques autres modifications de l'acide sulfurique rendu solide par d'autres gaz, comme le gaz acide muriatique oxigéné, &c.

L'acide sulfurique est en usage dans plusieurs arts & sur-tout dans ceux du chapelier & du teinturier, &c. c'est un des menstrues les plus usités & les plus nécessaires dans les laboratoires de chimie. On l'emploie en médecine, comme un violent caustique à l'extérieur, & à l'intérieur comme rafraîchissant, tempérant & antiseptique, lorsqu'il est étendu d'eau jusqu'à ce qu'il n'ait plus qu'une très-légère acidité.

L'acide sulfureux est employé dans la teinture; on s'en sert pour décolorer les étoffes de soie, pour enlever les taches de fruits, &c.

Comme ces deux acides font des combinaifons de foufre & d'oxigène en différentes proportions, leurs noms doivent avoir une analogie
relative à leur nature ; ceux d'*acide fulfurique*
& d'*acide fulfureux* nous ont paru très-conve-
nables ; la terminaifon de ce dernier mot exprime l'excès de la bafe combuftible, comme
dans les autres acides.

Sorte VI. Acide Boracique.

Les travaux d'un grand nombre de chimiftes ont prouvé que le borax eft un fel neutre formé par la combinaifon d'un acide particulier avec la foude ; cet acide a été appelé
fel fédatif par Homberg qui en a fait la découverte. On l'a nommé depuis acide du
borax, acide boracin ; nous préférons le nom
d'acide boracique , pour donner à ce mot la
terminaifon de tous les autres acides.

Plufieurs chimiftes avoient penfé que cet acide
étoit le produit de l'art, & fe formoit par la
combinaifon des fels qu'on emploie pour le
retirer, avec quelque principe du borax ; mais
depuis que M. Hoëfer apothicaire du grand-duc
de Tofcane a découvert que les eaux de plufieurs lacs de ce pays, tels que ceux de Caf-
telnuovo & de Monterotondo , tiennent en
diffolution une bonne quantité d'acide boraci-

que très-pur, on ne peut douter que ce sel ne soit un acide particulier. MM. les chimistes de l'académie de Dijon ont confirmé cette découverte, en examinant l'eau de Montero-tondo qui leur a été envoyée ; ils y ont trouvé le sel annoncé par M. Hoëfer. Il est vraisem-blable qu'on le trouvera dans d'autres eaux minérales ; il paroît se former dans les subs-tances grasses qui se pourrissent, comme nous le dirons plus bas.

L'acide boracique natif ou retiré du borax par les procédés que nous indiquerons à l'ar-ticle de ce sel neutre ; est une matière con-crète, cristallisée en petites paillettes blanches très-minces, irrégulièrement taillées & décou-pées sur leurs bords, d'une grande légéreté, & qui ont quelquefois un aspect brillant. Sa saveur est foible quoique sensiblement acide. Il rougit légèrement la teinture de violettes, mais beaucoup plus sensiblement celles de tournesol, de mauve, de raves, &c.

Exposé au feu il ne se volatilise pas ; mais il se fond quand il est bien rouge en un verre transparent qui devient opaque à l'air & qui se couvre d'une légère poussière blanche. Ce verre est de l'acide boracique sans altération ; on lui rend sa forme lamelleuse en le dissol-vant dans l'eau & en le faisant cristalliser.

L'acide boracique n'éprouve aucune altération senfible de la part de l'air fec ou humide, chaud ou froid.

Il fe diffout difficilement dans l'eau, puifqu'une livre de ce fluide bouillant n'en a pris que cent quatre-vingt-trois grains, fuivant MM. les académiciens de Dijon, il fe criftallife par refroidiffement & en partie par évaporation. Cette diffolution rougit fur-le-champ la teinture de tournefol & altère quoique lentement celle du firop de violettes. Si on chauffe dans une cucurbite munie de fon chapiteau de l'acide boracique humecté d'un peu d'eau, une partie de cet acide fe fublime avec la vapeur aqueufe qui l'enlève; mais dès qu'il eft fec & que toute l'eau eft volatilifée, il ne s'en élève plus; ce qui prouve que ce fel eft fixe par lui-même, comme on le démontre en le fondant dans un creufet. En le fublimant ainfi avec de l'eau, on peut l'obtenir fous une belle forme criftalline & brillante fi l'on conduit l'opération avec ménagement; ce procédé fournit l'acide boracique très-pur, on l'a appelé en pharmacie *fel fédatif fublimé.*

L'acide boracique fert de fondant à la terre filicée, & forme avec elle par la fufion des verres blancs ou peu colorés. Il diffout à l'aide de la chaleur la terre précipitée de la liqueur

des cailloux. Il s'unit à la baryte, à la magnésie, à la chaux, aux alkalis, & forme avec
ces diverses substances des sels particuliers qu'on
distingue sous le nom général de borates, &
dont il n'y a encore qu'une espèce qui soit bien
connue.

Toutes ces propriétés, & sur-tout sa saveur,
la couleur rouge qu'il donne aux teintures bleues
végétales, & ses combinaisons neutres avec les
alkalis, indiquent assez sa nature; mais comme
il ne sature ces bases alkalines qu'en partie, on
a reconnu que c'étoit le plus foible des acides,
puisque tous les autres, sans excepter même
l'acide carbonique, peuvent le dégager de ses
combinaisons.

On ne connoît pas bien l'action des acides
sur l'acide boracique. Il paroît qu'il décompose
en partie l'acide sulfurique, puisque ce dernier
passe à l'état d'acide sulfureux lorsqu'on le distille sur ce sel. Quant aux acides nitrique &
muriatique, on sait qu'ils sont susceptibles de
le dissoudre, mais on n'a pas suivi leur action
sur ce sel avec assez de soin pour découvrir
s'il n'y a pas quelque décomposition réciproque.

Il y a eu beaucoup d'opinions diverses sur
la nature & la formation de l'acide boracique.
Plusieurs chimistes ont cru que c'étoit une combinaison intime d'acide sulfurique & d'une terre

vitrefcible avec une matière graffe. MM. Bour-
delin & Cadet ont penfé qu'il eft formé par
l'acide muriatique. Ce dernier a cru qu'il contenoit un peu de terre cuivreufe, parce qu'il
a comme les oxides de ce métal la propriété
de colorer en vert la flamme des corps combuftibles. Cartheufer a affuré qu'en defféchant
& calcinant à un feu doux de l'acide boracique feul très-pur, il s'en dégageoit des vapeurs
d'acide muriatique ; qu'en diffolvant ce fel
defféché & en filtrant la diffolution, il reftoit
fur le filtre une terre grife ; enfin qu'en répétant
un grand nombre de fois les calcinations &
les diffolutions, on décompofoit entièrement
l'acide boracique, de forte qu'il paroiffoit être
une modification de l'acide muriatique fixé par
une terre. MM. Macquer & Poulletier de la
Salle ont répété cette expérience ; ils ont obfervé le dégagement de la vapeur odorante
pendant la calcination de ce fel, mais il ne
l'ont point manifeftement reconnue pour l'odeur
de l'acide muriatique, ils ont obtenu à force
de deffications & de diffolutions fucceffives,
une petite quantité de terre grife qui combinée
avec de l'acide muriatique n'a point formé d'a-
cide boracique comme l'avoit annoncé Cartheufer ; de forte que l'opinion de ce dernier
chimifte n'eft pas plus prouvée que les précé-

dentes. Model regardoit ce fel comme la combinaifon d'un alkali particulier avec l'acide fulfurique dont on fe fert pour le dégager. Mais l'acide boracique étant toujours le même, quelqu'acide que l'on emploie pour le précipiter, cette opinion ne peut être admife. M. Baumé a dit être parvenu à faire de l'acide boracique, en laiffant macérer pendant dix-huit mois un mélange d'argile & de graiffe. Il en a retiré par la leffive un fel en paillettes qui avoit toutes les propriétés du *fel fédatif*. Il penfe d'après cela que ce fel eft une combinaifon de l'acide de la graiffe avec une terre très-fine qu'il eft impoffible de lui enlever. Il ajoute que les huiles végétales peuvent donner le même fel quoique plus lentement. M. Wiegleb a répété l'expérience de M. Baumé, & il n'a point obtenu d'acide boracique.

Les chimiftes regardent aujourd'hui l'acide boracique comme un acide particulier différent de tous les autres & jouiffant de caractères qui lui font propres. Ses attractions électives avec les bafes alkalines ont été rangées par Bergman dans l'ordre fuivant; chaux, baryte, magnéfie, potaffe, foude, ammoniaque; comme elles différent beaucoup de celles des autres acides examinés jufqu'ici, elles prouvent de plus en plus la nature particulière de cet acide dont les principes ne font point encore connus.

L'acide boracique a été employé pendant quelque tems en médecine, d'après Homberg, qui lui avoit attribué la propriété calmante & même narcotique ; & qui l'avoit appelé *sel sédatif*, ou *sel narcotique volatil de vitriol*, parce qu'il l'avoit retiré par la fublimation d'un mélange de *nitre* & de *vitriol*. Mais la pratique a appris que ce fel n'a qu'une vertu très-médiocre, à moins qu'il ne foit donné à une dofe beaucoup plus forte que celle qui avoit été indiquée, comme à celle d'un gros & plus ; ce qui fait que l'on y a renoncé avec d'autant plus de raifon, que la médecine pofsède un grand nombre d'autres médicamens de cette claffe, dont l'action eft beaucoup plus énergique & beaucoup plus certaine.

On s'en fert dans plufieurs opérations de chimie & de docimafie, où il eft employé comme fondant. Nous parlerons de cet ufage dans un autre chapitre de cet ouvrage.

Fin du Tome premier.

E R R A T A du Tome premier.

PAGE 184, *derniere ligne*, qui eſt *liſez* qui y eſt
 203, *ligne* 18, de celle-ci *liſez* de celles-ci
 282, 15, foſſibles *liſez* foſſiles
 289, 7, agate jaſpé *liſez* agate jaſpée
 304, 14, carpotiles *liſez* carpolites
 337, 7, vapillo *liſez* lapillo
 363, 1, ſcorls *liſez* ſchorls
 481, 1, nitrique *liſez* nitreux
 ibid. 8, qu'il y avoit *liſez* il y avoit
 484, 27, y ſont *liſez* ſont

E R R A T A du Tome ſecond.

PAGE 14, *ligne* 1, les foxides *liſez* oxides
 48, 16, inaltérabilité *liſez* altérabilité
 63, 25, & que ce mélange *liſez* & le mélange
 90, 12 & 13, comme elles le font ſur celui *liſez* comme elles font celui
 257, 2 & 3 *note*, muriates oxigenes *liſez* muriates oxigénés
 304, 3, ſous forme de chaleur *liſez* dans l'état de la chaleur